Rock Mechanics

Felsmechanik

Mécanique des Roches

Supplementum 6

Geomechanik gebirgsbildender Vorgänge und deren Auswirkungen auf Felsbauten ober und unter Tage

Vorträge des Hans-Cloos-Kolloquiums
(25. Geomechanik-Kolloquium)
der Österreichischen Gesellschaft für Geomechanik

Geomechanics of Orogenetic Events and Their Effects on the Construction of Rock Structures on Subsurface and Underground

Contributions to the Hans-Cloos-Colloquium
(25th Geomechanical Colloquium)
of the Austrian Society for Geomechanics

Salzburg, 14. und 15. Oktober 1976

Herausgegeben von / Edited by
Österreichische Gesellschaft
für Geomechanik, Salzburg

Springer-Verlag Wien GmbH 1978

Mit 105 Abbildungen

ISBN 978-3-211-81435-2   ISBN 978-3-7091-4160-1 (eBook)
DOI 10.1007/978-3-7091-4160-1

Index — Inhaltsverzeichnis — Table des matières

Pacher, F.: Geleitwort 1

Müller-Salzburg, L.: Entwicklungstendenzen in der Geomechanik 3
Trends of Development in Geomechanics
Tendances de développement en mécanique des roches

Gattinger, T. E.: Aktuelle Krustenbewegungen in den Alpen und ihre Bedeutung für das Baugeschehen 17
Actual Crustal Movements in the Alps and Their Significance for Constructing

Franklin, J. A., and O. Hungr: Rock Stresses in Canada. Their Relevance to Engineering Projects 25
Primäre Gebirgsspannungen in Kanada und ihre Bedeutung für den Ingenieurbau
Les contraintes rocheuses au Canada et leur importance par rapport aux projets du génie

Horninger, G.: Berührungspunkte und Reibungsflächen zwischen Geologie und Felsmechanik 47
Geology and Rock Mechanics: Common Interests — Friction Planes
La géologie et la mécanique des roches. Qu'a-t-il de commun et de "surfaces de frottement"?

Scheidegger, A. E.: Comparative Aspects of the Geotectonic Stress Field 55
Vergleichende Aspekte des geotektonischen Spannungsfeldes

Richter, R.: Über den plastischen Gesteinszustand 65
On the Plastic Condition of Rock

Feder, G.: Versuchsergebnisse und analytische Ansätze zum Scherbruchmechanismus im Bereich tiefliegender Tunnel 71
Shear Fracture Mechanism of Rock Mass in Vicinity of Deep Cavities — Test Results and Analytical Concepts

Seeber, G.: Zur Tunnelberechnung in druckhaftem Gebirge 103
Design of Tunnels in Yielding Rock

Kirschke, D.: Die statische Berechnung als Bindeglied zwischen Ingenieurgeologie und Felsbaupraxis 115
The Static Calculation as Connecting Link Between Engineering Geology
and Rock Construction Practice
Le calcul statique: lien entre la géologie de l'ingénieur et la pratique sur
le chantier

Heltzen, A. M.: Betrachtungen über Gebirgsdruck und dessen Auswirkung auf
den Sprengvortrieb von Tunneln und größeren Hohlräumen in Fels 133
Considerations About Rock Pressure and Its Effect on the Heading of
Tunnels and Big Excavations in Rock by Blasting

Göbl, P.: Bau- und Vortriebsweise im Gebirge mit tektonischen Restspannungen 139
Tunnel Construction in Rock With Tectonic Residual Stresses

Boldt, H.: 6000 m Vollschnittauffahrung im linksrheinischen Steinkohlenbergbau 147
6000 m of Full-Face Tunnel Drivage in the Coal Mining District on the Left
Side of the Rhine

Bauernfeind, P., F. Müller und L. Müller-Salzburg: Tunnelbau unter historischen Gebäuden in Nürnberg... 161
Tunnelling Under Historical Buildings for the Subway of Nuremberg

Laue, G., L. Müller-Salzburg und M. Will: Die bergmännische Auffahrung
von U-Bahnhöfen unter geringer Überdeckung (Zusammenfassung —
Summary) 193
Construction of Subway Stations With Low Cover

Zischinsky, U.: Geologische und betriebliche Einflüsse auf die Nachbrüche in
einer vollmechanisch aufgefahrenen Strecke (Zusammenfassung — Summary) 194
Geological and Technical Parameters of Caving in a Machined Roadway

Rock Mechanics, Suppl. 6, 1—2 (1978)

Rock Mechanics
Felsmechanik
Mécanique des Roches
© by Springer-Verlag 1978

Geleitwort

Vielleicht wird es manchen Leser in Erstaunen versetzen, im vorliegenden Band so viele Beiträge aus dem den Ingenieuren etwas ferner liegenden Gebiet der Tektonik zu finden, und mancher wird mit der Mechanik gebirgsbildender Vorgänge, dem ersten Hauptthema des Kolloquiums, möglicherweise nur wenig konkrete Vorstellungen verbinden. Aber ohne Grundlagenforschung gibt es nun einmal keinen echten Fortschritt, und die Auswirkungen dieser Vorgänge — Komplikationen des Gebirgsbaues, Schwierigkeiten geologischer Prognosen, hohe Spannungen im Gebirge und vieles andere — bekommen nicht nur die Planer, sondern auch die im Felsbau unmittelbar Tätigen in der Form von Gebirgsdruckschwierigkeiten, Verbrüchen, unvorhergesehenen geologischen Verhältnissen, Felsrutschungen u. dgl. oft genug zu spüren. So wird die Bemühung verständlich, wissenschaftliches Licht in das Dunkel des Gebirgsinneren zu bringen.

Nicht zuletzt haben die Beben der letzten Zeit dazu beigetragen, den Wert verbesserter Kenntnisse von den Bewegungen und Zwängungen in der sogenannten starren, in Wahrheit sehr mobilen Erdkruste zu schätzen. So ist eine stattliche Zahl von Referaten besonders den Auswirkungen dieser Bewegungen und der daraus resultierenden Spannungen auf das Baugeschehen gewidmet.

Ihr XXV. Kolloquium hat die Österreichische Gesellschaft für Geomechanik dem Gedenken an Hans Cloos gewidmet. Damit wollte sie nicht nur eine der markantesten Persönlichkeiten der tektonischen Forschung ehren, sondern auch die wissenschaftlichen Anregungen erneut aufgreifen, die von den Forschungen dieses Pioniers der Tektonik ausgegangen sind und den theoretischen wie praktischen Felsbau stärkstens befruchtet haben. Von Cloos stammt ja der Begriff „Geomechanik".

Seit sich 1951 zum erstenmal Fachleute der verschiedensten Richtungen — Dr. Karl Bistritschan, Dipl.-Ing. Eduard Fally, Dr. K. Fiebinger, Dr. Helmut Friedl, Prof. Ernst v. Gottstein, Prof. Dr. Franz Kahler, Dir. Karl Kiesing, Dr. Leopold Müller, Prof. Dr. Bruno Sander, Baudir. Schwarz, Dr. Fritz Thote, Zentralinspektor Dipl.-Ing. Erich Traeg, Dozent Dr. Erwin Tremmel (Dipl.-Ing. Roš, jun., und Prof. Dr. A. Nadai haben schriftlich ihre Mitwirkung zugesagt) — in der Wohnung unseres Ehrenpräsidenten trafen, um eine neue Disziplin der Bauingenieur-Wissenschaften ins Leben zu rufen, begegnen sich im „Salzburger Kreis", der in der Geomechanik-Literatur der Welt ein Begriff geworden ist, Wissenschafter und Praktiker, Vertreter von Industrie und Behörden, Planer wie Ausführende aus den Fachgebieten des Bergwesens, des Bauwesens, der Geologie und

Ingenieurgeologie, der Werkstoffwissenschaften, der Meßtechnik u. a., um Berichte aus der vielschichtigen und komplexen Welt der Gesteine zu hören und zu diskutieren.

Die Salzburger Kolloquien sind aus dem wissenschaftlichen Kongreßleben nicht mehr fortzudenken; dies belegt schon die von 14 auf 800 angestiegene Zahl ihrer Besucher.

Wie bekannt, ist aus diesem Kreis die „Internationale Gesellschaft für Felsmechanik" hervorgegangen, nachdem Felsbaukatastrophen die ursprünglich an diesem Thema wenig interessierte internationale Fachwelt von der Notwendigkeit der Etablierung einer Geomechanik im Kreis der Wissenschaften überzeugt haben. Seit 1964 haben die meisten Länder eine wachsende Zahl von Instituten und Lehrstühlen eingerichtet, in welchen diese junge, der friedlichen Nutzung der Naturwissenschaften dienende Disziplin gepflegt und weiterentwickelt wird.

F. Pacher

Rock Mechanics, Suppl. 6, 3—15 (1978)

**Rock Mechanics
Felsmechanik
Mécanique des Roches**
© by Springer-Verlag 1978

Entwicklungstendenzen in der Geomechanik

Ein Geomechanik-Konzept im Sinne von Hans Cloos

Von

Leopold Müller-Salzburg

Mit 3 Abbildungen

Zusammenfassung — Summary — Résumé

Entwicklungstendenzen in der Geomechanik. Die auf die Aufgaben der Bautechnik angewendete Felsmechanik, also die Felsbaumechanik, hat einen Entwicklungsstand erreicht, auf welchem die mechanischen Ansätze und deren rechnerische

Verarbeitung eigentlich keine grundsätzlichen Probleme aufwerfen, um so mehr aber die Bereitstellung der Eingangswerte, mitunter auch die Aufstellung naturentsprechender Gedankenmodelle Schwierigkeiten bereiten. Die mechanische Interpretation

geologischer Daten und Situationen ist es, welche oft nur sehr näherungsweise, mitunter gar nicht gelingt und welche sich immer noch wesentlich auf Erfahrungen und Schätzungen stützen muß, die nicht kognitiv gewonnen und daher kaum nachvollziehbar sind.

Diese Entwicklung, vor welcher der Verfasser bereits auf dem Felsmechanik-Kongreß in Belgrad gewarnt hat, hat zwei Ursachen: Einmal bemüht man sich viel zu einseitig lediglich um die mathematisch-mechanische Seite der anstehenden Aufgaben, während man den geologischen Grundlagen der Felsmechanik ein deutliches Desinteresse entgegenbringt und die qualitativ so bedeutenden, aber quantitativ so schwer zu fassenden geologischen Daten und Situationen in unberechtigter Überheblichkeit geringschätzt; zum anderen sind die lokalen geologischen Situationen, insbesondere deren mechanische Komponenten, oft selbst nur ungenügend erforscht, weil die meisten Geologen nicht das physikalisch-mechanische Rüstzeug zu deren Erforschung besitzen, die Felsmechaniker aber nicht erkennen wollen, daß die mechanische Grundlegung der tektonischen Erscheinungen eindeutig eine Aufgabe der Felsmechanik ist.

Was nottut, ist eine grundsätzliche Erweiterung des Gesichtsfeldes von einer schmalspurig behandelten Ingenieur-Felsmechanik zu einer die tektonischen Probleme mit einschließenden Geomechanik, wie sie in klarer Zielsetzung schon vor mehr als 40 Jahren der große Geologe Hans Cloos gefordert und begonnen hat: Geomechanik als eine Wissenschaft, welche die tektonischen Probleme als das erkennt, was sie sind, nämlich als Kraft-Körper-Probleme, für welche Physik, Mechanik und Kinematik (bzw. Gefügekunde) zuständig sind. Dies war der Grund, weshalb sich die österreichische Landesgesellschaft der Internationalen Gesellschaft für Felsmechanik den Namen „Gesellschaft für Geomechanik" gegeben hat und weshalb dieses Jubiläumskolloquium in der Erinnerung an Hans Cloos veranstaltet wird.

Trends of Development in Geomechanics. Rock ingeneering has now reached a stage of development where the basic mechanical behaviour of rocks and its application in analysis presents no major problems. Difficulties, however, arise in choosing the right input data and an appropriate analytical model. The mechanical interpretation of the geological data is generally possible only as an approximation and must still be based essentially on experience which cannot be gained cognitively.

This development, against which the author had already warned at the International Rock Mechanics Congress in Belgrade, can be attributed to two reasons: The mathematical-mechanical side of the rock engineering problems is overemphasized whereas the geological aspects of rock mechanics are often viewed with obvious disinterest. The importance of geological characteristics, which are often difficult to determine quantitatively, is underestimated. On the other hand, the mechanical significance of the locally different geological situations has been investigated only insufficiently, because most of the geologists do not have sufficient understanding of the physical mechanical processes, and the engineers do not realize that the mechanical interpretation of tectonic phenomena is definitely a rock mechanics problem. Therefore a widening of the scope from a narrow engineering rock mechanics to a geomechanics including tectonic phenomena and their interpretation is essential.

Geomechanics as a scientific discipline which treats tectonic problems realistically using principles of physics and mechanics, had been envisaged already 40 years ago by the great geologist Hans Cloos. Therefore the Austrian national group of the International Society of Rock Mechanics has been named "Geomechanics Society", and has dedicated this Symposium to the memory of Hans Cloos.

Tendances de développement en mécanique des roches. La mécanique des roches appliquée aux travaux de construction a atteint un niveau de développement où l'incorporation des solutions mécaniques dans les calculs ne posent plus de problèmes fondamentaux. Ceci, en opposition à la détermination des paramètres et à l'élaboration de modèles réalistes où l'approche est difficile. On ne réussit souvent que très mal, parfois même pas du tout, à interpréter les paramètres et les situations géologiques. C'est pour cela que l'expérience et l'estimation jouent encore un rôle essentiel. Cette évolution, devant laquelle l'auteur a déjà mis en garde lors du Congrès de Belgrade, a deux causes: D'une part on s'applique de façon trop unilatérale aux côtés mathématiques et mécaniques des solutions en négligeant les aspects géologiques de la mécanique des roches et en sous-estimant les paramètres et les situations géologiques, ces dernières présentant une valeur qualificative essentielle pourtant très difficiles à déterminer quantitativement; d'autre part les situations géologiques locales, et spécialement leurs composantes mécaniques, sont souvent insuffisament connues, parce que la plupart des géologues ne disposent pas de connaissances physicomécaniques suffisantes pour ces études alors que les ingénieurs en mécanique des roches ne veulent pas admettre que l'interprétation mécanique des phénomènes tectoniques est un problème de la mécanique des roches.

Ce qu'il faut atteindre, c'est un élargissement fondamental du champ visuel qui permettrait d'abandonner une mécanique des roches de l'ingénieur restreinte au profit d'une géomécanique englobant les problèmes tectoniques. Ce but clair a déjà été énoncé par le grand géologue Hans Cloos qui s'attacha à en réaliser les premiers pas:

La mécanique des roches comme discipline scientifique considère les problèmes tectoniques en tant que tels c'est-à-dire comme des problèmes de forces auxquels s'appliquent les principes de la physique, de la mécanique et de la cinématique. C'est pour cette raison que la Section Nationale Autrichienne de la Société Internationale de Mécanique dcs Roches se dénomme "Société en Géomécanique" et que ce symposium à la mémoire de Hans Cloos.

Nicht nur Bücher haben, nach einem lateinischen Sprichwort, ihre Schicksale; auch in der Entwicklung schöpferischer Gedanken, z. B. wissenschaftlicher Konzepte, gibt es Sternstunden und Tiefpunkte, steile Aufstiege, aber auch Fehlentwicklungen und Bahnabweichungen. Mancher Wurf verfehlte sein Ziel, weil er gewagt wurde, als die Zeit für ihn noch nicht reif war, und mancher Impuls setzte nicht das in Bewegung, was er sollte, weil eine ursprünglich vielleicht in richtigen Bahnen begonnene Entwicklung sich selbst überlassen oder aus persönlichen Ambitionen und mangelnder Einsicht in die wirklichen Notwendigkeiten in falsche Bahnen gelenkt wurde.

Will man Forschung und Praxis auf irgend einem Fachgebiet, zu einem — in größerem Rahmen gesehen — sinnvollen Ziel führen, so kann dies nur sozusagen von innen heraus, aus echtem, wörtlich genommenem Interesse an der Sache, nämlich inter-esse: in-der-Sache-sein, aus der intimen Einfühlung in die theoretischen und praktischen Notwendigkeiten der Sache selbst und in deren bisherigen Entwicklungsgang geschehen — was freilich eine große Bescheidung und Bescheidenheit voraussetzt.

Ein Jubiläum wie das heurige dürfte ein geeigneter Anlaß sein, den Entwicklungsgang unserer Sache, der Geomechanik, zu überdenken, Rückschau und Vorschau zu halten. Ohnedies ist es immer wertvoll, von Zeit zu

Zeit vom Schreibtisch aufzublicken, den Bohrhammer für eine kurze Zeit abzustellen und sich über Woher und Wohin Rechenschaft zu geben.

Der Begriff „Geomechanik" wurde meines Wissens von dem deutschen Geologen Hans Cloos in die Welt gesetzt, und zwar schon in den zwanziger Jahren. Cloos verstand Geomechanik als eine Wissenschaft von den mechanischen Gesetzmäßigkeiten, welche die Abläufe tektonischer Vorgänge in der Erdkruste wesentlich, zum Teil sogar vorwiegend, bestimmen. Als ein Mann, der, wie er selbst berichtet, in seinen Lehr- und Wanderjahren „in die strenge Schule der technisch-kaufmännischen Praxis" gegangen war und „aus ihr für die Theorie ... ‚lernte'" und der schrieb „... ob meine Geologie gut und gründlich gearbeitet hat, darüber entschied die technische Erschließung ... auf dem Fuße", sah er voraus, daß eine solche Wissenschaft bald auch in der Praxis Früchte tragen würde.

Früh erkannte sein wissenschaftlich strenger Sinn die Bedeutung quantitativer Behandlung geologischer Probleme. So dürfen wir ihn — neben Stini, Schmidt und Sander — als einen Pionier auch auf dem Felde der Ingenieurgeologie bezeichnen und uns darüber freuen, daß die Internationale Gesellschaft für Ingenieurgeologie vor kurzem die Stiftung einer Hans-Cloos-Medaille beschlossen hat.

Die weltberühmten Modellversuche aus der Cloosschen Werkstatt in Bonn legten ebenso wie die physikalisch-rechnerischen Analysen seiner Schüler Kienow, Wolters u. a. Grundsteine für eine geomechanische Forschung. Kurz nachdem diese Modelle auf die Mechanik der Bildung tektonischer Gräben ein helles Licht geworfen hatten, schuf 1929 der Loretto-Tunnel in Freiburg den ersten vollständigen Aufschluß durch eine Graben-Randverwerfung und bestätigte die Vorstellungen von Hans Cloos auch quantitativ. Leider wurde diese Forschungsrichtung nach dem allzu frühen Tod von Hans Cloos vor 25 Jahren, am 16. September 1951, nur vereinzelt weitergeführt und ruhte lange Zeit als ein in seiner Bedeutung kaum erkannter Keim im Schoße unerschlossener Geistgründe.

Wohl wurden in der Zwischenzeit manche mathematisch-mechanischen Voraussetzungen für eine spätere Geomechanik-Forschung geschaffen: so z. B. Bemühungen um die quantitative Formulierung geologischer Daten und Argumente, wie sie Josef Stini seit den zwanziger Jahren forderte und wie sie von seinen Schülern, ganz besonders im „Salzburger Kreis", gepflegt wurden. In zunehmendem Maße ließen sich auch mechanische Gesetzmäßigkeiten des Materialverhaltens formulieren. Großversuche in situ, wie sie von Oberti, Obert, Kujundzic, Müller und Pacher u. a. vorgenommen wurden, ermöglichten eine quantitative Bestimmung von Eigenschaften geklüfteter Felsmassen. Eine eigene Felsmechanik, an deren Entwicklung die Internationale Versuchsanstalt für Fels in Salzburg entscheidenden Anteil nahm, schuf weitere wesentliche Voraussetzungen. Aber auf das Wesentlichste wurde, wie ich zu zeigen versuchen werden, zunächst nicht eingegangen.

In einem Festvortrag an der Montanistischen Hochschule Leoben habe ich aufzuzeigen versucht, wie sehr die Entwicklung der Geomechanik von den Aufgaben her bestimmt wurde, welche ihren Exponenten gestellt wurden. Das waren bis in die jüngste Zeit fast ausschließlich praxis-orientierte, projektbezogene Ingenieur-Aufgaben, welche im Rahmen von Talsperrengründungen, Felsböschungen und Hangsicherungen anfielen. Ihre Beantwor-

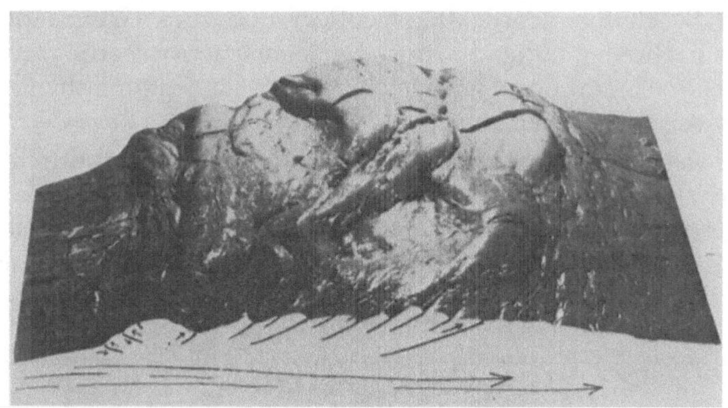

tung und systematische Ordnung führte zu dem, was wir heute Felsmechanik nennen, was wir besser Felsbaumechanik nennen und als einen Teil einer umfassender begriffenen Geomechanik auffassen sollten.

Auch diese Felsbaumechanik wurde zunächst wenig ernst genommen, wie das geringe Echo geomechanischer Vorträge auf Baugrundtagungen oder z. B. ein zunächst unbeachtet gebliebener Hinweis auf dem Internationalen Kongreß für große Talsperren in Rom 1960[1] beweist, in welchem dargelegt wurde, daß der Fels in der Regel das schwächste Glied einer Staumauerkonstruktion sei und deshalb deren Sicherheit bestimme. Erst nach den Katastrophen von Malpasset und Vajont schlug dieses Desinteresse in das Gegenteil um und Felsmechanik wurde in einem solchen Maße „in", daß sich plötzlich Wissenschafter aller möglichen Fachgebiete der Felsmechanik zuwandten.

Wenn wir es eingangs für wünschenswert hielten, daß Wissenszweige wie der unsere von innen heraus, aus mitgelebter Entwicklung und mitempfundenen Bedürfnissen, impulsiert würden, so muß festgestellt werden, daß dieser Boom, der viele dem Fache Fernstehende zur Mitarbeit bewegte, der Entwicklung neben mancher Anregung auch Gefahren brachte. Ich habe bereits auf dem Belgrad-Kongreß von diesen Gefahren gesprochen[2]. Alle diejenigen, welche nicht auf gediegenen geologischen Kenntnissen gründen konnten oder sich wenigstens mit geologischen Gegebenheiten täglich auf der Baustelle auseinanderzusetzen gezwungen waren, kannten weder die Vielzahl der geologischen Einflüsse noch konnten sie deren Bedeutung würdigen und berücksichtigen. Andererseits gibt es unter den Geologen heute noch die Ansicht, daß z. B. der Bau von Tunneln im Gipskeuper ein rein mineralogisch-petrographisches Problem, abseits von Felsmechanik liegend, darstelle.

Keineswegs soll der unschätzbare Wert verkannt werden, den die von den Fachleuten der Mechanik, der Baustatik, der Gesteinsphysik, der Geophysik und der Materialforschung geleisteten Beiträge hatten und haben. Im Gegenteil: gerade dieser Salzburger Kreis hat seit der ersten Stunde das Zusammenspiel aller dieser Fachgebiete mit der Geologie und den Bauingenieur- und Bergbauwissenschaften gepflegt und zum Grundsatz erhoben. Was ich für nachteilig halte, ist nur die Überschematisierung und die zu weit getriebene Abstraktion, zu welcher eine einseitig mathematisierende Betrachtungsweise leicht verführt.

Daß die vielen Versuche, eine Mechanik der wesentlich durch ihre Diskontinuitäten charakterisierten Felsmassen — von ausgesprochenen Mürb- und Weichgesteinen abgesehen — nach dem bodenmechanischen Konzept von Kohäsion und Innerer Reibung, auszurichten, die Verhältnisse nicht

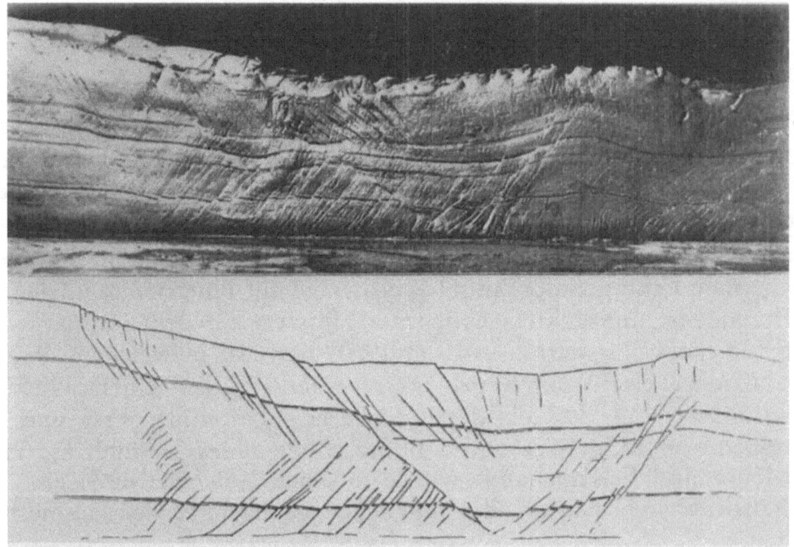

sehr naturnahe beschrieben hätten, wird heute allgemein zugestanden. Dies war der Grund, weshalb wir hartnäckig die Gründung einer Internationalen Geomechanik-Gesellschaft verfochten und schließlich wenigstens die einer Internationalen Felsmechanik-Gesellschaft durchgesetzt haben. Ein Aufwachsen des jungen Geomechanik-Pflänzchens inmitten fest etablierter Lehrmeinungen, welche nur den Lockergesteinen gerecht werden, hätten wir als eine Fehlentwicklung angesehen. Heute, da das Pflänzchen zum Baum geworden ist, mag es gerne mit anderen Bäumen zusammen in einen Garten Geotechnischer Gesellschaften gestellt werden.

Mit dieser Tagung verbinden wir die Absicht, der Geomechanik einen neuen Impuls zu geben. Das immer noch wachsende Interesse, dessen sich unsere Salzburger Kolloquien bei Theoretikern und Praktikern erfreuen und welches sich darin ausgewirkt hat, daß wir heute eine auf die Praxis anwendbare Felsbaumechanik haben, die sich bis in das Konzept neuer Bauverfahren hinein ausgewirkt hat, gibt uns den Mut dazu. Was wir meinen, ist kurz gesagt: Wir haben heute zwar eine Felsmechanik, wir haben daneben eine Fels*bau*mechanik — wenn wir diese Bezeichnung im gleichen Sinne gebrauchen, wie Terzaghi ursprünglich stets von Erdbaumechanik gesprochen hat —, aber was fehlt, ist immer noch die der Tektonik zugekehrte Seite der Geomechanik[3], im Sinne des Wortes und der ursprünglichsten Absichten. Mandl bezeichnet diese noch fast ganz fehlende, auf die tektonischen Probleme als solche gerichtete Seite der Geomechanik treffend als *Tektono*mechanik[4].

Die heutige Felsmechanik kann man vielleicht etwa folgendermaßen charakterisieren:

— Eine Tendenz zu wissenschaftlich anspruchsvollen und physikalisch strengen Ansätzen;

— wenige geschlossene, nicht immer praktikable Lösungen;

— dagegen gut verwertbare numerische Rechenprogramme;

— ungemein viel Gesteinsmechanik, an winzig kleinen Proben mit Akribie vervollkommnet;

— aber fehlende Untersuchungen darüber, wie repräsentativ solche Proben für den Gebirgsverband sind;

— fast keinerlei Betrachtungen über den Einfluß falsch gegriffener Parameter;

— wenig aufrichtiges Interesse an den geologischen Grundlagen, wenngleich zum Aufputz viel von Diskontinuitäten gesprochen wird;

— zu ungenügende Berücksichtigung geologischer Erfahrungen und der geologischen Gesamtsituation.

Anders wäre es kaum verständlich, daß noch heute z. B. Tunnel im Sulfat-Gebirge zwar sorgfältig berechnet, aber ohne Sohle gebaut werden; oder daß nach 25 Jahren Geomechanik-Bemühungen an Felsbauten von Weltformat noch vor deren Inbetriebnahme ernsteste Schäden auftreten.

Das was ich als Fels*bau*mechanik bezeichne, charakterisiert sich vielleicht am besten dadurch, daß zunächst gar nicht so sehr der Ehrgeiz im Vordergrund steht, Lösungen zu erarbeiten, die dem gerecht werden, was heute allein als wissenschaftlich gilt, sondern daß dieses Arbeitsgebiet mitten zwischen die Erfahrungswissenschaften, die exakten Naturwissenschaften und die Handwerkskünste hineingestellt wird:

— Hier wird das von uns so genannte Bruchfließen[5] — eine Erscheinung, die Hans Cloos als gleichzeitiges Brechen und Fließen beschrieben hat — ernst genommen, neuerdings experimentell erfahrbar gemacht durch die bedeutsamen Forschungen im sogenannten post-failure-Bereich, der nichts anderes ist als der Bereich des Bruchfließens;

— hier ist es ein zentrales Anliegen, aus gründlichen geologischen Vorerkundungen wirklich repräsentative Parameter und geomechanische Modelle herauszudestillieren;

— hier werden Parameterstudien betrieben;

— vor allem wird viel gemessen (wobei leider der Großversuch in situ nach einer längst überholten Meinung immer noch als zu teuer gilt);

— hier verläßt man sich nicht mehr auf deduzierte Seitendruckziffern, sondern mißt die im Gebirge tatsächlich vorhandenen Spannungen;

— der „Zeitfaktor" wird nicht theoretisch in Rechnung gezogen, sondern — zumindest im Tunnelbau (leider noch nicht im Böschungsbau, welcher überhaupt unser schwacher Punkt ist) — ernstgenommen und berücksichtigt, wenigstens soweit dies heute möglich ist;

— schließlich scheint es mir ein Charakteristikum der pragmatischen Felsmechanik zu sein, daß man dort, wo sich die wahren Verhältnisse noch nicht rechnerisch erfassen lassen, Messungen am Bauwerk selbst, Modellversuche usw. heranzieht — sei es ersatzweise, sei es um Anschauung zu gewinnen.

Was aber sowohl der Felsmechanik wie der Felsbaumechanik grundsätzlich noch fehlt, ist ihr eigentliches Fundament: Die Einbeziehung der allgemeinen tektonischen Situation, welche doch der Ausgangspunkt aller Betrachtungen sein müßte, weil der Fels, in oder auf dem wir bauen, kein jungfräuliches Material, sondern durch eine lange Vorgeschichte geprägt, teilweise auch zerstört ist und weil die Beanspruchungen, die ihm durch die Tätigkeit der Ingenieure aufgezwungen werden, nur die Fortsetzung anderer, nämlich tektonischer Beanspruchungen sind.

Der im Fels vorhandene Primärspannungszustand, den wir als einen der einflußreichsten Parameter der Felsstatik erkannt haben, kann nur in seltenen Fällen gemessen werden, aber da er ein Ergebnis der geologischen Baugeschichte ist, könnte man ihn, zumindest seinem Charakter und seiner Qualität nach, einschätzen, wenn diesbezügliche Grundlagenforschungen vorhanden wären. Wir durchörtern geologische Störungen oder setzen Staumauern in ihren Bereich, aber niemand weiß, wie sich dieser Primärspannungszustand, welcher weit davon entfernt ist, homogen zu sein, in der Nähe einer solchen Störung ändert, noch, woran man erkennt, ob die Störung noch „lebendig" ist oder nicht; wenn wir an einem Grabenrand bauen, im Bereich einer Flexur oder einer Falte, gilt dasselbe. Viele sprechen von rezenten Spannungen; wer aber unterscheidet schon zwischen Restspannungen und Eigenspannungen? Wir haben heute konkrete Vorstellungen von einem allgemeinen Spannungsfeld, wie es über Europa gebreitet ist, aber keine Ahnung vom Detail, welches doch gewiß seine Gesetzmäßigkeiten hat.

Was hier von den Spannungen gesagt wird, gilt ähnlich vom geologischen Flächengefüge, von den Klein- und Großklüften, der Wasserdurchlässigkeit des Gebirges usw.; diese Daten vorauszusagen oder zu extrapolieren, würde erst dann in exakterer Weise möglich sein, wenn wir die mechanischen Gesetzmäßigkeiten erforscht hätten, welchen die Prägung der geologischen Formen folgte. Aber geforscht wird eben leider nur das, wofür sich zufällig einer interessiert oder womit man, wie es Herr John in Denver ausgesprochen hat, einen akademischen Grad erlangen kann, nicht aber das, was nottäte.

Das alles läuft genau auf das Studium dessen hinaus, was Hans Cloos vor 50 Jahren als Geomechanik bezeichnet und begrifflich festgelegt hat: die Erdkruste, wie sie aufgeschichtet oder aufgequollen und wieder abgetragen, wie sie tektonisch geformt wurde zur Architektur der Gebirge, Kontinente und Meeresböden, und wie sie noch heute tektonisch beansprucht und in Hochspannung gehalten wird, als mechanisches Phänomen, als Kraft-Körper-Problem zu sehen und zu untersuchen.

Denken wir daran, daß wir auf einer „Unruhigen Erde" (Gheyselinck[6]) wohnen, so würden wir auf diesen Wegen notwendig und folgerichtig bald mühelos zu einer sehr dynamischen Auffassung und Behandlung des Gegenstandes unserer Wissenschaft gelangen. Dann würden wir bald nicht mehr versuchen, Verhältnisse, wie sie z. B. im Arlbergtunnel oder im Alpentunnel Fréjus angetroffen wurden, allein durch statische Überlegungen zu klären, Ich bin heute davon überzeugt, daß wir z. B. die katastrophale Rutschung von Vajont anders betrachtet und nach dem Ereignis anders beurteilt hätten, wenn wir damals schon hätten ahnen können, daß diese Gleitmasse einem hochgespannten Gebirgskörper aufruhte und von diesem abschnellte wie ein Pfeil von einem Bogen.

In den tektonischen Architekturelementen, in denen sich der Begriffsunterschied von Äußeren und Inneren Kräften verliert und in denen alles ein Drang und Zwang ist, in denen die Verformungen groß gegen eins sind und deren Form und Abgrenzung nicht mehr die Zurückführung der Aufgaben auf idealisierte, einfach begrenzte Grundfälle erlaubt, entfaltet unser Planet ein Eigenleben, das wir einfach nicht unberücksichtigt lassen dürfen. — Wenn auch damit nur ein Teil des Eigenlebens dieses Planeten, der ein Mikrokosmos im Makrokosmos ist, erahnt oder erfahren werden kann, so wäre das doch gerade jener Erfahrungsbereich, der es uns erlauben, ja uns dazu zwingen würde, uns von unseren papierenen Unterlagen abzulösen und das Gebirge ernsthaft als einen Partner zu betrachten, der nicht nur mitzureden hat, sondern der zuerst gefragt werden müßte. Hans Cloos hat ein „Gespräch mit der Erde" geführt; dieses fortzusetzen, hätten gerade wir Geotechniker viel Veranlassung.

Eine solche Einstellung würde hineinwirken bis in die Praxis der Baustelle; ohne sie bleibt es „hinter der Harke duster". In der norwegischen Schieferhülle habe ich zwei benachbarte Stollen getrieben, einen quer zum anderen verlaufend; die beiden Vortriebe unterschieden sich in der täglichen Leistung wie 1 : 2,3 und im Sprengstoffverbrauch wie 1 : 2,5: Ausfluß des tektonischen Gebirgsbaues[7], nichts anderes.

Es war Hans Cloos, der die mechanische Behandlung der tektonischen Phänomene nicht nur angeregt, sondern als einer der allerersten ernsthaft betrieben hat. Er hat nicht nur jene Modellversuche begonnen, welche die Welt aufhorchen ließen und die Gemüter erhitzten, sondern auch exakte

Kraft-Körper-Spannungs- und Deformationsbegriffe in die Tektonik eingeführt zu einer Zeit, in welcher all diese Worte in einer stilistisch-terminologischen Freiheit ohne Sinn und Schranken gebraucht wurden. Das war es, was mich als geologisch interessierten jungen Ingenieur seinerzeit zu ihm hinzog.

Das Cloossche Programm wurde ja erfreulicherweise von einigen wenigen (Hoeppener, Murawski, Oertl, Wolters u. a.) aufgegriffen, aber was immer noch fehlt und weshalb die Forschung auf diesem Gebiet selbst von wohlmeinenden Institutionen, die die Forschungsarbeit finanzieren und damit leider auch steuern, fehlgeleitet wird, ist die Erkenntnis, daß es sich hier um ein unentbehrliches Fundament aller weiteren Geoforschung — auch der geophysikalischen — handelt. Für die Tektonik der Geologen einerseits, für den Felsbau andererseits würde eine mechanisch ausgerichtete Tektonik-Forschung einen unschätzbaren Fortschritt bedeuten. Nicht zuletzt würden im praktischen Felsbau viele unvorhergesehene Mehrkosten erspart und vielen Menschen das Leben gerettet werden, weil manches, was heute als unvorhersehbar gilt, vorhergesehen werden könnte. Wir würden Maßstabeffekte kennenlernen, welche die oft erstaunlich hohe Mobilität großer Krustenmassen — z. B. bei Deckenschüben — verständlich machen; würden lernen, das Auftreten, den Verlauf und das Abstaffeln von Störungen besser zu verfolgen und vorherzusagen; die eigentlichen Antriebskräfte des Talzuschubes zu verstehen und vorauszusagen, wo Entspannungsklüfte zu erwarten sind. Wenn Technik eine Kunst der Vorhersage genannt wurde, so gilt dies für die Geomechanik und Ingenieurgeologie in ganz besonderem Maße.

Ich kenne viele Tunnel, bei denen Streitigkeiten über unerwartete Schwierigkeiten und Mehrausbruchkosten nicht entstanden wären, wenn man die tektonische Situation im voraus erkannt und in die geologische Interpretation einbezogen hätte; und ich möchte eine große Krafthauskaverne nicht beim Namen nennen, in welcher man vielleicht ein Drittel der Ausbaukosten hätte einsparen können, wenn man wenigstens die Richtungen der vorhandenen Primärspannungen im Gebirge richtig eingeschätzt hätte.

Das meiste von dem, was wir da ansprechen, was zu tun und zu forschen ist, stand Hans Cloos bereits vor 50 Jahren klar vor Augen; vieles hat er selbst begonnen. Ein unbeschreiblicher Impulsgeber war dieser Hans Cloos. Seine erst spät gewürdigten, ja verstandenen genialen Impulse in vermehrtem Umfang aufzugreifen, aufs neue und weiteren Kreisen zu vermitteln und so endlich in großem Umfang fruchtbar zu machen, ist die Absicht dieses Kolloquiums.

Meine erste Begegnung mit seinem geomechanischen Gedankengut war die begeisterte Lektüre seiner „Künstlichen Gebirge", des „Ganges und Gehwerks einer Falte"; ganz besonders begeisterten mich seine Modellversuche, in denen er nicht nur verblüffende Parallelen zwischen diesen durch langsame Deformation geformten Tonkuchen und den Gräben, Beulen und Faltungen der Natur zuwege brachte, die sich bis in die auftretenden Strukturen verfolgen ließen, sondern vor allem — und das war das Große — die entstandenen Strukturen aus dem Deformationsablauf zu erklären und diesen Ablauf aus den Strukturen wiederum zurückzuwickeln verstand, so daß er sagen konnte: Struktur ist „Stein gewordene Bewegung"[8]. Wir erkennen die geistige Nachbarschaft zu Sander, dem Cloos 1950 die Steinmann-Medaille der Geologischen Vereinigung überreichte.

Im Rahmen meiner Dissertation hatte ich mir an dem damaligen tektonischen Schrifttum einen wahren Ekel angelesen, in welchem mit physikalischen Begriffen, Kraft, Druck, Scherung usw., in der leichtfertigsten Art jongliert wurde, Kraft- und Kluftrichtungen einfach identifiziert wurden, daß es einen jungen Ingenieur ob dieser selbstgebastelten und dabei nicht einmal einheitlich gebrauchten Nomenklatur nur grausen konnte. Nach einigen hunderten solcher Veröffentlichungen stieß ich — vor 43 Jahren — plötzlich auf tektonische Darstellungen, in welchen alle physikalischen, alle kinematischen Begriffe sauber und korrekt verwendet und mechanische Zusammenhänge aufgedeckt waren, die urplötzlich helles Licht in ein Chaos warfen: die Schriften von Hans Cloos[9]. Meine Begeisterung für diese neue Welt der Geomechanik war so groß, daß ich dem Autor spontan einen Brief voll Bewunderung und Dank schrieb, in dessen Erwiderung eine große Kiste mit Abgüssen geologischer Modelle eintraf, die Sie im Haus der Natur ausgestellt finden, und eine Einladung nach Bonn in die „Kuchenbäckerei", wie die Studenten damals das Cloossche Kellerlabor bezeichneten — mit Fahrgeld, da er annahm, daß ich als Student die Kosten der Reise nicht leicht bestreiten könne (was auch stimmte). Dort durfte ich nun zehn Tage selbst experimentieren, in seinem von heiterem Geist und Herzlichkeit erfüllten Hause wohnen und an einer seiner berühmten Exkursionen ins Ahretal teilnehmen. Seither hat mich dieses Thema nicht mehr losgelassen und vieles, was in unserem Kreis an Erlebnissen und Ergebnissen geologischer Mechanik entstanden ist, geht auf diesen Anstoß zurück.

Welch einem Feuergeist stand ich da gegenüber! Gespräche, wie sie einem nur in seltenen Sternstunden geschenkt werden, gaben Anstoß für Jahrzehnte. Und wenn zwischen den einzelnen, wegen der Kriegsjahre leider wenigen Begegnungen oft viele Jahre verstreichen mußten, so waren die Gespräche beim nächsten Wiedersehen schon in der ersten Minute angeknüpft, als hätte eine Unterbrechung nicht stattgefunden. „Von solchen Stunden lebt man nun", sagte er einmal beim Abschied auf dem Bahnhof.

Eine kleine Anekdote mag Sie nachfühlen lassen, welche Gewalt des Geistes von diesem Mann ausging: Die Germanistik-Studenten der Universität Bonn wurden von ihrem Professor angeregt, eine oder zwei Stunden lang eine Geologie-Vorlegung bei Cloos zu hören, um — Rhetorik zu lernen. Sie blieben im Bannkreis dieses Geistes und dieser Vorlesung ein ganzes Semester hängen!

Die Klarheit seines Darstellungsstiles, des schriftlichen wie des mündlichen, war unübertroffen. Sein Lebensbericht „Gespräch mit der Erde" vermittelt in geradezu spannender Lektüre auch dem Fachfremden den leichtesten und zugleich freudigsten Zugang zur Welt der Geologie, welche ihm „Musik der Erde" ist, voll schwingender Rhythmen, Harmonien und Sequenzen. Und von seiner „Einführung in die Geologie" sagt Henno Martin: „Es gibt kein zweites Lehrbuch, dessen Sprache ebenso direkt und gerade ist, und die Klarheit des Stils wird nur noch durch die Anschaulichkeit und die ästhetische Schönheit der vielen von Cloos selbst gezeichneten Abbildungen übertroffen."

Einige dieser schönen Originale hat uns Frau Cloos, der wir dafür herzlich dankbar sind, als Leihgabe für unser Jubiläum zur Verfügung gestellt; Sie werden sie im Pausenraum bewundern können. Eine weitere Reihe dieser ebenso künstlerisch wie wissenschaftlich bedeutenden Handzeichnungen hat Herr Wolters in einem schönen Heft der Zeitschrift der Internationalen Ingenieurgeologischen Gesellschaft veröffentlicht.

Wie dieser Mann, den ich Lehrer und Freund nennen durfte, das Verhältnis zu seinen Schülern gestaltete, zeigt sein charakteristischer Ausspruch: „Ich habe mich bemüht, in den Jüngeren mehr deren als meine Gedanken zu stärken und wachsen zu lassen."

Damals, 1933 in Bonn, noch vor meiner Promotion, faßte ich den festen Plan, auf dem Gebiete der Geomechanik zu arbeiten, und zwar jener Geomechanik, wie Cloos sie verstand als reine mechanische Deutung der Architektur der festen Erdkruste. In meiner Bauwerkstätte am Seehamer See ließ ich mir eine Versuchseinrichtung nach Art der in Bonn erlebten bauen und führte diese auf vielen Baustellen mit mir. Aber der Baubetrieb verlangte so viel Zeit und Arbeitskraft ab, daß für private Forschung nichts übrig blieb. Eine Einladung von Cloos aber, einige Jahre in seinem Institut wissenschaftlich zu arbeiten — „nicht nach meinem Plan", wie er sagte, „sondern nach Ihrem eigenen, denn ich treibe keine geistige Inzucht" — schlug ich aus, so schwer mir dies fiel und so sehr ich ihn damit enttäuschte, weil ich fühlte, daß ich das geologische Material und die baugeologischen Tatsachen zuerst im Einschnitt und im Tunnel kennenlernen müsse, ehe ich es wagen durfte, mich mit ihm theoretisch auseinanderzusetzen. Erst als ich ein kleines Ingenieurbüro hatte, zwanzig Jahre später, übte ich an Modellversuchen. Als ich aber nach weiteren zehn Jahren in einem großen Hochschulinstitut diese Art von Geomechanik-Forschung wirklich ernsthaft beginnen wollte, wo die Voraussetzungen dazu günstig gewesen wären, ist dies leider wieder nicht gelungen, da die Auftraggeber der Forschung davon absehen wollten.

Erst mit der exakt-mechanischen Behandlung tektonischer Formen und Abläufe, diesem so gut wie unbeackerten Feld der Geowissenschaften, würden Felsmechanik und Felsbaumechanik nach meiner tiefsten Überzeugung endlich jenes Fundament erhalten, dessen sie dringend bedürfen und ohne welche sie Stückwerk bleiben und in ihrer Anwendung gefährlich werden können. Dies ist der Grund, weshalb sich die Österreichische Gesellschaft den Namen Geomechanik-Gesellschaft gegeben hat und weshalb sie dieses Jubiläums-Kolloquium nicht nur dem Gedächtnis Hans Cloos', sondern auch dem Versuch gewidmet hat, seinen Geist unter uns anzusiedeln. Indem wir seine Denkanstöße endlich aufgriffen, befänden wir uns zugleich in fachlicher Nähe eines Heim, Andreae, Stini, Schmidt und Sander. Richten doch (nach einem Paracelsus-Wort) die meisten Großen mehr nach ihrem Tode als zu ihren Lebzeiten, da die Mitwelt über ein erstaunendes Verwundern oft nicht hinauskommt.

Wir können nur einen kleinen Teil dieses Kolloquiums eigentlich geomechanischen Themen widmen — die aktuellen Fragen anderer Probleme drängen gleichfalls zur Erörterung. Aber wenn Sie diesen anderen Vorträgen mit dem inneren Ohre zuhören, werden Sie bei so manchem Thema heraushören, wie auch dort Geomechanik hereinspielt, wo wir es in unserem andressierten Schubladen-Denken zunächst nicht vermuten. Lassen Sie die Impulskräfte dieses ungewöhnlichen Geistes Hans Cloos in sich lebendig werden! Sein Programm war ein Programm der Zukunft und ist es eigentlich auch heute noch.

Literatur

[1] Müller, L.: Safety of rock abutments on concrete dams. 7. Internat. Talsperrenkongreß, Rom, A. 25, R. 90 (1961).

[2] Müller, L.: Diskussion zum Thema 4. Berichte z. 2. Kongr. Int. Ges. Felsmech., Vol. 4, S. 405, Belgrad (1970).

[3] Endersbee, L. A.: Diskussion. Bericht 10. Ländertreffen IBG, Leipzig 1968, S. 751—754, Berlin (1970).

[4] Mandl, G.: Sekundärstrukturen in tektonischen Scherzonen. 25. Geomechanik-Kolloquium, Salzburg, 1976.

[5] Müller, L.: Brechen und Fließen in der geologischen und mechanischen Terminologie. Geol. Bauwesen, Jg. 25, S. 218—227 (1960).

[6] Gheyselinck, R.: Die ruhelose Erde. Wien: Ullstein 1951.

[7] Müller, L.: Der Felsbau. Stuttgart: Enke 1963.

[8] Cloos, H.: Einführung in die Geologie (S. 177). Berlin: Borntraeger 1936.

[9] Cloos, H.: Künstliche Gebirge. Natur u. Museum, S. 225—243, Frankfurt/M. (1929). — Künstliche Gebirge II. Natur u. Museum, S. 258—269, Frankfurt/M. (1930). — Fließen und Brechen in der Erdkruste und im geologischen Experiment. Plastische Massen. Wissensch. u. Techn., H. 1, Köln (1931). — Gang und Gehwerk einer Falte. Dtsch. Geol. Ges., Bd. 100 (1948).

Anschrift des Verfassers: Prof. Dr. L. Müller, Ingenieurkonsulent für Bauwesen, Paracelsusstraße 2, A-5020 Salzburg, Österreich.

Rock Mechanics, Suppl. 6, 17—23 (1978)

**Rock Mechanics
Felsmechanik
Mécanique des Roches**
© by Springer-Verlag 1978

Aktuelle Krustenbewegungen in den Alpen und ihre Bedeutung für das Baugeschehen

Von

Traugott E. Gattinger

Zusammenfassung — Summary

Aktuelle Krustenbewegungen in den Alpen und ihre Bedeutung für das Baugeschehen. Wer mit dem Bauen in alpinen Räumen zu tun hat, sollte es stets im vollen Bewußtsein tun, daß er sich auf eine sehr ernste Auseinandersetzung mit einer Natur einläßt, die das ungeheure Potential ihrer Kräfte durch das gebirgshohe Auftürmen von Gesteinsmassen sehr eindrucksvoll zur Schau stellt.

Man sollte dabei auch nicht übersehen, daß gerade in jüngerer und jüngster Zeit die alte Annahme, die gebirgsbildenden Prozesse seien in den Alpen und in geologisch-tektonisch ähnlichen Räumen nicht als längst abgeschlossene Episoden zu betrachten, durch neue Forschungsergebnisse zur gesicherten Erkenntnis geworden ist.

Es liegen weltweit Evidenzen vor, daß die Bewegungen der Erdkruste andauern, und zwar nicht nur durch die teilweise verheerende Erdbebentätigkeit. Durch Untersuchungen im Bereich des Mittelatlantischen Rückens, wo durch das Auseinanderdriften der Afrikanischen und der Amerikanischen Kontinentalplatte in Zerrungszonen magmatisches Material aufquillt, durch Messungen an der San Andreas-Störung in Kalifornien, wo sich die Amerikanische und die Pazifische Platte aneinander entlangbewegen, und durch Beobachtungen von Bewegungen im Himalaya, wo die Indische Platte gegen die asiatische gepreßt wird, wird die Mobilität der Erdkruste ebenso eindrucksvoll bestätigt.

Auch in den Alpen haben Messungen die aktuelle tektonische Bewegung des Gebirges bestätigt, so im Arlberggebiet und in den Hohen Tauern. Derzeit sind Untersuchungen und Messungen in verschiedenen Teilen der Ostalpen im Gange, von denen erste Ergebnisse bereits vorliegen, so z. B. im Tauern-Nordrand (Felbertauern, Salzburg) und im Gebiet Hallstatt/Plassen im oberösterreichischen Salzkammergut.

Besonders wichtig ist es, durch die laufenden Untersuchungen die Zusammenhänge der Bewegungserscheinungen mit den teilweise bereits bekannten tektonischen Linien und Zonen aufzuspüren und sicherzustellen, was stellenweise bereits gelungen ist.

Diese Zusammenhänge können für das Baugeschehen im alpinen Raum von enormer Bedeutung sein. Man wird, so wie jetzt bereits die Erdbeben, in zunehmendem Maße auch die eher unauffälligen, eher kontinuierlichen orogenetischen Bewegungen in die technischen Überlegungen einbeziehen müssen, vor allem bei Großbauten.

Das verlangt:

— noch genauere geologische Kenntnisse bereits vor und im Projektierungsstadium,
— Einbeziehung von großtektonischen Erkenntnissen in die Auswahl von Projektsgebieten und von Baumethoden,
— sorgfältigste geologische Betreuung während des Bauens,
— möglicherweise die Entwicklung neuer Baumethoden,
— verstärkten Einsatz von Meßmethoden, um rasch weitere Erkenntnisse über die tektonischen Phänomene zu gewinnen.

Die aktuellen gebirgsbildenden Bewegungen stellen eine Herausforderung an alle dar, die mit Geologie und Bauwesen im alpinen Raum zu tun haben. Wir müssen diese Herausforderung annehmen. Aber nur in echt partnerschaftlicher Verständigung zwischen Geologie und Technik werden wir sie auch bewältigen können.

Actual Crustal Movements in the Alps and Their Significance for Constructing.
Constructing in Alpine areas means the very serious attempt to master a nature which shows its tremendous potential of forces by piling up rock masses to the height of mountains.

It should be kept in mind that the former assumption saying, orogenetic processes in the Alps might not be completed episodes of past geologic periods, is confirmed by new results of tectonical research.

There are worldwide evidences of the continuation of crustal movements, not only by disastrous earthquakes. Investigations of the Middle Atlantic Ridge where the continental Plates of Africa and America drift apart and cause magmatic material to ascend through tension zones, measurements in the area of the San Andreas fault where the American and the Pacific plates move along each other, and observations in the Himalayans where the Indian plate is pressed against the Asiatic plate, also proove the mobility of the earth crust.

Measurements of tectonic movements in the Austrian part of the Alps, e. g. in the Arlberg area, in the Tauern mountains, and in the Salzkammergut area have been carried out or are still going on.

It is of importance to find out the connections of such movements with the partly well known structural zones.

These connections may be essential for constructing in Alpine areas. As in the case of earthquakes, also the more steady, less conspicuous movements must be taken into account especially for major projects.

This demands

— still more thorough geological knowledge already before and during the projecting,
— inclusion of regional tectonic evidences in the selection arguments for project areas and construction methods,
— most careful geological attendance during the construction,
— possibly the development of new construction methods,
— increasing use of measuring methods to gain more and better knowledge of the tectonic phenomena.

The actual orogenetic movements are a challenge for all those who are dealing with geology and constructing in alpine areas. We have to answer this challenge. But we shall succeed only by a real partnership between geology and engineering.

Vor etwa 250 Millionen Jahren, in der Perm-Zeit, war die Welt noch in Ordnung — könnte man sagen. Der amerikanische Doppelkontinent hing noch mit Afrika zusammen, das Mittelmeer war ein Binnengewässer etwa von der Größe des Kaspisees und Indien gehörte noch zur Antarktischen Landmasse — um nur einige Beispiele der damaligen Zustände zu nennen.

Seither hat sich das Antlitz der Erde sehr wesentlich verändert: Amerika ist um rund drei- bis viertausend Kolimeter von Afrika abgedriftet, das Mittelmeer hat sich auf das etwa Vierfache ausgeweitet und Indien hat sich nach einer Nordost-Wanderung von ungefähr 5000 km dem Asiatischen Kontinent angeschlossen. In diesen Veränderungen wird ein Kräftespiel ungeheuren Ausmaßes sichtbar.

Die Auswirkungen dieses Kräftespiels vollziehen sich in ganz bestimmten Zonen der Erdkruste. Sie betreffen vor allem die Kontinentalränder, die atlantischen und pazifischen Zerrungszonen und die jungen Faltengebirge, zu denen die Alpen gehören.

Die Tatsache, daß es sich bei allem Tun in alpinen Räumen um zumindest schwierige, zuweilen sogar gewagte Auseinandersetzungen des Menschen mit einer übermächtigen Natur handelt, sollte uns daher besonders beim Bauen ständig voll bewußt sein.

Sicherlich ist bei *jeder* Bautätigkeit — auch in außeralpinen Gebieten — die Beschäftigung mit den naturgegebenen Umständen, insbesondere mit den geologischen Gegebenheiten, von fundamentaler Bedeutung im wahrsten Sinn des Wortes. Es kann aber spätestens seit den Geokatastrophen der jüngeren und jüngsten Zeit nicht mehr übersehen werden, daß gerade in alpinen Räumen den geologischen Verhältnissen besonderes Augenmerk gelten muß, wenn es ans Bauen geht. Unsere Gebirge sind Nahtstellen der Erdkruste, für die nicht nur kilometerhohes Auftürmen und zehnerkilometer tiefes Eintauchen von Gesteinsmassen ins Erdinnere charakteristisch ist, sondern wo sich heute noch die wohlbekannten ruckartigen, aber auch die wenig bekannten, zum Teil sogar unbekannten, kontinuierlichen Bewegungen vollziehen. Alle diese Bewegungen legen Zeugnis davon ab, daß die gebirgsbildenden Kräfte als Wirklichkeit mit höchst aktueller Wirksamkeit angesehen werden müssen.

Über lange Zeiträume war man der Meinung, Gebirge seien etwas von Grund auf Festgefügtes, Stabiles, Verläßliches, und dieser Meinung begegnet man zuweilen auch heute noch — man denke nur an Wortbildungen wie „felsenfest" oder an die Schwärmerei von den „ewigen Bergen". Aber schon vor hundert Jahren hat A. Baltzer in seiner Arbeit „Über Bergstürze in den Alpen" (Jahrbuch des Schweizerischen Alpen Clubs 1875) angedeutet, daß da ein Mißverständnis vorliegen müsse. Er schrieb: „Es dürfte psychologisch begründet sein, daß nichts größeren Eindruck auf den Alpenbewohner macht, als wenn die Häupter der Berge selbst, denen er ewige Dauer zuschreibt, ins Wanken geraten".

Nach den Ergebnissen der neuen geologischen Forschungen können wir heute mit Sicherheit sagen, daß die Bewegungsvorgänge der Erdkruste durchaus nicht als abgeschlossene Episoden weit zurückliegender geologischer

Vergangenheit angesehen werden dürfen, sondern daß vielmehr die aktuellen Evidenzen für Veränderungen der Erdkruste weltweit und vielfältig sind.

Im Mittelatlantik reißt der Meeresboden noch immer auseinander, weil die Amerikanische und die Afrikanische Krustenplatte auseinanderdriften, und magmatische Massen quellen hervor, die den mittelatlantischen Rücken verbreitern und erhöhen. An der San-Andreas-Störung in Kalifornien verschieben sich die Pazifische und die Amerikanische Krustenplatte um Beträge von mehreren Zentimetern pro Jahr, und die plötzliche Lösung von kumulierten Spannungen führt zu verheerenden Erdbeben. Die Indische Krustenplatte wird Jahr für Jahr um Beträge, die im Meterbereich liegen, enger gegen den Asiatischen Kontinent gepreßt, so daß der Himalaya an Höhe zunimmt, ausgequetscht wie zwischen Schraubstockbacken.

Mit Vorgängen dieser Art haben wir auch in den Alpen zu rechnen. Was wir an der Oberfläche an Bewegungserscheinungen beobachten, registrieren und messen, hängt viel häufiger mit tiefgreifenden Veränderungen der Erdkruste zusammen, als noch vor relativ wenigen Jahren anzunehmen war. Im Berührungsfeld der Afrikanischen und der Europäischen Krustenplatten und der dazwischenliegenden kleineren Krustenteile im Mittelmeerraum vollziehen sich Einengungen und Verschiebungen, die im Alpenkörper spürbar sind.

Der Warnruf von Josef Stini: „Unsere Täler wachsen zu" (Titel einer Arbeit von Josef Stini in „Geologie und Bauwesen") — hat heute eine aktuelle tektonische Dimension angenommen, weil jene Ursachen der großen landschaftsverändernden Massenbewegungen mit den Vorgängen im Zusammenhang gebracht werden müssen, die den gesamten Gebirgskörper betreffen und aus der Tiefe wirken. Eine ganze Reihe von berühmten Autoren, unter ihnen an hervorragender Stelle Hans Cloos, dessen Gedenken dieses Kolloquium gilt, haben in ihren Arbeiten auf diese Zusammenhänge hingewiesen.

Vor wenigen Jahren haben Exner und Senftl nachgewiesen, daß sich die Ostalpen in ihrem Scheitelbereich, im Gebiet der Hohen Tauern bei Gastein, mit einer Geschwindigkeit heben, die im Millimeterbereich pro Jahr liegt. Hebungen sind auch im Gebiet der Karawanken festgestellt worden. Über die Veränderungen, die im Zusammenhang mit den jüngsten Erdbeben in Friaul stehen, besteht derzeit noch keine Übersicht. Andere Bewegungen, die wir zunächst noch für kontinuierlich halten, wurden und werden im Rahmen des Internationalen Geodynamik-Projektes von der Geologischen Bundesanstalt, zum Teil gemeinsam mit dem Institut für Geophysik der TU Wien, untersucht; zwei Beispiele seien kurz angeführt: Die Gebirsgbewegungen im Felber-Tauern-Gebiet im Lande Salzburg und diejenigen bei Hallstatt im oberösterreichischen Salzkammergut. In beiden Fällen mußte man, nachdem man nach gravitativen Erklärungen für die Massenbewegungen gesucht hatte, bald einsehen, daß hier gebirgsbildende Kräfte am Werk sind, deren Auswirkungen wir jetzt durch Messungen und Beobachtungen weiter auf der Spur sind.

Die Gebirgsbewegungen im Felbertauern-Gebiet bei Mittersill vollziehen sich im Nordstau der Tauern-Schieferhülle in einer Serie aus Albitgneis,

Glimmerschiefern, Prasiniten, Hornblendeschiefern und Phylliten. Abgesehen von Hangrutschungen, die sich als sekundäre Ereignisse erwiesen haben, obwohl deren größte bei vorsichtiger Rechnung 3 Millionen m³ erfaßt hat, zerreißt dort der gesamte süd-nord-verlaufende Gebirgszug zwischen Brentling (2242 m hoch) und Archenkopf (1920 m hoch) auf eine Länge von annähernd 2 km. Neben der Bildung von Doppel-, Dreifach- und Vierfachgraten fallen im Bewegungsbild, von dem die gesamte Talseite betroffen ist, folgende Erscheinungen besonders auf:

— Die Gesteine fallen nicht hangauswärts, sondern stehen steiler als der Hang und streichen schräg in den Hang hinein; das heißt, daß sich das Gebirge vollständig in sich selber abstützt und somit von der Lagerung her gar keine Möglichkeit einer Gravitativen Bewegung, schon gar nicht im vorhandenen Ausmaß, gegeben ist.

— Weiters ist es nicht die Ostflanke des Gebirgszuges mit einer Steilheit von 1 : 1, sondern die deutlich flachere Westflanke mit einer Neigung von annähernd 1 : 2, nach der die Bewegung geht.

— Zum dritten setzen die großen Trennspalten der Gebirgszerreißung nicht erst an der bewegten Westflanke, sondern bereits jenseits des Kammes in den obersten Teilen der ansonsten stabilen Ostflanke an.

— Schließlich sind Felsmassen, die vom Kamm nach Westen abwärts streichen, in situ zu Blockhalden von 600 m Länge zusammengebrochen. Die Hauptklüfte im anschließenden Anstehenden zeigen nicht parallele Kluftwände, sondern Öffnungswinkel nach Süden von durchschnittlich 4 Grad. Es ist bemerkenswert, daß dieses Phänomen auf die höheren Teile der Gebirgsflanke beschränkt bleibt.

Alles in allem sehen wir, daß hier Kräfte am Werk sind, die das Gebirge in der Tiefe zusammenspannen, während die höheren Teile fächerförmig aufgehen, so daß der Schluß nahe liegt, daß dieses Auffächern mit dem (absichtlich überspitzt ausgedrückt) Emporquellen des südlich anschließenden Tauerngebirgskörpers in ursächlichem Zusammenhang steht.

Die Massenbewegung bei Hallstatt im Salzkammergut, deren geologisches Bild durch die Arbeiten von Dr. Gerhard Schäffer von der Geologischen Bundesanstalt bis ins kleinste Detail bekannt ist, haben einen anderen Charakter. Zwischen Kalkmassen der Trias und des Jura bis über tausend Meter Mächtigkeit ist die salzführende Haselgebirgsserie, die vorwiegend aus Tongesteinen permo-triadischen Alters besteht, wie in einem Schraubstock eingespannt. Das durch den Salzbergbau seit frühgeschichtlicher Zeit bis heute entstandene Massendefizit von etwa 10 Millionen Kubikmetern im Berginneren, die Diapirtektonik des Salztonkörpers selbst und die gravitativen, oberflächennahen Hangbewegungen in den veränderlichfesten Gesteinsserien sind seit langem bekannt. Hinzu kommen aber Erscheinungen, die mit den geannten Faktoren nicht zu erklären sind. Vor allem sind es Horizontalschübe von erstaunlichen Ausmaßen, die vom südlich und westlich anschließenden Kalkgebirge ausgehen, wie Kontrollmessungen 1973, ausgeführt vom Geophysikalischen Institut der TU Wien, ergaben, die mit einer 1954 durchgeführten Nullmessung im Vergleich gesetzt wurden.

Das nennenswerteste Beispiel ist der Lahngangkogel, ein 1760 m hoher, zum Gebirgsstock des Plassen gehöriger Kalkberg, der sich in den 19 Jahren zwischen Nullmessung und Nachmessung um 79 cm, das sind rd. 4 cm pro Jahr, nach Nordosten bewegt hat. Dies mag angesichts der Tatsache, daß sich der Rote Kögel, ein Felskopf im zentralen Teil der Gebirgsbewegung, im gleichen Zeitraum mit einer Horizontalkomponente von 4,40 m, also rd. 23 cm pro Jahr, verschoben hat, wenig erscheinen, doch liegt der Rote Kögel in jenem Bereich der Gebirgsbewegung, in dem auch Gravitation und Diapirismus eine wesentliche Rolle spielen. Hingegen stellt der Lahngangkogel einen Teil des südlichen Schraubstockbackens dar, mit dem der Salzberg eingespannt ist. Die Bewegungen, die sich hier vollziehen, benützen die selben Bewegungsbahnen und Richtungen weiter, die schon bei der alpinen Gebirgsbildung im Mesozoikum und Tertiär angelegt und benützt wurden. Rezente Bruch- und Schubflanken hängen hier unmittelbar mit den alten geologischen Strukturlinien bis ins Dachsteinmassiv hinein zusammen.

Die Reihe der Beispiele für aktuelle Großbewegungen, die im Zuge systematischer geologischer Aufnahmetätigkeit gefunden wurden und laufend gefunden werden, ließe sich mühelos verlängern. Gerade in allerjüngster Zeit häufen sich Beobachtungen dieser Art, was sicher nicht zuletzt die Folge eines in dieser Richtung durch neue Grundlagen geschärften Bewußtseins der Geologen ist.

Heute macht man sich tiefer und weiter reichende Gedanken; man denkt an größere Zusammenhänge, wenn man beispielsweise in einem massiven, mehr oder minder flachliegenden Kalkplateaubereich, in dem es keinerlei Grund für ein Auseinanderbrechen oder Zergleiten gibt, kilometerlange frische Felsspalten mit gespannten Wurzeln und womöglich mit lateralen Versetzungen antrifft.

Was nun für die Zukunft nottut, ist zunächst eine umfassende Weiterführung der Bestandesaufnahme solcher Erscheinungen. Damit darf es aber nicht sein Bewenden haben, da diese Erscheinungen erst dann in ihrer praktischen Bedeutung voll zu bewerten sind, wenn sie im umfassenden Zusammenhang mit den bereits bekannten und mit den noch zu erforschenden gebirgsbaulichen Elementen der Alpen gesehen werden können. Denn erst dann lassen sich ihre echten Größenordnungen abschätzen und ihre jeweiligen Tendenzen erkennen.

Was dieses Abschätzen-Können und dieses Erkennen für das Bauen in Bewegungsgebieten bedeutet, liegt auf der Hand. Man stelle sich z. B. ein Großbrückenbauwerk vor, das aus Unkenntnis auf eine mobile Zone gestellt wird. Ganz allgemein ausgedrückt, geht es um nicht mehr und nicht weniger als um das Vorbeugen und Verhüten von Katastrophen.

Ich halte mich bewußt an tatsächliche Beispiele aus der Vergangenheit, wenn ich meine, daß diese oder jene Straße nicht angelegt, mancher Kraftwerksspeicher nicht zustande gekommen, manche Talsperre nicht gebaut und mancher Hohlraum nicht ausgeführt worden wäre, wenn es zu gegebener Zeit bereits möglich gewesen wäre, Erscheinungen, die zunächst nur wie ganz gewöhnliches schlechtes Gebirge oder wie lokale Massenbewegungen aussehen, in ihrem Zusammenhang mit dem ungeheuren Kräftepotential von aktuellen Gebirgsbewegungen, verursacht durch die Mobilität der Erdkruste zu erkennen.

Was soll nun also geschehen, nachdem wir angefangen haben, die Tragweite dieser Zusammenhänge zu sehen?

Zunächst wird man, so wie es bereits in Erdbebengebieten geschieht, im alpinen Raum in zunehmendem Maße auch die eher unauffälligen, kontinuierlichen orogenetischen Bewegungen in die technischen Überlegungen und Konzepte einbeziehen müssen, vor allem bei Großbauten. So allgemein ausgedrückt das erscheinen mag, verlangt es doch bereits jetzt ganz konkrete Maßnahmen, nämlich

— noch genauere geologische Kenntnisse für Standortauswahl und Projektierung,

— volle Einbeziehung von großtektonischen Erkenntnissen in die Auswahl von Projektsgebieten und Baumethoden, möglicherweise sogar Entwicklung und Anwendung neuer Baumethoden.

— sorgfältigste geologische Betreuung während des Bauens,

— verstärkten Einsatz von Meßmethoden, um rasch zu weiteren Erkenntnissen über tektonische Phänomene zu kommen.

Die aktuellen Bewegungen der Erdkruste und damit die aktuellen gebirgsbildenden Bewegungen, die wir als Tatsachen hinnehmen müssen, stellen eine Herausforderung an alle dar, die mit Geologie und Bauwseen in mobilen Zonen — was uns vor allem betrifft, im alpinen Raum — zu tun haben. Wir müssen diese Herausforderung annehmen.

So unsicher der Boden, auf den wir uns dabei begeben müssen, auch sein mag, eines ist sicher:

Nur in echt partnerschaftlicher Verständigung und gegenseitiger Hilfe von Geologie und Technik werden wir diese Herausforderung der Natur auch tatsächlich bewältigen können.

Anschrift des Verfassers: Dr. Traugott E. Gattinger, Geologische Bundesanstalt, Rasumofskygasse 23, A-1031 Wien, Österreich.

Rock Mechanics, Suppl. 6, 25—46 (1978)

Rock Mechanics
Felsmechanik
Mécanique des Roches
© by Springer-Verlag 1978

Rock Stresses in Canada
Their Relevance to Engineering Projects

By

J. A. Franklin and **O. Hungr**

With 5 Figures

Summary — Zusammenfassung — Résumé

Rock Stresses in Canada — Their Relevance to Engineering Projects. This paper reviews the stress measurements that have been made in Canada, and discusses additional evidence for the existence of high horizontal stresses; for example, post-pleistocene folds and faults, and damage to man-made works.

Horizontal stresses in the range 5—15 MPa have been measured at depths as shallow as 0—100 metres; much higher stresses than one would expect from gravitational loading. The two horizontal principal stress components are often similar in magnitude, with the major principal stress in a northeast to easterly direction.

Case studies are presented to illustrate the detrimental effects of these high stresses on canals and bridges; open excavations; rock tunnels; and mining excavations. Precautions are recommended with regard to both construction practices and design.

There is often a need for substantial delay between rock excavation and lining placement to allow for the relief of stresses. Also the distance between the location of rock excavation and the nearest rigid support should be maximized. Linings and supports should either be flexible or should be protected by a deformable interface layer, to accommodate up to 10 cm of inwards movement of the excavation walls. Movements may occur over substantial periods of time, so that the design methods used should consider rock creep. Monitoring of displacements and rock pressures is also needed in many cases.

Primäre Gebirgsspannungen in Kanada und ihre Bedeutung für den Ingenieurbau. Die Arbeit gibt einen Überblick über Spannungsmessungen, die in Kanada durchgeführt worden sind, sowie zusätzliche Hinweise für das Bestehen von hohen Horizontalspannungen (z. B. nach-pleistozäne Falten und Störungen sowie Schäden an Bauwerken).

Horizontalspannungen in der Größenordnung von 5 bis 15 MPa sind schon in Tiefen von weniger als 100 m anzutreffen. Das sind höhere Werte als die, welche vom Überlagerungsdruck abzuleiten sind. Die beiden Horizontalkomponenten sind oft von ähnlicher Größe und die Maximalspannung ist meist nordost bis ost gerichtet.

Beispiele für die Nachteile hoher Gebirgsspannungen auf Kanäle, Brücken, Baugruben, Felstunnel und Bergwerke werden mitgeteilt. Für Planung und Bauausführung werden Vorsichtsmaßnahmen abgeleitet.

Um Spannungsumlagerungen zu ermöglichen, sollte zwischen dem Ausbruch des Profils und dem Einbringen des steifen Ausbaues ein möglichst großer Zeitraum verstreichen. Der Ausbau sollte entweder flexibel sein oder eine verformbare Zwischenlage besitzen, die bis zu 10 cm Verformung aufnehmen kann. Bewegungen können über lange Zeiträume anhalten, weshalb die Konstruktion die Möglichkeit von Gesteinskriechen berücksichtigen sollte. Die Messung von Verformungen und Gesteinsspannungen ist in vielen Fällen notwendig.

Les contraintes rocheuses au Canada et leur importance par rapport aux projets du génie. Cette communication passe en revue les mesures de contraintes effectuées au Canada et discute les preuves additionnelles de l'existence de contraintes horizontales importantes, comme — par exemple — les plissements et les failles formés après le Pléistocène ainsi que les dégats encouvus par les ouvrages érigés par les hommes.

Des contraintes horizontales de l'ordre de 5 à 15 MPa furent enregistrées pour des profondeurs ne dépassant pas 100 mètres, valeurs beaucoup plus élevées que celles qui sont théoriquement génévées par l'action de la gravité. Les deux composantes horizontales des contraintes principales sont souvent du même ordre de grandeur, la plus grande étant dans la direction *NE/E*.

Des exemples sont donnés afin d'illustrer les effets néfastes que peuvent avoir ces contraintes importantes dans le cas de canaux et de ponts; dans le cas d'excavations à ciel ouvert; dans le cas de tunnels rocheux; ainsi que dans le cas de mines souterraines. Diverses précautions sont recommandées aussi bien pour la phase de construction que lors du dimensionnement.

Il est souvent nécessaire de prévoir un délai important entre l'excavation rocheuse proprement dite et le placement due parement afin de permettre la relaxation des contraintes. De plus, la distance minimum entre la face rocheuse et le premier support rigide se doit d'être maximisé. Les parements et les supports derraient être, soit flexibles, soit protégés au moyen d'une couche intermédiaine déformable, afin de permettre des déplacements rocheux de l'ordre de 10 cm vers l'interieur de l'excavation. Ces mouvements peuvent se produire pendant une période non négligeable à tel point que les méthodes de dimensionnement derraient tenir compte d'un certain fluage de la roche. La détermination de l'évolution des déplacements et des contraintes rocheuses est nécessaire dans de nombreux cas.

1. Introduction

The well-informed client often asks his consulting engineer two questions when the topic of ground stress is raised: "How sure are you that these stresses exist?", and, "If they do, are they relevant to my project?". The object of this paper will be to attempt answers to these well-justified questions, and to provide documentary evidence concerning the particular stress conditions that exist in the rocks of Canada.

Fig. 1 illustrates Canadian geology in broad outline. Precambrian rocks of the Canadian Shield occupy about one half of the land area, and have been Canada's leading source of minerals. The Cordilleran region on the west coast includes the geosynclinal sediments and igneous rocks of the Rocky Mountains, with Vancouver located to the southwest. Between these mountains and the Canadian Shield, the Interior Plains region is located-consisting of up to 3,000 metres of gently flexed paleozoic and mesozoic sedimentary rocks. These are the prairie provinces that supply much of Canada's coal, oil, gas, potash and salt. The major concentration of population, however, and therefore to a large extent, of civil engineering works, is in the southeast, in Ontario and Quebec and in the cities of Toronto,

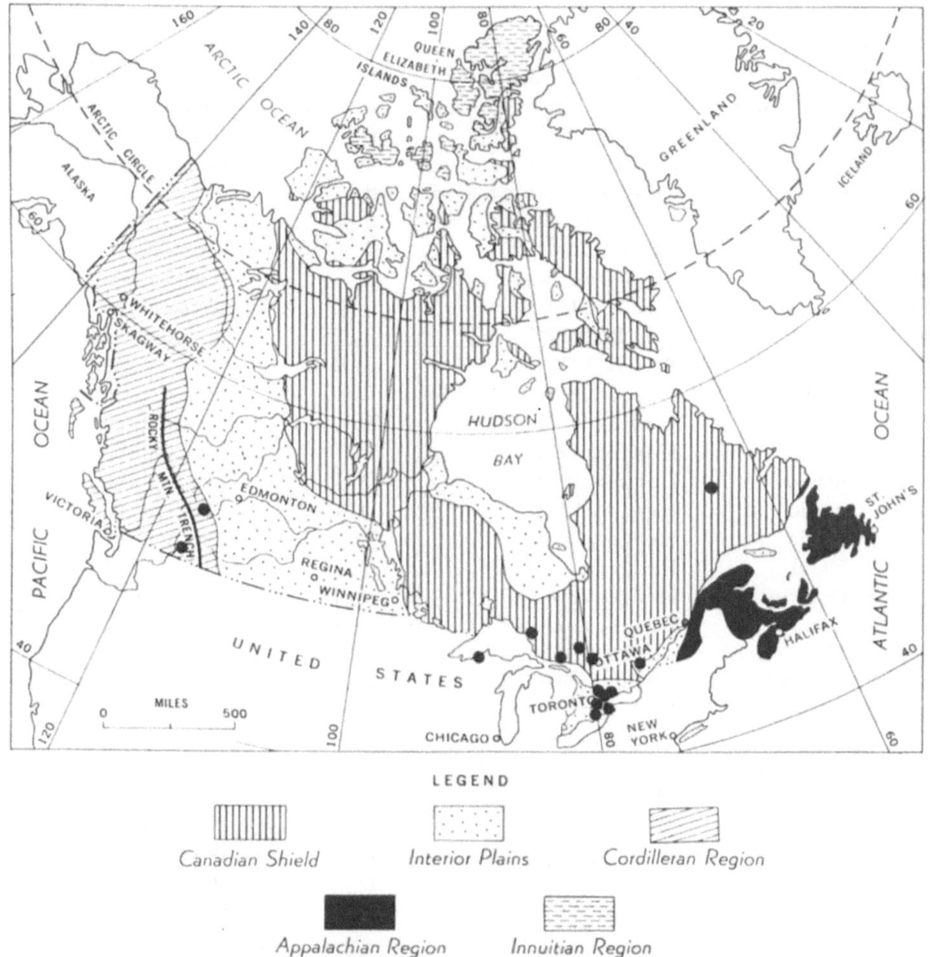

Fig. 1. Geological regions of Canada and locations of stress measurements
Geologische Regionen Kanadas und Örtlichkeiten der Spannungsmessungen
Régions géologiques du Canada et emplacements des mesures de contraintes

Ottawa, and Montreal. Locations where ground stresses have been measured are also shown, and it will be seen that the great majority of work has been done in the industrial and mining areas of Ontario. Except for this region and the occasional mine or hydroelectric project where ground stresses have been considered, there is a scarcity of information. Nor can we confine this study to Canada; since geologically speaking, national boundaries

Table 1. Review of Published Horizontal Ground
Übersicht über veröffentlichte Horizontalspannungsmessungen

Location	Reference	Method used*	Formation
Thorold, Ontario	Palmer & Lo, 1975	B	(Various Silurian)
Thorold, Ontario	Palmer & Lo, 1975	B	(Various Silurian)
Mississauga, Ontario	Lo et al., 1975	B	Dundas
Pickering, Ontario	Lo et al., 1975	B	Collingwood
Scarborough, Ontario	Franklin-Trow, 1975	D	Collingwood
North Bay, Ontario	Coates & Grant, 1966	B	—
Ottawa, Ontario	Coates & Grant. 1966	B	—
Wesleyville, Ontario	Lo et al., 1975	B	Trenton
Elliot Lake, Ontario	Coates & Grant, 1966	B	(Precambrian)
Elliot Lake, Ontario	B & E, 1970**	B, D	(Precambrian)
Elliot Lake, Ontario	B & E, 1970**	B, D	(Precambrian)
Elliot Lake, Ontario	B & E, 1970**	B, D	(Precambrian)
Wawa, Ontario	Coates & Grant, 1966	B	(Precambrian)
Wawa, Ontario	Hedley et al., 1968	B	(Precambrian)
Wawa, Ontario	Herget, 1972	D	(Precambrian)
Wawa, Ontario	Herget, 1972	D	(Precambrian)
Wawa, Ontario	Herget, 1972	D	(Precambrian)
Wawa, Ontario	Herget, 1972	D	(Precambrian)
Sudbury, Ontario	Herget et al., 1975	D, T	(Precambrian)
Sudbury, Ontario	Herget et al., 1975	D, T	(Precambrian)
Sudbury, Ontario	Herget et al., 1975	D, T	(Precambrian)
Niagara Falls, Ontario	Lo et al., 1972	B	Rochester
Niagara Falls, NY	Sellers, 1969	B	Lockport
Clarendon, NY	McL & R, 1976***	H	Oswego/Black River
White Pine, Michigan	Parker, 1966	B	(Precambrian)
Churchill Falls, Lab.	Benson et al., 1970	B	(Precambrian)
James Bay, Quebec	Murphy et al., 1976	B	(Precambrian)
Quebec City, Quebec	Roctest (unpub.)	F	Canajoharie
Mica, BC	Weir-Jones, 1971	D	(Precambrian)
Mica, BC	Weir-Jones, 1971	D	(Precambrian)
Kimberley, BC	Royea, 1968	B	—

KEY * B — U. S. Bureau of Mines cell F — Flatjack method
　　 D — C. S. I. R. "Doorstopper cell" H — Hydraulic Fracturing method
　　 T — C. S. I. R. "Triaxial cell"

are artificial, and much information of relevance has been obtained from the identical rock formations south of the border.

2. Stress Measurements in Canada: Review

A summary of stress data relating to Canada and the northern United States is presented in Table 1. Overcoring techniques have been developed and widely used during the last ten years. It has been found that in general

Stress Measurements Canada and N. E. United States
in Kanada und den nordöstlichen Vereinigten Staaten

Rock type	Overburden depth (m)	Principal horizontal stress (MPa)		Major principal stress direction (0—360° clockwise from N)
		Major	Minor	
Dolomite	13—17	6.6—13.0	6.6—12.1	Variable
Shaly Limestone	18—25	10.5—14.7	6.6—11.2	56°—60°
Shale	11—15	Up to 6.9	—	Variable
Shale	18—24	Up to 6.9	—	Variable
Shale	70	1.7	1.6	90°
	15	7.6	—	—
	15	2.3	—	—
Limestone	37	8.3—13.1	4.8—10.3	165°
Quartzite	405	33	—	—
Quartzite	240—430	20.7	17.2	90°
Quartzite	305	36.5	20.0	45°
Quartzite	700	36.5	22.1	90°
Tuff	323	33	—	—
Meta-sediments	400	34.5	17.2—34.5	90°
Siderite	365	21	16	120°
Metadiorite	477	30	19	70°
Chert	572	47	27	40°
Tuff	572	20—38	15—22	45°—176°
Meta-gabbro	1220	80.7	38.6	63°
Meta-gabbro	1710	128.7	100.7	69°
Meta-gabbro	2130	79.5	61.2	90°
Shale	35	10.3	—	—
Dolomite	2—7	1.7—11.7	− 1.9—1.9	34°—55°
Sandstone/Limestone	—	10.3	—	64°
Shale	150	13.8	—	140°
Gneiss	240—300	7.6—13.8	—	—
Monzonite/Syenite	122	8.2—20.8	5.5—11.3	0°
Shale	143	7.9	7.8	—
Schist/Gneiss	300	9.3	—	—
Schist/Gneiss	460	16.3	—	—
Sulphide Ores	610	41.4	34.5	—

** Bielenstein & Eisbacher
*** McLennan & Roegiers

the vertical principal stress component approximates closely to that calculated
by assuming an appropriate overburden weight; but that the horizontal
principal stresses are higher than the vertical. The following empirical equation relating average horizontal stress to the depth below ground surface
has been proposed by Herget (1973) and by Herget et al. (1975):

$$\sigma_H = 8.16 \text{ MPa} + 0.04\, H \text{ MPa},$$

where H = depth in metres; 1 MPa = 145.04 psi.

For example: at a typical depth of 30 metres for a shallow tunnel, a horizontal stress of 9.34 MPa would be expected, accompanied by a vertical stress of the order of 2.6 MPa. The ratio of horizontal to vertical stress in this "typical" case would be 3.6. In practice this ratio has been found to vary considerably at shallow depth, sometimes reaching values as high as 10—100 (Lo et al., 1975).

Generally only a small difference in magnitude between the two horizontal principal stress components has been found. Exceptions occur where the ground stresses are affected by topography, for example in the vicinity of the Niagara Gorge. The major principal stress direction, however, appears to be surprisingly constant throughout the region, with a northeast to easterly trend. This is evident from Table I, and also from comments in previous publications. Sbar and Sykes (1973), for example, refer to an east to northeast trending maximum compressive stress from west of the Appalachian Mountain System to the middle of the continent, and from southern Illinois to southern Ontario. It will be noted (Fig. 1) that the majority of Canadian stress measurements have been made in eastern Canada, particularly in Ontario, so that variations in this pattern may come to light as data becomes available elsewhere on the continent.

Where measurements have been made in a single drillhole through rocks of various types, the softer rocks have sometimes been found to carry higher stresses. This, however, may be a reflection of experimental technique, particularly of the difficulty in obtaining appropriate Youngs Modulus values for soft rocks such as shales and shaly limestones. Shales that have been subjected to high stresses over an extended time span expand progressively after overcoring, and their modulus of deformability may change by an order of magnitude in a matter of hours. In general, it may be concluded that the high horizontal ground stresses discussed above have been found in all geological formations so far investigated, and in rock types as varied as shale, quartzite and gabbro.

Much of the early work in particular is attributable to the Canadian Centre for Mineral and Energy Technology ("CANMET"), with mining research laboratories at Ottawa, and Elliot Lake. Research was initially directed towards the development and improvement of stress measuring techniques. The U. S. Bureau of Mines' Borehole Deformation Meter was used on earlier projects, and subsequently measurements have been made using the South African (C. S. I. R.) Doorstopper and Triaxial stress measuring equipment (Van Heerden & Grant, 1967; Gray & Toews, 1968; Gray & Barron, 1969; Herget, 1973A). The relationship of rock stress to rock fabric, and the interpretation of rock stresses and causative mechanisms from fabric and petrographic information, has been the subject of detailed research at several mines (Bielenstein & Eisbacher, 1969, 1970; Eisbacher and Bielenstein, 1970; Herget, 1972). More recently, attention has been given to the collation of data between stress magnitudes and depth in the ground (Herget, 1973B, 1974; Herget et al., 1975).

Canadian mining companies have for some time been concerned with ground stresses and their effects on mining methods and mine planning.

Research has been carried out over a period of at least twenty years with the object of minimizing the hazard from rockbursts, and to optimize mine layout and pillar design. (Morrison, 1942; Dickout, 1962; Parker, 1966; Coates & Ignatieff, 1966; Royea, 1968; Coates et al., 1973; Hedley & Wilson, 1975; Oliver, 1975).

In parallel with these mining activities, stress measurements have been made for civil engineering projects such as the underground hydroelectric facilities at Churchill Falls, Mica, James Bay and Wesleyville (Benson et al., 1970; Weir-Jones, 1971; Roctest (unpublished); Lo et al., 1975). Measurements have also been made at various other civil engineering sites where ground stress damage has been reported or anticipated. Several of these cases will be discussed later.

A substantial contribution to our understanding of stress relief phenomena and the time-dependent deformation of rocks has been made by Professor K. Y. Lo and co-workers at the University of Western Ontario. (Palmer & Lo, 1975; Lo, 1975; Lo et al., 1975). In a research project sponsored by the National Research Council of Canada, the U. S. Bureau of Mines overcoring method has been developed and employed at a number of sites, in vertical holes drilled from the ground surface to depths of up to 38 metres. The measurements have been used to examine in detail, by back analysis, the mechanisms that have resulted in damage to linings and supports. Additional publications by these authors on the results of this study will be forthcoming in the near future.

3. Natural Evidence of High Ground Stresses

Long before the invention of stress measurement techniques, there was substantial evidence of the existence of high horizontal ground stresses. Discussion appears in the technical literature as early as 1886. There are two classes of phenomena that may be regarded as evidence for the existence of these stresses: the unusual and often expensive misbehaviour of engineering works constructed in or upon highly stressed ground; and the occurrence, sometimes quite suddenly and violently, of post-pleistocene folds and faults in near surface foundations and quarry floors.

The characteristic behaviour of engineering works when subjected to high horizontal rock stress is the main theme of this paper, and will be illustrated by a number of case histories in later paragraphs. For the present, we will select one example, that of the Niagara Gorge "wheelpits", as among the older and more spectacular of those that are available. Hydroelectric power was introduced in Niagara at the turn of the century, when several installations were constructed to take advantage of the natural head of water at the Niagara Falls. Three "wheelpits" were excavated in the horizontally bedded dolomite and shale rocks of the gorge, each pit to house a number of vertically-aligned turbines. Wheelpit No. 1 of the Niagara Falls Power Company, New York, completed in 1900, consisted of a rectangular excavation, 6 m wide × 130 m long × 55 m deep (Adams, 1927; Lo et al, 1975). Similar pits were excavated by the Toronto Power Company (Morrison, 1957; Lo et al., 1975) and by the Canadian Niagara Power Company (Smith, 1905; Ontario Hydro, 1953; Lo et al., 1975).

The behaviour of these pits has been well documented. For example, in the Canadian Niagara wheelpit, the inward movement of the rock has been monitored monthly since 1905, with an accuracy of 0.003 mm. Here, there has been a total convergence of about 10 cm; one quarter of this is estimated to have occurred during the construction period 1902—1903. A subsequent steady continuation of movement has resulted in severe misalignment problems, and in the shattering of a 250 ton capacity cast iron support strut. At the Toronto Power Company wheelpit, excavated 1904—1905,

Table 2. Post Pleistocene Faults
Nach-pleistozäne Störungen

Location	Formation	Rock	Dip	Strike	Throw	Zone width
Claireville	Georgian Bay	Shale/ Siltst	17⁰ W	360⁰	25 cm	5—30 cm
Zimmerman	Queenston	Shale/ Siltst	30⁰ E	360⁰	60 cm	
Oakville	Queenston	Shale/ Siltst	54⁰ NW	240⁰		
Oakville	Georgian Bay	Shale/ Siltst	70⁰ SW	315⁰		

similar movements have occurred, resulting in the buckling of steel beams and the crushing of four heavy concrete arches placed across the excavation as support. Stresses of up to 57 MPa have been measured in these arches, by overcoring. The brick lining has been extensively sheared. The Toronto Power wheelpit has been inoperative for a number of years, although all turbines in the Canadian Niagara wheelpit are still operating. A detailed analysis of the performance of these two wheelpits, incorporating the effects of horizontal stresses and time-dependent deformation, has been reported by Lee & Lo (1976).

Recent folding and faulting of near-surface rocks has been widely reported. Gilbert (1886, 1888) described surficial folds in the Trenton limestone of western New York, and in the Devonian shales of northwest Ohio. Cushing et al. (1910) give examples of several postglacial buckles in the limestones and quartzites of northern New York state. Oliver et al. (1970) discuss small high angle faults in paleozoic shales and slates, the faulting having resulted in the offset of glacial striae. These and other phenomena are reviewed by Oliver et al., 1970; White et al., 1973; Sbar and Sykes, 1973; and Engelder and Sbar, 1976. Sbar and Sykes conclude that "a variety of postglacial geologic features are indicative of a high compressive stress in a large region of northwestern North America. In some instances an easterly trending maximum compressive stress is suggested. In general, a clear relation cannot presently be ascertained between the magnitude of stress and seismicity".

The characteristics of a number of these fault and fold features have been compiled in Tables 2 and 3. The "pop-ups", are of particular interest and typically are found in the floors of quarries where vertical stress has

Fig. 2. "Pop-up" in a quarry floor at Milton, Ontario
"Pop-up" in einem Steinbruch bei Milton, Ontario
Flambement du plancher d'une carrière située à Milton, Ontario

been relieved by excavation of overburden. They can occur suddenly with explosive force, for example, in granite quarries where the rocks are brittle; or over a period of days or weeks when the rocks are more ductile. A typical

Table 3. Post-Pleistocene Folds & Pop-Ups
Nach-pleistozäne Falten und „pop-ups"

Location	Formation	Rock	Height	Length	Azimuth (Strike)
Toronto Gore	Georgian Bay	Shale/Siltst	1 m	500 m	70⁰
Woodbridge	Georgian Bay	Shale/Siltst	0.6 m		128⁰
Oakville	Queenston/ Georgian Bay	Shale/Siltst	2.5 m		340⁰
Burlington	Queenston	Shale/Siltst	1 m	2100 m	276⁰
Galt	Guelph	Dolomite	1.3 m		
Toronto	Georgian Bay	Shale/Siltst	3.7 m		
Oakville	Georgian Bay	Shale/Siltst	1.5 m		280⁰
Chippewa Bay	Potsdam	Quartzite	4 m	40 m	332⁰
Milton	Lockport	Dolomite	1 m	80 m	
Marmora	(Precambrian)	Limestone	2.5 m	170 m	
Maine		Granite	1 m Rock exploded		

pop-up, shown in Fig. 2, occurred in horizontally bedded dolomite rocks at the Dufferin Aggregates Limited Quarry, Milton, Ontario. Rock squeeze problems have also been encountered in the primary crusher building at this quarry site as will be discussed later.

From the tabultaions it will be seen that these faults and folds have a tendency to align perpendicular to the northeast to east trending maximum principal stress, although there is considerable variation; at Milton individual pop-ups tend to snake across the quarry floor with no readily observed preferred direction. Pop-ups appear to have several features in common, rising to a typical height of 1—3 metres above the quarry floor, and extending for considerable distances along strike. The thickness of rock affected seldom exceeds 3—4 metres. Excavation of a trench across one such feature at Milton revealed a loosened upper layer of dolomite slabs, with a triangular void beneath the crest (Golder Associates, 1972).

4. Case Studies

There have been many examples of civil engineering works and mining projects in Canada where a failure to anticipate the existence of high horizontal ground stresses has resulted in structural damage and in expensive remedial work. Classical methods for tunnel lining design (for example, that of Terzaghi in his introduction to "Rock Tunneling with Steel Supports"; Commerical Shearing and Stamping Co., Youngstown, Ohio, 1946), assume a vertical rock loading that is some portion of the overburden weight, with a horizontal pressure on the lining that is generally smaller than the vertical. Similarly, the design of mine pillars has traditionally been based on overburden loading alone, neglecting the possible existence of high horizontal components of stress. When such stresses exist these design methods are invalidated, and if rock excavations so designed give good service, this may be regarded as largely a matter of luck rather than of sound engineering judgement. The existence of high horizontal stress fields is now generally accepted, and civil and mining engineers have learned that by recognizing their existence and taking a number of simple precautionary steps many of the potential problems can be avoided. Horizontal stresses can even be turned to advantage in some cases; they may permit, for example, the use of larger unsupported roof spans in underground rock excavations. These aspects will be considered further in paragraph 5 and for the present, we will confine our attention to some case studies.

Canals and Bridges

The Queenston-Chippewa canal was constructed in 1920—1921 to carry water from the Niagara River to the Sir Adam Beck Generating Station. It is approximately 21 km long, with 14 km excavated in horizontally bedded dolomite, limestone and shale to depths of up to 18 metres. The base of the canal was lined with a concrete slab, 13.4 metres wide and 15 cm thick, with no expansion joints. Buckling of the base slab was noted during construction, over a length of several hundred metres and with some bulges as high as 1 metre. The unbuckled portion was excavated and replaced, this time providing a 10 cm wide expansion joint filled with sand. In 1964 the canal was drained for maintenance, when floor heave was noted along the centreline of the base slab over a distance of some 1,000 metres. Details are discussed by Acres (1920), and by Lo et al. (1975); Lo and co-authors have estimated the horizontal ground stresses in this area to be in the order of 10 MPa, transmitting a stress of 13.6 MPa to the concrete slab.

Similar examples are discussed by Rose (1951), and by McLennan and Roegiers (1976). The abutments of the Brooks Avenue Bridge across the New York State Barge Canal in Lockport, N. Y. are reported as having converged by as much as 18 centimetres. Buckling of the canal floor has been noted; the lock walls have closed by about 15 cm, and the centres of some bridges have been raised by as much as 60 cm.

Open Excavations in Rock

In 1958 the New York State Power Authority excavated rock trenches up to 50 m deep to house two water conduits, each 14 m wide and 20 m high, with an articulated arch roof and having a floor slab with a longitudinal centre joint (Feld, 1966). Movement of the side walls and floor gave considerable trouble to the excavation work. Line holes went out of position and had to be re-drilled before loading with explosives. The formwork for the base slab was squeezed during the concrete curing period to such an extent that the timber was ruptured. The 1.52 m thick base slab heaved by more than 20 cm.

The Thorold tunnel carries a four lane highway beneath the Welland canal at Thorold, Ontario. It was constructed between September 1965 and March 1968 by excavating an open trench 29 metres wide and up to 25 metres deep through horizontally bedded dolomites of Silurian age (Acres, 1972; Lo et al, 1975; McLennan & Roegiers, 1976). The walls and floor slab that lined this excavation were approximately 1.8 metres thick; in general the gap between rock and concrete was backfilled with rock fill, but at either end of the tunnel, the concrete was separated from the rock walls by only a 5 mm thick layer of bentonite waterproofing material. Minor cracking of the concrete walls was noted in 1967, and by 1971 extensive cracking had become evident. Compressive stresses of 17 MPa were measured in a concrete roof strut, using an overcoring method. Ground stresses in this area, measured by Lo and co-workers, are in the order of 10 MPa. It is significant that much of the concrete cracking was adjacent to a shaly layer in the rock; this shale has been studied in detail and contains an insignificant percentage of swelling minerals, so that the damage must be attributed to stress relief effects. The problem was remedied by cutting a 15 cm wide stress relief slot to a depth of 13 metres in the rock adjacent to the concrete lining.

At Hamilton, Ontario, several sewer tunnels have been constructed during the last 5 years by open cut trenching into horizontally bedded dolomites and limestones of Silurian age. Stage 2 of the Redhill Creek sewer project was completed in late 1973, at which time the trench lining was poured (in contact with the rock) and backfill was placed over the arch roof. At the end of the trench, where it was to connect with Stage 3, a 60 metre length was left unlined. Rock blasting for Stage 3 started some 6 months later, and shortly after this, cracking was noted in the walls and crown of Stage 2 between 60 and 120 metres from the location of blasting. An examination of the rock walls of the trench showed that drill-holes had been offset by up to 12 mm along individual bedding planes and joints, the total inward movement of the walls amounting to 50 mm on each side of the excavation. At a subsequent project, similar in nature, these movements have been monitored using borehole inclinometers to either side of the trench at three locations, together with convergence tape measurements spanning across the trench. Movements of up to 50 mm have been observed, and two of eight inclinometer guide tubes have been sheared by bedding plane slip. Calculations that compare the estimated ground stress (13 MPa) with the modulus of elasticity of the rock and the shear strength of the bedding planes, indicate that excavation of rock can be accompanied by ground movements as far as 300 metres from the location of blasting. This result is quite contrary to the generally assumed St. Venant's Principle, that implies movements only within two or three excavation diameters from the trench walls. Pressure cells have been installed to measure the contact pressure developed between the rock and the concrete sewer pipe encasement (Fig. 3) and the final results of this monitoring project should help clarify the nature of the problem and the precautions needed in design and construction.

The Milton, Ontario, quarry of Dufferin Aggregates Limited provides a further example of problems that can be encountered when excavating in highly stressed ground. The pressure ridges or "pop-ups" in the floor of this quarry have been discussed earlier in this paper (Fig. 2) and have been described by Golder Associates (1972) and by White et al. (1973). The quarry is a major producer of crushed limestone aggregate. Rock is excavated to within 2 metres of the shale that underlies the limestone and dolomite formations, leaving the lower 2 metres as a floor to the quarry. The pop-ups occur within the upper half of this 2 metre dolomite layer. At one location, it was necessary to excavate through this layer and for a depth of 24 metres into the shale, forming a slot to house the primary crusher plant and conveyor. The crusher plant structure of heavily reinforced concrete rests on shale at the base of the cut, and also is connected by concrete slabs and retaining walls to the dolomite layer at quarry floor level. Two years after construction of this facility, cracking of the concrete structure became evident, and cracks were spreading at a significant rate. A study showed that the concrete was sound, but that cracks were continuing to appear and develop. As a result, a stress relief trench is presently being excavated through the dolomite to isolate the upper part of the crusher building from the surrounding rock, leaving only a sliding contact along shale beds. Continued monitoring of crack apertures has indicated that the cracks are closing to some extent during excavation of the stress relief trench. Inclinometer and convergence measurements are being used to assess the full effect of this remedial work. The relief trench has converged by up to 10 mm in the course of excavation, and further stress relief will be permitted before backfilling with compressible granular material.

Rock Tunnels

There have been few reported instances of damage to the linings and supports of underground civil engineering works in Canada; although the effects of stresses on the pattern of ground movement that develops around

Fig. 3. Pressure cell installed at the contact between rock and concrete; sewer trench, Hamilton, Ontario

Druckmeßdose am Kontakt Fels/Beton; Abwasserkanal Hamilton, Ontario

Gauge de contrainte installée au contact entre la roche et le béton; tranchée d'égout, Hamilton, Ontario

these excavations is apparent when one studies monitoring records. The lack of damage, when compared with the many reports of damage to structures in open excavations, may be due to any of several factors. Firstly, a tunnel is supported against horizontal displacement by a crown as well as an invert, and the restraining influence of the excavation crown may conceivably halve the anticipated lateral movements and stresses. Secondly, there is often a substantial delay in tunneling between excavation and lining, so that a major part of the ground stress may be dissipated before the lining is placed. Finally, tunnel linings are often more flexible than those used for support at the ground surface, and may accommodate substantial displacement without becoming damaged.

In rock where the major principal stress is horizontal, one would expect inward displacement of the tunnel sidewalls, but divergence (outward movement) of the crown and invert. This behaviour may be concluded from the results of Hogg (1959), who measured convergence of a 15 m diameter tunnel at the Sir Adam Beck Niagara Generating Station, using a spring loaded invar tape. His measurements, as analysed by Lo et al. (1975), indicate an inwards convergence of the sidewalls approximating to 12 mm, with a divergence of 3 mm between crown and invert in a period of one year.

In shale tunnels, the anticipated divergence of crown and invert is often masked by local bed separation in the crown of the excavation. This aspect is discussed by Lo and Morton (1975), and by Morton et al. (1975) who consider the behaviour of several tunnels in shales in the vicinity of Toronto, Ontario. Detailed convergence and extensometer measurements have been made in these tunnels. The general pattern has been, in our own experience, for a 4 m diameter tunnel to converge between haunches by a total of

Fig. 4. Overcoring for stress determination using the C. S. I. R. doorstopper cell, Scarborough, Ontario (Easterly Filtration Plant Intake Tunnel: Owners; Municipality of Metropolitan Toronto: Consultants; Albery, Pullerits and Dickson Associates)

Überbohren eines C. S. I. R.-Doorstoppers zur Bestimmung von Druckspannungen; Scarborough, Ontario

Sur carrotage pour détermination des contraintes au moyen de la cellule C. S. I. R.; Scarborough, Ontario

10—20 mm, this movement slowing to less than 0.5 mm/month after a 4—6 month period. The vertical span converges by a greater amount (typically 40—60 mm) with, in some instances convergence of up to 70 mm, owing to bed separation in the crown. The stresses measured in this tunnel (Fig. 4), using the C. S. I. R. Doorstopper method in holes drilled vertically and horizontally to depths of 17 metres, were in the range of 1.6 to 1.7 MPa (see Table 1); indicating a near-hydrostatic stress field of magnitude less than usual in Ontario. Measurements of in-depth movement using a magnet

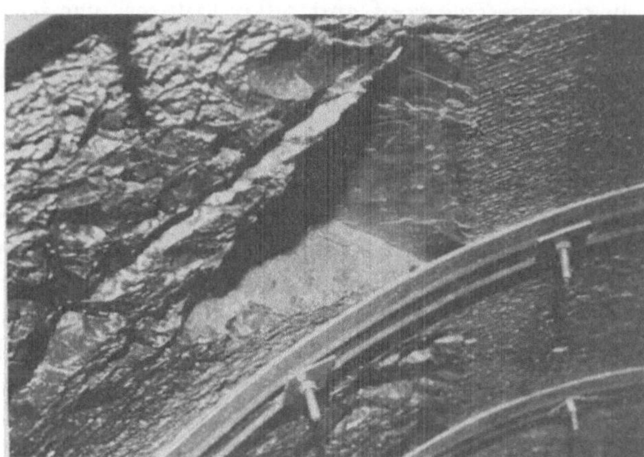

Fig. 5. Support in a shale tunnel using four polyester resin anchored bolts to secure steel crown plate (courtesy McNally & Sons, Contractors)

Ausbau in einem Tonschiefer-Tunnel mit vier Kunstharzankern zur Befestigung der Stahl-Kronenplatte (McNally & Sohn, Bauunternehmung)

Support dans un tunnel schisteux utilisant quatre boulons à résine polyester afin de retenir la plaque d'acier firée à la couronne (courtoisie de McNally & Fils, Entrepreneurs)

extensometer system (Franklin, 1975) have shown that rock displacements, although of small magnitude, extend to greater depths in the rock mass than would be predicted from elastic theory.

The practical implications of these observations are, in our opinion, that although higher than "normal" ground stresses exist, their effect on tunneling operations is usually minimal. A tendency to spalling and overbreak in the crown has been successfully controlled by conventional rockbolt support. Fig. 5 shows a technique adopted by one contractor, using four polyester resin anchored roofbolts to hold a steel plate, tensioned into close contact with the tunnel crown. In this case, the support was installed close to the working face above a tunnel boring machine, and gave simple, efficient and complete stabilization.

The long term influence of high horizontal stresses on the final tunnel lining has been studied by Hanafy et al. (1976). When the tunnel is in rocks of low strength such as shales, any analysis based on elastic theory must be questioned and it becomes necessary to consider the viscous or creep behaviour of the rock, and indeed of the lining itself. By using a viscous finite element analysis it is possible to examine lining stresses as a function of time, and to investigate construction schedules that will prevent overstressing.

Mining Excavations

At the White Pine copper mine near Lake Superior in Michigan, horizontal compressive stresses of 14 MPa have been measured at a depth of only 150 metres (Parker, 1966). The rocks consist of precambrian sandstones and shales with a typical compressive strength of 170 MPa. At this mine, the remedy to excessive roof and pillar failures was found to consist of an *increase* in roof span, combined with a re-alignment of the long axis of production panels to coincide with the direction of major principal stress. Similar recommendations have been made by Oliver (1975) in the context of the deeper INCO nickel mines at Sudbury, Ontario. Oliver points out that by allowing a controlled sag in the roof, high horizontal ground stresses can be dissipated, whereas if the span is small and the roof rigid, crushing and sometimes rockbursting will develop. Yielding pillars may be used to obtain similar results. Oliver defines a yielding pillar as one that is incapable of carrying the full load transmitted to it; usually it is a slender pillar, with a height of at least twice its width. By yielding, the pillar allows a greater effective roof span and permits a controlled release of energy rather than a violent release in the form of rockbursts.

A further aspect of much importance in the control of mining operations under high ground stress conditions is the choice of mining sequence. Parker for example, found that when three parallel headings were to be driven they should be kept abreast of each other to allow mutual stress relief. A different approach is taken in potash mining in Alberta, however. The potash is extracted from depths in excess of 1,000 metres, where the ground stresses are sufficient to cause extensive yielding of the weak evaporite rocks. At one mine, pilot headings are driven to either side of the main working area, and allowed to cave; progressive roof collapse and convergence occur over a period months. The main operating heading is then driven in the de-stressed zone between pilot headings, and enjoys a considerably enhanced stability as a result of this stress relief.

5. Conclusions

The accumulated evidence of stress measurements, of the monitored behaviour of man-made works, and of natural phenomena such as postpleistocene faults and folds, should leave no doubt that high horizontal stresses exist near the surface over a substantial part of the North American continent. At depths of 0—100 metres these stresses are typically in the range 5—15 MPa, the two horizontal principal stresses often being similar in magnitude. The direction of major principal stress is quite consistent, the maximum compression occurring along a northeast to east trending axis. At some locations a set of regional tension joints strikes parallel to this axis, and compressional features such as post-pleistocene faults and "pop-ups" tend to be aligned in a perpendicular direction (north to northwest).

These stresses have had considerable and adverse effects on engineering works where appropriate precautions have not been taken. In the remaining paragraphs, an attempt will be made to outline some precautions that are considered advisable.

A first step is to recognise that the major principal stress is indeed likely to act in a horizontal direction. Often there is some scepticism in this regard. If necessary, the local ground stresses can be measured. If this is not possible, then it should be assumed that the worst of previous stress determinations in the neighbourhood will apply.

A logical consequence of this first step is to reject any design method that assumes gravitational loading only. In the case of excavations in soft rock, the possibility of creep, and the need for time-dependent analytical methods, should be considered.

In horizontally bedded rocks with persistent planes of horizontal weakness (such as in southern Ontario), it must be assumed that any open excavation into rock will converge by a mechanism involving the sliding of one bed over the next. The amount of movement may ultimately reach 5—10 cm in each wall of the excavation. The movement is likely to be time-dependent and may, in some cases, persist for many decades.

Excavation of rock at one location may cause movement of rock at another, remote, location; perhaps as far as 200—300 metres from the point of excavation. Hence, if a trench heading is being advanced by blasting, the walls for some distance back from the working face will converge. This "influence distance" may be considerably greater than can be predicted from elastic continuum analysis methods.

A rigid lining or support system placed in close contact with the rock immediately after excavation may be subjected to considerable forces, and will be liable to excessive deformation or failure. The forces acting on this lining or support will be even greater if there is further nearby excavation after the support is installed.

Precautions that have been implemented in Ontario to guard against these effects include those related to the construction schedule and also to the design. The construction schedule should, where possible, be adjusted to allow several weeks, preferably months, between excavation and final support. If necessary to prevent rock deterioration, flexible primary support may be installed at an earlier stage. The distance between the point of excavation and the nearest previously installed rigid support should be as large as possible, preferably at least 100 metres. When a contract is executed in stages, there should be an over-excavation of at least this distance beyond the limit of permanent support, to prevent damage to this support when the next stage of excavation is begun.

In addition to these construction precautions, the support should be designed to accommodate rock displacements of up to 10 centimetres, the actual amount depending on the degree to which the above construction precautions can be adopted. There are several alternative ways in which rock displacements can be accommodated. Firstly, a flexible support may be used; one that can deform without damage. Secondly, a rigid lining may be used in combination with a deformable interface material between the lining and the rock. Granular backfill is one possibility; however, in many cases conventional crushed rock or gravel is too rigid, and there is a danger of the backfill becoming saturated and frozen during the winter months, so that it will not readily deform. Clay or compacted shale may be used in some instances, or a granular slag with enclosed pores that will allow crushing to occur. A further alternative is to employ a special interface layer of foamed polyurethane, polystyrene or sulphur. Expanded polystyrene sheeting has been employed on some projects. Whatever the interface material, consideration should be given to the relationship between its thickness and compressibility in order to forecast the stresses that may be transferred to the lining for an assumed range of rock displacements.

In the case of tunnels and other belowground works, the magnitudes of rock displacement may be less, owing to the greater degree of confinement; however, the same basic principles with regard to construction and design precautions should apply. Support should, when possible, be flexible. In many cases larger roof spans may be both feasible and advantageous under conditions where the major principal stress is horizontal.

Monitoring of rock behaviour can be of greater than usual benefit in ground conditions such as these, where displacements and support pressures are often time-dependent and difficult to predict.

Acknowledgements

The authors would like to express their sincere thanks to Canadian colleagues in the field of rock mechanics, in particular to Professor K. Y. Lo of the University of Western Ontario, Mr. John Wilson of Falconbridge Mines and Dr. Gerhardt Herget of CANMET, for assistance in providing information reviewed in this paper, and for their helpful comments and suggestions. The permission of our clients to publish data pertaining to projects is also gratefully acknowledged.

References

Acres Consulting Services Ltd.: The general and economic features of the Queenston-Chippewa Development. J. Eng. Inst. Canada, Vol. 3, No. 9, pp. 446—452 (1920).

Acres Consulting Services Ltd.: Thorold tunnel — Investigations to determine the cause of cracking in the structure. Rept. to Dept. of Transpt. & Communications, Ontario (1972).

Adams, E. D.: Niagara Power. History of the Niagara Falls Power Company 1886—1918. Vol. II, Niagara Falls Power Co., Niagara Falls, N. Y., p. 504. 1927.

American Falls International Board: Preservation and enhancement of the American Falls at Niagara: Appendix C — geology and rock mechanics. Final Rept. to the International Joint Commission (1974).

Benson, R. P., T. W. Kierans, and O. T. Sigvaldason: In situ and induced stresses at the Churchill Falls Unterground Power House. Proc. 2nd Cong., Int. Soc. Rock Mech., Belgrade, p. 821, 1970.

Bielenstein, H. U., and K. Barron: In situ stresses. Proc. 7th Canadian Rock Mech. Symp., Edmonton, Alberta, 1972.

Bielenstein, H. U., and G. H. Eisbacher: Tectonic interpretation of elastic strain recovery measurements at Elliot Lake, Ontario. Canadian Dept. Energy, Mines & Resources, Mines Branch Rept. R210 (1969).

Bielenstein, H. U., and G. H. Eisbacher: In situ stress determinations and tectonic fabric at Elliot Lake, Ontario. Proc. 6th Can. Symp. Rock Mech., Montreal, pp. 91—101, 1970.

Coates, D. F.: Some cases of residual stress effects in engineering works. In: State of Stress in the Earth's Crust. pp. 679—688, New York: American Elsevier, 1964.

Coates, D. F., H. U. Bielenstein, and D. G. F. Hedley: A rock mechanics case history of Elliot Lake. Canadian J. Earth Sci., Vol. 10, No. 7, pp. 1023—1058 (1973).

Coates, D. F., and A. Ignatieff: Prediction and measurement of pillar stresses. Canadian Mining Jour., Vol. 87, No. 1, pp. 50—56 (1966).

Coates, D. F., and F. Grant: Stress measurements at Elliot Lake. Canadian Inst. Min. Metal. Bul., Vol. 59, pp. 603—613 (1966).

Cushing, H. P. et al.: Geology of the Thousand Islands Region, New York State. Museum & Sci. Service Bull., Vol. 145, p. 185 (1910).

Czurda, K., and R. M. Quigley: Cracking of a concrete tunnel in the Meaford-Dundas Formation. Univ. Western Ontario, Faculty of Eng. Sci., Res. Rept. SM-3-73, (1973).

Dickout, H. H.: Ground control at the Creighton Mine of the International Nickel Company of Canada Ltd. Proc. Symp. Rock Mech., Montreal, pp. 121—144, 1962.

Eisbacher, G. H., and H. U. Bielenstein: Interpretation of elastic strain recovery measurements near Elliot Lake, Ontario. Canadian J. Earth Sci., Vol. 7, pp. 576—578 (1970).

Engelder, T., and M. L. Sbar: Determination of the regional stress patterns in New York State and adjacent areas by in situ strain relief measurements. Annual Tech. Rept. for New York State Energy Res. & Development Authority, by Lamont-Doherty Geol. Observatory, Columbia University, 1976.

Feld, J.: Rock movements from load release in excavated cuts. Proc. 1st Cong., Int. Soc. Rock Mech., Lisbon, Portugal, Vol. 2, pp. 139—140 (1966).

Franklin, J. A.: Safety and economy in tunneling. Proc. 10th Canadian Rock Mech. Symp. Kingston, Ont., Vol. 1, pp. 27—54 (1975).

Franklin Trow Associates Ltd.: Research Project Interim Report, Easterly Filtration Plant Intake Tunnel, Scarborough, Ont. National Research Council of Canada, 1975.

Franklin Trow Associates Ltd:. Final Report: Ground movement monitoring; tunnel under highway 403. (For Regional Municipality of Hamilton-Wentworth), 1976.

Gilbert, G. K.: Recent geological anticlinals. Am. Jour. Sci., ser. 3, Vol. 32, p. 324 (1886)

Gilbert, G. K.: Post-glacial anticlinal ridges near Ripley, N. Y., and near Caledonia, N. Y. Am. Assoc. Adv. Sci. Proc., Vol. 40, pp. 249—250 (1888).

Golder Associates Ltd.: Foundation investigation for proposed plant re-location, Dufferin Materials & Construction Ltd., Milton, Ontario. (For Holderbank Technical Services Ltd.), 1972.

Gray, W. M., and K. Barron: Stress determination from strain relief measurements on the ends of boreholes; planning, data evaluation and error assessment. Proc. Int. Symp. Determination of Stresses, Lisbon, Portugal, and Can. Dept. Energy, Mines & Resources Reprint RS110, 1969.

Gray, W. M., and N. A. Toews: Analysis of accuracy in the determination of the ground stress tensor by means of borehole devices. Proc. 9th Symp. Rock Mech., Colorado, 1967, pp. 45—78, Publ. by Soc. Min. Eng. AIME, 1968.

Gung, G.: Rock cliff stability studies. Ont. Power Generating Station, Rept. 69-395-11, 1969.

Hanafy, E. A., J. J. Emery, and J. A. Franklin: Tunnel lining strategies. Proc. 3rd Symp. Eng. Applications of Solid Mechanics, Univ. Toronto, Canada, June 1976.

Hast, N.: The state of stress in the upper part of the earth's crust. Tectonophysics, Vol. 8, pp. 189—211 (1969).

Hedley, D. G. F., and J. C. Wilson: Rock Mechanics applications in Canadian mines. Canadian Inst. Mining Ann. gen. Mtg., Toronto 1975.

Hedley, D. G. F., G. Zahary, H. W. Soderlund, and D. F. Coates: Underground measurements in a steeply dipping orebody. Proc. 5th Canadian Rock Mech. Symp., Toronto, pp. 105—125, 1968.

Herget, G.: Tectonic fabric and current stress field at an iron mine in the Lake Superior Region. Proc. 24th Int. Geol. Cong., Montreal, Section 13, p. 241, 1972.

Herget, G.: First experiences with the CSIR triaxial strain cell for stress determinations. Int. J. Rock Mech. Min. Sci., Vol. 10, pp. 509—522 (1973 A).

Herget, G.: Variations of rock stresses with depth at a Canadian Iron Mine. Int. J. Rock Mech. Min. Sci., Vol. 10, pp. 37—51 (1973 B).

Herget, G.: Ground stress determinations in Canada. Rock Mechs., Vol. 6, pp. 53—64 (1974).

Herget, G., A. Pahl, and P. Oliver: Ground stresses below 3000 feet. Proc. 10th Canadian Rock Mech. Symp., Kingston, Ontario, pp. 281—307, 1975.

Hogg, A. D.: Some engineering studies of rock movement in the Niagara area. Eng. Geol. Case Histories No. 3, pp. 1—12, Geol. Soc. America (1959).

Jones, T. B.: How one driller solved the Thorold Tunnel rock squeeze problem. Eng. & Contract Record, Vol. 86, No. 9, pp. 24—26 (1973).

King, P. B.: Tectonic map of North America. U. S. Geol. Survey, scale 1 : 5,000,000, 1969.

Lee, C. F., and K. Y. Lo: Rock squeeze study of two deep excavations. ASCE speciality conf. on Rock Engg., Boulder, Colorado, 1976.

Lo, K. Y.: In situ stress measurements in rock — Ontario Power Generating Station. Acres Consulting Services Rept. to Ontario Hydro, 1975.

Lo, K. Y., C. F. Lee, J. H. L. Palmer, and R. M. Quigley: Report on stress relief and time-dependent deformation of rocks. Canadian Nat. Res. Council Special Project No. 7307, Univ. Western Ontario, 1975.

Lo, K. Y., and J. D. Morton: Tunnels in bedded rock with high horizontal stresses. Proc. 28th Canadian Geot. Conf., Montreal, 1975.

McLennan, J. D., and J. C. Roegiers: A synthesis of stress measurements in Ontario. Rept. for Franklin Trow Associates (1975, unpublished).

McLennan, J. D., and J. C. Roegiers: Stress conditions around the Niagara Gorge. Proc. 3rd Symp. Eng. Applications of Solid Mechanics, Univ. Toronto, June 1976.

Morrison, R. G. K.: Report on the rock burst situation in Canadian Mines. Trans. Canadian Inst. Min. Met., Vol. XLV, pp. 225—272 (1942).

Morrison, W. G.: Rock squeeze investigation, Toronto Power Generating Station. Ontario Hydro. Res. Div. Rept. No. 57—113 (1957).

Morton, J. D., K. Y. Lo, and D. J. Belshaw: Rock performance considerations for shallow tunnels in bedded shales with high lateral stresses. Proc. 10th Canadian Rock Mech. Symp., Kingston, Ontario, 1975.

Murphy, D. K., J. Levay, and M. Rancourt: The LD2 underground power house. Proc. rapid excavation & tunneling conf., Las Vegas, Nevada, 1976.

Oliver, J., T. Johnson, and J. Dorman: Post-glacial faulting and seismicity in New York and Quebec. Canadian Jour. Earth Sci., Vol. 7, pp. 579—590 (1970).

Oliver, P. H.: Ground control in transverse cut and fill mining operations. 10th Canadian Rock Mech. Symp., Kingston, Ontario, 1975.

Ontario Hydro: Interim report on rock stability in the Niagara Region. 1953, unpublished report.

Palmer, J. H. L., and K. Y. Lo: In situ stress measurements in some near surface rock formations — Thorold, Ontario. Can. Geot. Jour., Vol. 13, No. 1 (1975).

Parker, J.: Mining in a lateral stress field at White Pine. Canadian Mining & Metallurgical Bul., October, pp. 1189—1197 (1966).

Pomeroy, P. W., D. W. Simpson, and M. L. Sbar: Earthquakes triggered by surface quarrying — the Wappingers Falls, New York sequence of June, 1974. Bul. Seism. Soc. Am., 1976, in press.

Rose, C. W.: Preliminary report — rock squeeze studies, Niagara River Development. Unpublished report, U. S. Army Corps of Engineers, Buffalo District, 1954.

Royea, M. J.: Rock stress measurement at the Sullivan Mine. Proc. 5th Canadian Rock Mech. Symp., Toronto, pp. 59—74, 1968.

Sanden, B. H.: In situ deep mine stress field determinations using a borehole deformation overcoring technique. B. Sc. Thesis, Min. Eng. Dept., Queens Univ., Kingston, Ontario (1971).

Sbar, M. L., and L. R. Sykes: Contemporary compressive stress and seismicity in eastern North America: an example of intra-plate tectonics. Bul. Geol. Soc. Amer., Vol. 84, V, pp. 1861—1882 (1973).

Sellers, J. B.: Strain relief overcoring to measure in situ stresses. Unpublished rept., for U. S. Corps of Engrs., Buffalo District, Niagara Falls Project, by Terra-metrics Inc., 1969.

Smith, C. B.: Construction of Canadian Niagara Company's 100,000 H. P. hydroelectric plant at Niagara Falls, Ontario. Trans Canadian Soc. Civ. Engrs., Vol. 19 (1905).

The Trow Group: Report on damage to primary crusher buildings, Milton Quarry. (For Dufferin Aggregates Ltd.), 1976.

Van Heerden, W. L., and F. Grant: A comparison of two methods for measuring stress in rock. Int. J. Rock Mech. Min. Sci., Vol. 4, pp. 367—382 (1967).

Weir-Jones Engineering Consultants: Stress measurements at the Mica Power-house. Unpublished report.

White, O. L., P. F. Karrow, and J. R. MacDonald: Residual stress relief phenomena in southern Ontario. Proc. 9th Canadian Symp. on Rock Mech., Montreal, Quebec, 1973.

William Trow Associates Ltd.: Geotechnical Investigation, proposed extension to the Hamilton Mountain Trunk Sewer. Stage 4. (For Wyllie & Ufnal Ltd.), 1976.

Wilson, A. W. G.: Some recent folds in the Lorraine Shales. Canadian Record of Science, Montreal, Vol. 8, pp. 525—531 (1902).

Address of authors: P. Eng. J. A. Franklin, PhD. (Principal Engineer) and P. Eng. O. Hungr, M. A. Sc. (Senior Engineer), Franklin Trow Associates Limited, 43 Baywood Road, Rexdale, Ontario, M9V 3Y8, Canada.

Rock Mechanics, Suppl. 6, 47—54 (1978)

Rock Mechanics
Felsmechanik
Mécanique des Roches
© by Springer-Verlag 1978

Berührungspunkte und Reibungsflächen zwischen Geologie und Felsmechanik

Von

Georg Horninger

Zusammenfassung — Summary — Résumé

Berührungspunkte und Reibungsflächen zwischen Geologie und Felsmechanik. Die Felsmechanik hat sich als notwendige Ergänzung zur herkömmlichen Geologie aus den Erfordernissen des Ingenieurbaues entwickelt. Sie wird auch heute noch vielfach von Ingenieuren als deren ausschließliche Domäne betrachtet. In dem Maße, in dem sich nun nach einem Vierteljahrhundert die Entwicklung von der weitgehenden Orientierung auf die Baupraxis zu den Grundlagen in den Vordergrund schiebt, bahnt sich auch im Hinblick auf die herkömmlichen Auffassungsdifferenzen zwischen Geologen und Felsmechanikern eine Umschichtung an. Reibungsflächen, die bisher im Vordergrund standen, die ihre Ursachen in Mißverständnissen aus zu einseitiger Schulung und daraus entspringendem Einbahndenken sowohl der Geologen als auch der Felsmechaniker hatten, verlieren langsam aber sicher an Gewicht. Allein schon die Möglichkeiten, die der Einsatz der elektronischen Rechenanlagen eröffnet hat, tragen wesentlich zur Ausräumung bisheriger Unzulänglichkeiten bei; ebenso die langsam wachsende Erkenntnis, daß manche bisher vielverwendete Versuchsmethoden grundsätzliche Mängel in sich schließen und durch Besseres ersetzt werden sollten.

Mit der Entwicklung der Felsmechanik zur umfassenderen Geomechanik gelangen aber Probleme in den Vordergrund, zu deren Bewältigung die herkömmliche Technische Mechanik allein kaum mehr reichen wird. Man denke z. B. an die häufig zu beobachtenden Spuren von mehrphasigen Relativbewegungen an buckligen Harnischflächen. Zu ihrer Erklärung wird man die viele Jahrzehnte bekannten, heute auch experimentell gut unterbauten Erkenntnisse der Mineralogie und Gesteinskunde über fortschreitenden stofflichen Umbau im Laufe kinematischer Vorgänge in die der Mechanik entstammenden Überlegungen einbauen müssen. Fels- oder auch Geo-*Mechanik* erklärte und erklärt auch heute noch viel, aber für sich allein nicht alles.

Geology and Rock Mechanics: Common Interests — Friction Planes (in a Figurative Sense. "Rock" is the common interest for rock mechanics and geology. But the ideas as to the meaning of the term "rock" and to the way to achieve to a working knowledge of its properties differ widely. Technicians often do not know what to do with a merely qualitative description of rock types and rock qualities by geologists. By the way, this undeniable shortcoming of geology was one of the essential points leading to the initiation of rock mechanics. On the other hand, there was good reason to reproach rock mechanics with abstractions from "real" rock far beyond tolerable limits only for mathematical treatment's sake. Nowadays, this whole bulk of "friction planes" in a figurative sense is only of secondary importance.

They are no more considered as an inevitable fate, but as removable misunderstandings because of traditional mutual one-way-thinking. Were it only for the reason of progresses on grounds of electronic computers now introduced in rock mechanics, there is good reason to hope for decisive improvement. Likewise it is only a matter of time that one or the other still dubious experimental method for the determination of rock properties (e. g. weak drilling-"cores" used in experiments) will be replaced by less objectionable procedures. What is to be expected for future developments? Up to now rock *mechanics* was more or less the completion to conventional geology, most urgently needed by technicians. But the natural trend already leads from merely practice-devoted rock mechanics to more comprehensive geomechanics and finely to tectonophysics. As a natural consequence for the future, rock mechanics is to extend beyond its traditional limits set by mere mechanics. With this trend of rock mechanics towards geomechanics many geological features may enter the scene that, up to now, did not yet interfere with conventional practice-oriented rock mechanics. E. g.: How to explain the familiar fact of different displacements along intricately curved slickensides? How to deal with wide faults developing suddenly from simple joints? Mere mechanics is no more a promising way in those cases, but mechanics plus petrology and physico-chemistry together may solve the problems. This, in turn, would lead to highly desirable smoother relations between geology and rock mechanics.

La géologie et la mécanique des roches. Qu'a-t-il de commun et de "surfaces de frottement"? La création et le développement de la mécanique des roches étaient des conséquences inévitables des négligences considérables au secteur du génie civil par la géologie conventionnelle. Quoi d'étonnant que la majorité des ingénieurs civils sont encore convaincus de leur prédominance complète en toute matière concernant la mécanique des roches? Le refroidissement s'accroissant peu à peu entre la géologie et la mécanique des roches était une conséquence déplorable, mais aussi inévitable. Pour la plupart il avait ses racines dans l'étroitesse du mode d'instruction et des géologues et des ingénieurs. Elle menait en tout cas à des mentalités à sens unique. Heureusement, à la longue les frictions à cause de telles insuffisances se diminuent. Mais le développement successif de la mécanique des roches vers une géomecanique, science plus universelle, entraîne automatiquement des problèmes abordant la tectonique, par exemple une explication satisfaisante pour le phénomène bien connu et répandu des plans de faille irrégulièrement bosselés avec les traces de déplacement en deux ou trois directions différentes. Sans doute, la mécanique elle seule, la base naturelle de la mécanique des roches, serait écorchée par les problèmes de telle sorte. La mécanique était le complément approprié pour les buts du practicier de construction et au chantier. Les problèmes réfractaires provenus de l'élargissement des intérêts au-delà de l'application au chantier exigeront l'incorporation des expériences et des méthodes de la minéralogie et de la petrologie à la mécanique.

Berührungspunkte und Reibungsflächen zwischen Geologie und Felsmechanik

Der Felsmechanik wird bisweilen wohlwollend bescheinigt, eine „junge Wissenschaft" zu sein. Dabei liegen z. B. die bahnbrechenden Untersuchungen von Hans Cloos über die statistische Verteilung von Klüften in Granitplutonen, seine nicht weniger bedeutenden Modellversuche zur Tektonik, die zu verblüffend naturnahen Ergebnissen führten, ebenso, wie etwa die richtungweisenden Gefügestudien eines Bruno Sander schon ein gutes halbes Jahrhundert zurück. Zugegeben, diese Studien waren noch nicht unter dem

Firmennamen „Felsmechanik" getrieben worden, wenn auch H. Cloos selbst den Begriff geprägt hatte. Sowohl Cloos als auch Sander waren von der Schule her Geologen. Sie sahen offenbar keinen dringenden Grund, ihre Forschungsrichtungen aus dem weitgesteckten Rahmen der Geologie herauszulösen. Die heutige Felsmechanik sensu stricto, die sich durch den Namen deutlich als neues, selbständiges Zweigfach dokumentiert, ist nun auch schon 25 Jahre alt. In diesem Vierteljahrhundert haben sich Felsmechanik und Geologie, leider auf weit getrennten Wegen, beachtlich entwickelt bzw. weiterentwickelt.

Es sei kurz in die Gründungszeit der Felsmechanik zurückgeblendet, weil nur aus der Geschichte manches zu verstehen ist, was heute zwischen Felsmechanik und Geologie, besser gesagt: zwischen Felsmechanikern und Geologen, steht. Das erklärte Nahziel für jenen kleinen Kreis um Leopold Müller, überwiegend Bauingenieuren und einigen anderen mit Bauaufgaben Befaßten, war, die weite Lücke zwischen dem zu schließen, was damals die Schulgeologie dem Ingenieur bieten konnte — oder wollte und dem, was die Baupraxis an geotechnischen Informationen über das Verhalten der Festgesteine dringend gebraucht hätte. So manches abfällige Werturteil über die Geologie und die Geologen aus den Jahren um den Zweiten Weltkrieg, von Baupraktikern ausgesprochen, traf hart aber berechtigt. Die Bodenmechanik hatte sich damals schon von der Geologie gelöst gehabt und war zwangsläufig zur reinen Domäne der Bauingenieure geworden. Sie mußte es werden, weil sie dort ansetzte, wo die Geologen nach ihrer konventionellen Vorbildung und Ausrichtung nicht mehr mitkonnten. In der Felsmechanik lief die Entwicklung aus demselben Grunde, nur mit anderen Vorzeichen, ebenso einseitig. Man mag dieses Auseinanderleben von Geologie und Felsmechanik bedauern, aber es ist so gekommen.

Sicher nicht richtig, aber vor einem Vierteljahrhundert für den Nicht-Fachgeologen eben nicht als unberechtigt erkennbar, war das bei Ingenieuren verbreitete Vorurteil, daß die Geologie im wesentlichen verstaubte Fossilienkunde sei und als Wissenschaft den Kontakt zur Praxis weitgehend verloren habe. Das stimmte nämlich nur in bezug auf die *Bau*-Praxis, wenn man von Stiny, dem einsamen Rufer in der Wüste und von wenigen anderen Ausnahmen, die zum Teil nicht an Hochschulen tätig waren, absieht. Sonst aber waren schon in den Dreißiger- und Vierzigerjahren die Grundlagen zu all den seither großartig entfalteten, modernen Entwicklungen der Geologie gelegt; sie haben inzwischen auch für praktische Belange die größte Bedeutung erlangt. Es sei an die um 1930 einsetzende Mikropaläontologie erinnert. Sie ist seither zu einem der wichtigsten Forschungsmittel in der Ölgeologie geworden. Schon vor dem Zweiten Weltkrieg setzte, um ein anderes Beispiel zu nennen, die Tiefseeforschung als zweckfreie Grundlagenforschung ein. Ihre Ergebnisse haben in den letzten drei Jahrzehnten zu wichtigen praktischen Folgerungen geführt. Darüber hinaus haben sie auch unser Weltbild über das Konzept der „Plattentektonik" revolutioniert. Heute ist letztere in aller Munde. Sie rechtfertigte glänzend die um 1912 von Alfred Wegener entwickelte, in den Folgejahren totgesagte Kontinentaltrift-Hypothese, aber auch die nicht minder geniale, nur vielleicht dem Nicht-Geologen weniger bekannte Unterströmungs- oder Verschluckungshypothese Otto Ampferers. Für den Bauingenieur fiel dabei von den neuen Entfaltungen im Gesamtbereich der Geologie aus den Jahren nach 1945, als für Bauvorhaben großen Stils viel Bedarf an geotechnischen Informationen bestand, leider wenig ab. Hier nun griffen Ingenieure auf die Initiative L. Müllers und seines Kreises zur Selbsthilfe. Gewiß wäre gut gewesen, wenn sich auch Geophysiker richtungweisend in die Felsmechanik eingeschaltet hätten. Gerade sie hätten das verbindende Rüstzeug sowohl aus der Geologie als auch aus der Mathematik und Physik mitgebracht. Tatsache ist aber, daß die Geophysiker damals in jenen Sparten, in denen sie vom Stoff her in die Nähe der Felsmechanik gekommen wären, andere Interessen hatten, als die allzu praxisorientierten Bauleute.

Man könnte die Auffassungsdifferenzen, die seit eh und je zwischen Felsmechanikern und Geologen als Reibungsflächen störten, in drei Gruppen gliedern:

— Zunächst als augenscheinlichste Differenzen, die am meisten zu Angriffen auf die „Gegenseite" reizten, jene, die nur auf Einseitigkeit und Mängel im derzeitigen Kenntnisstand zurückgehen. Diese Meinungsverschiedenheiten werden sich im Laufe der Zeit am leichtesten ausräumen lassen.

— Die nächste Gruppe betrifft die unzweifelhaft heute noch (nach erst 25 Jahren Anlaufzeit!) vorhandenen experimentellen Unzulänglichkeiten, mit denen die Felsmechanik sich mehr oder minder abgefunden hat. Auch auf diesem Gebiet darf ein Ausflachen der Differenzen erhofft werden.

— Die widerspenstigste, wenn auch heute für praktische Belange noch nicht im Vordergrund stehende dritte Gruppe ist jene, die wohlbekannte, ja triviale tektonische Erscheinungen betrifft, zu deren Erklärung aber Überlegungen dazukommen müssen, die den Rahmen der Technischen *Mechanik* sprengen.

Zur ersten, auffälligsten Gruppe, deren Abbau in vielen Fällen nur mehr eine Frage der Zeit sein kann, gehören Mißverständnisse, die in den herkömmlichen, anerzogenen Denkgeleisen begründet sind. Wenn die Ingenieure den Geologen die Scheu vor der Zahl und unbestimmte Ausdrucksweise ankreiden, die nicht selten geologische Gutachten für die Baupraxis wenig ergiebig scheinen lassen, so steckt darin neben Wahrem auch Mangel an Einsicht in geologische Gedankengänge. Bedenken denn die Herren Ingenieure immer, von wie vielen im voraus unbestimmbaren, jeder langfristigen Vorausplanung entzogenen Einflußgrößen, allein von Wetterbedingungen oder von den Bearbeitungsmethoden, die Gesteinseigenschaften abhängen? Wir haben verfolgt, wie ein Mylonit im Zentralgneis der Reißeckgruppe (Kärnten) im Stollen seine Konsistenz binnen drei Wochen von „Fels" zu quellender „Paste" veränderte. Erst kürzlich erfuhren Bauingenieure praktisch, wie sehr die felsmechanischen Qualitäten eines Hauptdolomits, besonders in den zahlreichen Zerrüttungsstreifen, bei unkonventioneller Vortriebsmethode vom

Grade der witterungsbedingten Durchnässung abhängig sein können. Um ausgiebige Reibungsflächen zwischen Ingenieurauffassung und Geologenmeinung über die mechanischen Eigenschaften dieses Gesteins, brauchte man daraufhin nicht besorgt zu sein.

Anderseits hält der Geologe dem Felsmechaniker häufig und sicher auch nicht grundlos vor, die geologischen Gegebenheiten durch bewußte Vernachlässigung von Bestimmungselementen und durch Schematisierung so zu vereinfachen, daß der abstrakte Restbestand an „Modellgestein" und „Modellklüften" zwar in die Rechenmaschine paßt, aber mit der Natur nichts mehr zu tun hat. Was dies betrifft, darf man hoffen, daß sich Vorwürfe solcher Art mit zunehmendem Eingang der elektronischen Rechenhilfen in die Geologie immer mehr von selbst erledigen werden. Die seinerzeit unter der Ägide Leopold Müllers zustande gekommene Forschungsarbeit von H. Malina (1970) stellte in dieser Hinsicht einen nicht hoch genug zu schätzenden Anfang dar.

Die erwähnte zweite Gruppe häufiger, auf Mißverständnissen beruhender Reibungen zwischen Felsmechanikern und Geologen betrifft die üblichen Methoden zur Feststellung von Fels- oder Kluftparametern. Greifen wir nur die Bohrproben heraus. In gleichmäßigem, guten Granit etwa, oder in festem Orthogneis mag es durchaus vertretbar sein, daß Bohrkerne als Proben für Laboruntersuchungen herangezogen werden. Anders bei weichen oder intensiv geschieferten Gesteinen oder bei Felsarten, bei denen z. B. mergelige Komponenten oder sehr feinkörniges Bindemittel enthalten sind, deren Festigkeitseigenschaften vom Durchfeuchtungsgrad abhängen. In solchen Fällen kann sich der Geologe nur schwer damit abfinden, daß Labordaten, die an Kernproben ermittelt wurden, als repräsentativ anzusehen seien. Rechnerische Mittelwertbildung kann solche Mängel nicht beheben!

Einige der grundsätzlichen Bedenken des Geologen im Hinblick auf Versuche an Bohrproben aud auf die Verwertbarkeit der Ergebnisse sind:

— Der kernfähige Teil des Bohrgutes ist selbst schon eine Auslese. Diese aber begünstigt falsche Gewichtung der Bohrgutqualität.

— Für viele Probleme, die mit Gebirgsfestigkeit zu tun haben, ist nicht ein Mittelwert, sondern der jeweilige, von der Gesteinsart, vom Zustand der Klüfte, und fast immer auch von nicht-vorausbestimmbaren Außeneinflüssen abhängige *Mindest*-Wert entscheidend; besonders bei „veränderlich-festen" Gesteinen, wie etwa Tonmergeln.

— Bei „mittleren" Kluftabständen, etwa in der Größenordnung des Dezimeters, wird die Einzelkluft im kleinkalibrigen Bohrkern nur zu leicht als Singularität wirksam. Die Übertragung der an der Kluft in der Bohrprobe oder beim Versuch im Bohrloch ermittelten Eigenschaften auf den Großbereich, in dem Klüfte derselben Schar in mehr minder statistischer Verteilung vorliegen, muß immer fragwürdig bleiben.

Was nützen solche Bedenken? Bohrkerne sind bequem zu gewinnen, leicht zu untersuchen, auch sind sie hinsichtllch der Gestehungskosten erschwinglich. Daher ihre Beliebtheit als Untersuchungsobjekte und die

Verbissenheit, mit der ihre Verwendung als Testobjekte noch vielfach gegen alle Einwendungen verteidigt wird. Sicherlich werden neuere Techniken graduelle Verbesserungen bringen. Im letztangeführten, grundsätzlichen Punkte, der Kleinheit des mit der Bohrprobe oder bei in-situ-Versuchen im Bohrloch erfaßten Reaktionsraumes, wird sich aber kaum viel verbessern lassen; ein Einwand, der beiden Seiten wohlbekannt ist, aber nicht gerne gehört wird.

Nun zur dritten, wohl der wesentlichsten Gruppe geologischer Gegebenheiten, die zwischen Geomechanikern und Geologen als ungelöste Fragen stehen.

In dem Maße, in dem sich die Felsmechanik zur umfassenderen *Geo*-Mechanik weiterentwickelt, verlangen zunehmend auch jene tektonischen Erscheinungsbilder nach einer Erklärung, die wohl den beschreibenden Geologen seit jeher vertraut sind, zu deren Verstehen aber die *Mechanik* allein nicht mehr reichen wird. Nur einige wenige, alltägliche Beispiele:

Die häufigen, viele m^2 großen, spiegelnden Harnischkluftflächen mit flachen, unregelmäßigen Buckeln und Mulden von dm-Höhe gehören zum gewohnten Formenbestand bei unseren alpinen Dolomitgesteinen. Es ist an und für sich schon schwer zu begreifen, wie längs so buckliger Grenzflächen überhaupt Gleitvorgänge ablaufen können. Von einem Abrollen könnte überhaupt keine Rede sein. Umso sonderbarer ist aber, daß solches Gleiten „über Berg und Tal" ersichtlich sehr schonend vor sich geht, denn die Verschiebung in einer Richtung löscht häufig nicht einmal die Spuren älterer, anders gerichteter Versetzungen aus. Gute Beispiele für solche unregelmäßig gestaltete Bewegungsflächen mit Striemen in verschiedener Richtung findet man u. a. auch auf Kalkglimmerschiefer, Grünschiefer (Mooserboden, Kaprun, als spezieller Fall), auf Wettersteinkalk aus dem Raxgebiet in Niederösterreich und auf tektonisch durchbewegtem Diabas aus Tirol. Könnte man bei Dolomit noch auf erhöhte Teilbeweglichkeit durch Kornrotation und damit auf Ausweichmöglichkeit innerhalb der den Harnischflächen anliegenden Feinbreccien zählen, um das Vorbeibewegen an Bäuchen und Dellen der Verschiebungsfläche verstehen zu lassen, so versagt diese Art Erklärung ersichtlich beim Diabas. Das Vorhandensein jener großen, „druckpolierten" Harnischspiegel ist aber nicht zu leugnen. Hier müssen also Stoffumlagerungen im Laufe des Gleitvorganges mitgespielt haben. Den Mineralogen und Petrographen sind solche Mineralreaktionen im festen Zustand unter der Einwirkung allseitigen Drucks, mit oder ohne überlagertem gerichteten Druck, seit langem bekannt. Wohlbegründete, heute auch weitgehend experimentell belegte Vorstellungen über Umsetzungen solcher Art boten seit der Jahrhundertwende (Friedrich Becke) den Schlüssel zum Verständnis der Entstehung der kristallinen Schiefer! Das alte Riekesche Prinzip, dem zufolge an Druckstellen im durchbewegten Gestein Stoffabbau, in druckfreien Bereichen Anlagerung von Neusubstanz erfolgt, hat bis heute seine Brauchbarkeit beibehalten. Man erinnert sich dabei auch an die erst in den letzten Jahren von Martin und Scholz studierte, „stress corrosion" benannte Erscheinung des rapiden Anstiegs der Druckempfindlichkeit von Silikaten und Quarz in Gegenwart von Wasser. Dieses letztere Phänomen wurde u. a. von Carl Kisslinger 1975 auch als ein mitbestimmender Faktor für das

Zustandekommen einer Erdbebenbereitschaft bei der Füllung von Stauseen in Erwägung gezogen. Also auch hier die Notwendigkeit, bei geomechanischen Problemen, die der Mechanik allein entstammenden Vorstellungen in physikalisch-chemischer Hinsicht zu erweitern um voranzukommen.

Wie unbekümmert mitunter die Mineralogie und Geologie beiseitegelassen werden, wenn es darum geht, Kriterien im Hinblick auf repräsentative Vergleichsproben bei Untersuchungen über das mechanische Verhalten von Gesteinen zu finden, zeige folgender Passus aus einem Vortragsbericht in möglichst wortgetreuer Übersetzung aus dem Englischen (Witherspoon-Gale, 1975):

„Aus Tiefen, in denen die meiste induzierte Erdbebentätigkeit festgestellt wurde, weiß man sehr wenig über den Charakter der Bruchfläche. Es ist aber logisch anzunehmen, daß der mechanische Charakter solcher Brüche zwischen jenem liegt, der an frischen, unverwitterten, künstlichen Brüchen gemessen wurde und jenem an stark angewitterten Bruchflächen aus Aufschlüssen."

Bei solchen Verknüpfungen kommen Mineralogie und Petrographie zu kurz!

Ein anderer offener Fragenkreis: Der Geologe meint, bisweilen im Widerspruch zum Felsmechaniker, es komme für die Erklärung des mechanischen Verhaltens geklüfteter Gesteine doch nicht nur auf Gefüge und Inhalt der Klüfte an, sondern auch auf die Substanz der Kluftkörper, besonders in Quetschgesteinen, wie z. B. in den dm- bis m-breiten, klein- bis kleinstkörnig zerquetschten Zonen in Dolomiten oder in Serpentingesteinen. Mylonitstreifen etwa, in denen Matrix und Restkörper im Hinblick auf die Korngrößen ineinander übergehen, sind zweifelsohne Bereiche erhöhter Teilbeweglichkeit. In ihnen kommen die mineralogischen Besonderheiten des betreffenden Gesteins sehr wohl zur Geltung. Hier sollte der Felsmechaniker auch bei praktischen Problemen die Mineralogie als Ergänzung zur Mechanik zu Wort kommen lassen.

Ein Problem, das heute noch, wie vor Jahren, unbewältigt zwischen den Geologen und den Geomechanikern steht, bei dem auch Abbau- und Neubildungsvorgänge in den von der Mechanik beherrschten Ablauf eingreifen, liegt bei der Frage, wo im einzelnen Falle die „Kluft-*Anlage*" aufhört und die eigentliche „Kluft", die Trennfuge, anfängt; mit anderen Worten: wieweit es zwischen völlig geschlossenen Grenzflächen, wie z. B. Glimmerlagen in Phylliten einerseits, engen und engsten Klüften anderseits, stufenlose Übergänge gibt. Man denke nur daran, daß etwa in angewitterten Phylliten, natürlich auch in anderen geschieferten oder feingeschichteten Gesteinen, im Dünnschliff quer zum Parallelgefüge häufig einzelne Lagen braun verfärbt sind. In solchen Fällen haben also sauerstofftransportierende Flüssigkeitsfilme bis in cm- und dm-Tiefe längs Grenzflächen bereits ihren Weg gefunden, obwohl das Gestein selbst ohne vorgängige Tränkung so fest hält, daß es die beachtliche mechanische Beanspruchung durch das Schneiden und Schleifen bei der Herstellung des Dünnschliffes aushält. Kluftanlage oder Kluft? Wo bleibt die bequeme und scheinbar so klare Modellvorstellung vom „Durchtrennungsgrad"?

Schwer vereinbar mit landläufigen Vorstellungen über die Mechanik von Verwerfungen ist die Tatsache, daß sie sich bisweilen plötzlich, von einem Meter zum nächsten, aus einer unscheinbaren Kluft auf Meterbreite entfalten. Ein Beispiel mit recht lästigen Rückwirkungen auf den Bauablauf lieferte vor Jahren die Flankeneinbindung der Möllsperre, einer Gewölbesperre in Kalkglimmerschiefer.

Die verdienstvolle, bewußte Heranziehung der Mechanik zur Lösung von Bauproblemen im Fels hat zweifelsohne die seinerzeit größte, störendste Lücke für den praktischen Bedarf des Ingenieurs gestopft. Nun, ein Vierteljahrhundert später, zeigt sich jedoch — vielleicht eher für den Außenstehenden als für den Ingenieur selbst—, daß mit Mechanik allein nicht alles getan ist. Mit dem Rückgriff auf Mineralogie und Gesteinskunde würde die Fels-*Mechanik* nur gewinnen. Darüber hinaus — das ist des Autors ganz persönliche Meinung, die niemand aufgedrängt werden soll — würde auf diese Weise die Felsmechanik davor bewahrt, etwas zu sehr im eigenen Saft zu schmoren.

In diesem Aufsatz sollte und konnte kein „fertiges" Denkgebäude vorgesetzt werden. Es sollten nur aus dem Blickwinkel eines Geologen einige Probleme zur Diskussion gestellt werden um dazu beizutragen, daß überflüssige Reibungsflächen zwischen Felsmechanik und Geologie abgebaut und neue Berührungspunkte, im Rückblick auf Hans Cloos, gefunden werden können.

Literatur

Becke, F.: Über Mineralbestand und Struktur der kristallinen Schiefer. Denkschriften Akad. Wiss. Wien, math.-nat. Kl., 75/1, 1913.

Cloos, H.: Experimente zur inneren Tektonik. Cbl. f. Min., Abt. B, 1928; und viele andere Arbeiten.

Kisslinger, C.: Mechanisms of Induced Seismicity: Theory. First Intern. Symposium on Induced Seismicity, Banff, Canada, 1975.

Sander, B.: Gefügekunde der Gesteine. Wien: Springer 1930.

Sander, B.: Geologische Studien am Westende der Hohen Tauern. Denkschr. Akad. Wiss. Wien, math.-nat. Kl., 82, 1914.

Witherspoon, P. A., und J. E. Gale: Mechanical and Hydraulical Properties of Rocks Related to Induced Seismicity. First Intern. Symposium on Induced Seismicity, Banff., Canada, 1975.

Anschrift des Verfassers: Dr. Georg Horninger, Institut für Geologie der Technischen Universität Wien, Karlsplatz 13, A-1040 Wien, Österreich.

Rock Mechanics, Suppl. 6, 55—64 (1978)

Rock Mechanics
Felsmechanik
Mécanique des Roches
© by Springer-Verlag 1978

Comparative Aspects of the Geotectonic Stress Field

By

Adrian E. Scheidegger

With 6 Figures

Summary — Zusammenfassung

Comparative Aspects of the Geotectonic Stress Field. The geotectonic stresses have caused various geomorphic and tectonic features. Thus, the orientation of the strike of river valleys and of the dip and dip direction of joints in bedrock are the outcome of tectonic stresses which vary from one geographic area to another. Other indications of the geotectonic stresses come from fault plane solutions of earthquakes, and from in-situ stress measurements. The paper attemps a summary and collation of the above-mentioned effects. It is shown that particularly the analysis of joint orientations affords a simple and efficient means of determining the orientation of the principal present-day geotectonic stresses. It is shown that there is a good correspondence between the seismological and the joint-orientation results which support the views of the "new global plate tectonics". The in-situ stress measurements, on the other hand, seem to be mainly affected by local conditions.

Vergleichende Aspekte des geotektonischen Spannungsfeldes. Die geotektonischen Spannungen haben verschiedene geomorphologische und tektonische Formen verursacht. So ist die Orientierung des Streichens von Flußtälern und der Einfallsrichtung und des Fallens von Klüften im Fels eine Folge der bestehenden tektonischen Spannungen, welche von Ort zu Ort verschieden sein mögen. Weitere Hinweise über die geotektonischen Spannungen kommen von Herdlösungen von Erdbeben und von in-situ Messungen. In der vorliegenden Arbeit wird eine Zusammenfassung und ein Vergleich der oben angeführten Effekte gemacht. Es wird gezeigt, daß besonders die Auswertung von Kluftmessungen eine einfache und effiziente Methode zur Bestimmung der Ausrichtung der gegenwärtige aktiven geotektonischen Hauptspannungen abgibt. Es wird gezeigt, daß eine gute Übereinstimmung zwischen den aus Erdbeben und aus Klüften bestimmten Hauptspannungsrichtungen besteht, welche die Postulate der neuen globalen Plattentektonik stützt. Die in-situ Messungen scheinen dagegen jedoch hautpsächlich von lokalen Umständen abhängig zu sein.

1. Introduction

The surface of the Earth shows a varied topography. Inasmuch as an Earth which is completely in an equilibrium state would show a homogeneously layered structure, the density decreasing progressively from the center on outwards, it is evident that forces must be present which maintain this topography.

The material constituting the Earth is continuous material; hence one cannot speak simply of "forces"; the proper physical quantity involved is force per unit area, i. e. stress.

Stress is physically a tensorial quantity which must be represented by six individual "components". A stress tensor has 3 principal axes; these are the axes in whose direction solely compressional or tensional stresses are acting and shearing stresses are absent.

The six components of the stress tensor vary from point to point within the Earth. In this connection, the stresses of interest are not those that are simply caused by the hydrostatic effect of the overburden, but only the deviations from the hydrostatic state. These stresses are called the "geo-tectonic stresses". They are represented by a tensor-field which varies from place to place and which has varied throughout geological history.

The regions that show the most evidence of stressing are the boundaries of the geotectonic plates. A synthesis of physiographic and geophysical facts regarding the Earth has led to what is called "plate tectonics". Accordingly,

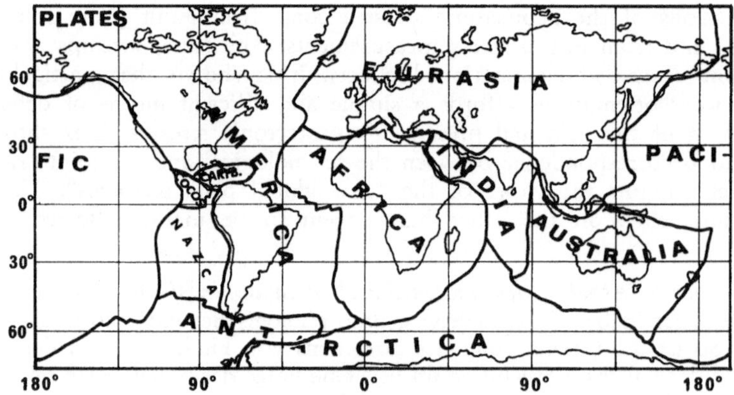

Fig. 1. Tectonic plates on the earth
Tektonische Platten auf der Erde

the tectonically active part on the Earth (the uppermost few hundred kilo-meters) is split into a series of "plates" which are in relative motion with regard to each other. Fig. 1 shows a recent view of the division of the Earth into such plates.

The geotectonic stresses have caused various geomorphic and tectonic features. Thus, the orientation of the strike of river valleys and of the dip and dip direction of joints in bedrock are the outcome of tectonic stresses which have varied from one geographic area to another and during geo-logical history. Other indications of the geotectonic stresses come from fault plane solutions of earthquakes, from in-situ stress measurements and from analyses of petrofabrics. The relative motion of the plate is envisaged such that the midocean ridges are essentially assumed to be regions of tension, mountain ranges such as the Alps regions of compression. In fact, the writer has made himself determinations of the tectonic stresses in situ as well as determinations of the orientation of the contemporary and ancient stresses from geomorphic and tectonic observations in various parts of the world. Thus, the aim of the present paper is to give an analysis of stresses in the world as much as this is possible at the present time.

2. In-situ Stress Measurements

The most common methods for the in-situ determination of present-day stresses are stress-relief methods. In these methods, the differential strains experienced by a sample of material (rock) when it is removed from its

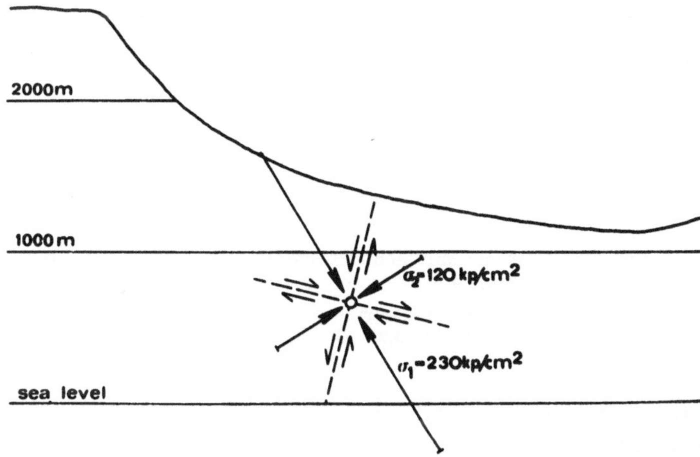

Fig. 2. Stresses in the Hochkönig massif (after Brückl and Scheidegger, 1974)
Spannungen im Hochkönigmassiv (nach Brückl und Scheidegger, 1974)

natural surroundings (where it is under stress) into an unstressed state is measured. A knowledge of the stress-strain behavior of the sample (usually assumed as elastic) enables one to calculate the stresses from the observed strains.

The most common stress-relief method is the so-called "doorstopper" method: A two-dimensional strain gauge ("doorstopper") is attached to the polished end of a bore-hole; over-coring is then performed and the core with strain gauge attached is withdrawn. From the strains exhibited by the core upon destressing, the stresses acting before destressing are calculated. The principle of the method was probably first used by Hast (1958). It was later improved by Leeman (1964 a, b, c) in the South African door-stopper method.

The writer and his co-workers have applied the above method to two areas in the Austrian Alps: In the Hochkönig Massif and in the Hohe Tauern (Brückl & Scheidegger 1974, Carniel & Roch 1976). In both cases, it turned out that the observed stresses could be explained entirely by the overburden pressure. A section through the Hochkönig massif with the stress-measurements plotted is shown in Fig. 2. Although many in-situ stress determinations have been reported in the literature, these are essentially individual measurements and one is still very far from obtaining a global picture of the present-day stresses upon this basis. The available evidence has recently

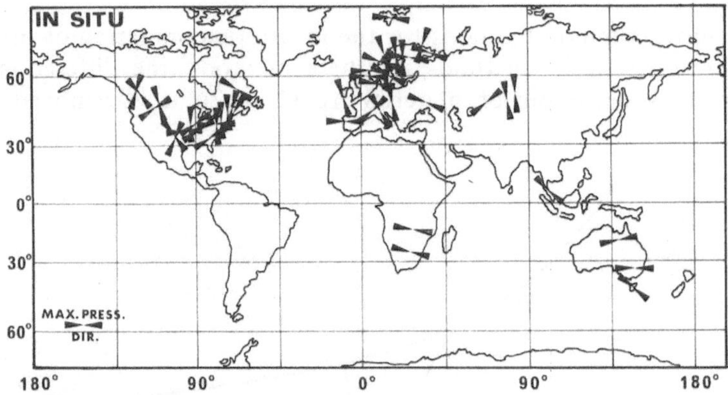

Fig. 3. Present-day in-situ stress measurement-results (after Ranalli and Chandler, 1974; with additions by the author)

Ergebnisse gegenwärtiger in-situ-Spannungsmessungen (nach Ranalli und Chandler, 1974; mit Ergänzungen des Verfassers)

been summarized by Ranalli and Chandler (1974), but no consistent composite picture was obtained from which stress trajectories could have been drawn. Fig. 3 shows the presently available evidence.

3. Stress Determinations From Seismic Effects

The analysis of seismic events yields a means for obtaining an idea of the present-day stress field which exists in the tectonically active layers of the Earth.

Earthquakes occur when the stresses that have been built up are released by the formation (or increase) of a discontinuity in the medium involved. As a simple and at least phenomenologically adequate model of such a discontinuity one considers a simple fault. For this purpose, one surrounds the focus of the earthquake with a sphere; during the earthquake, this sphere is envisaged as cut along a fault plane along which one half moves one way, the other half the opposite way. For such a displacement to take place one has to assume a stress field in which the maximum principal pressure acts exactly in the center of the quadrants which are formed by the fault plane and the plane (auxiliary plane) normal to the displacement direction.

Thus, it is clear that the direction of the principal stresses can be ascertained for every earthquake for which the fault plane and the plane normal to the motion direction (auxiliary plane) can be determined. This,

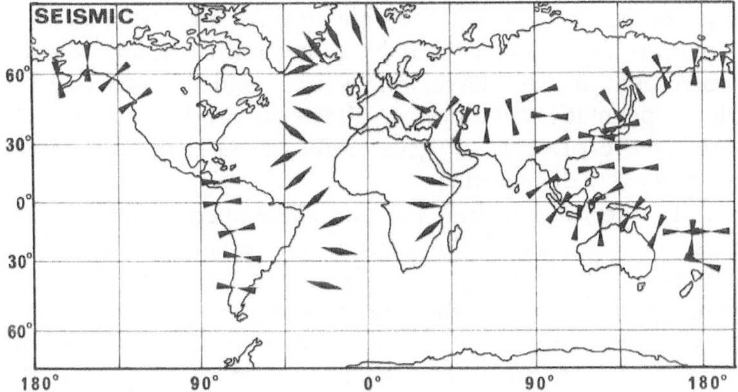

Fig. 4. Presently available picture of seismically determined stresses
Zur Zeit vorhandene Abbildung seismisch bestimmter Spannungen

however, can be done by an analysis of the *direction* (up or down) of the first onsets of the vertical components of seismograms. In this fashion, one obtains for every fault plane solution the direction of the maximum, minimum, and intermediate principal stresses. However, for an evaluation of the regional stress field, many such solutions pertaining to an area have to be "averaged". The problem, thus, is to average a series of *axes* which requires some sophisticated procedures. Fara and Scheidegger (1963) have shown that the problem, given some statistical assumptions, can be solved by an eigenvalue calculation of a certain matrix.

Thus, regional principal stress directions can be determined by averaging principal stress directions obtained from individual earthquakes. Studies of individual areas are legion. Nevertheless, a global pattern did emerge very early. Thus, Scheidegger (1965) determined the stress patterns in the main tectonic regions (the Circum-Pacific belt, the Alpine-Himalayan belt and the Mid-Atlantic rift); the global pattern found was later confirmed by Isacks et al. (1968) and by Balakina et al. (1969), using more complete data. Fig. 4 shows the presently available picture as gleaned from the various sources mentioned above. Naturally, the above figure shows the general features of the stress field only. The details in individual regions are often still subject to some controversy. Nevertheless, it is clear that the fault plane solutions of earthquakes confirm the "tensional" (stress-relief) character of the Midatlantic ridge and the compressional character of the island arcs on the Pacific Rim of Asia as well as of the Andes, the North American Coast Range and the Himalayas.

4. Joints

A quick, cheap and universal method for ascertaining the principal directions of the present-day geotectonic stress field has recently been developed by the writer and his co-workers. It is based upon an analysis of the orientations of recent ("fresh") joints.

A "joint" is any visible crack or fracture in an exposed rock outcrop. In outcrops or recent road-cuts visible to-day, all actual cracks represent "fresh" (present-day) joints caused by today's stress field. Joints caused by earlier geotectonic stresses have long since "healed", but they may be recognizable as pegmatite-filled veins, offsets in ore-bodies or such like. For the analysis of the present-day geotectonic stress field such traces of older joints are, however, disregarded.

Generally, the fundamental joint-parallelepiped is defined by three sets of fractures; one set is usually associated with some lithological factor, such as bedding planes, schistosity etc.; the other two are stress-induced; for them, lithology is of no consequence. For the explanation of the origin of the cracks the usual theory of Mohr (1928) is invoked, according to which the fracture-surface sets are pair-wise conjugate planes enclosing the direction of maximum principal pressure symmetrically within an angle of $60°$—$90°$.

Naturally, the joints at any one outcrop or in an area show a certain amount of scattering. Hence, the preferred directions of the joints have to be determined by a statistical method. For this purpose, a parametric model for the distribution of joint orientations (best represented by the pole directions of the joint-planes) is introduced. For a single cluster of orientations a Dimroth-Watson type probability function is chosen of the form $\exp(k^2 \cos^2 \varrho)$ where ϱ is the polar deviation angle form the "preferred" direction. Since the basic joint-sets generally number three, three probability-density functions of the above type have to be superposed. These are fixed by "parameters" which are best determined by a function-minimization program on a computer. If the "lithological joints" are disregarded and only the 2 "stress-induced" sets are considered, one needs two probability distributions of the indicated type which are determined by 7 parameters. In order to determine these, 21 original individual joint measurements at an outcrop are necessary.

From the preferred stress-induced joint orientations (pole directions) the maximum and minimum principal stress directions can immediately be calculated as the bisectrices of the two preferred joint planes, the smaller angle enclosing the maximum compression. In this, it turns out that the "smaller angle" is often very close to $90°$, so that the identification as to which principal stress direction is the maximum and which the minimum compression-direction, is not always certain. The entire procedure has been automatized for computer-evaluation so that the preferred joint-orientations and the principal stress directions are automatically calculated from a set of joint-measurement-data fed to a computer (Kohlbeck and Scheidegger, 1977).

The results of the above-indicated procedure are highly significant. Studies by the writer (Scheidegger, 1976 a) in the Canadian Shield have given the result that the fresh jointing patterns correspond to principal regional stresses which are normal to the coast line. This may be connected with the corresponding tectonic plate motion direction. Studies in Kentucky have given a maximum pressure plunging in a direction of N 03⁰ E into the Earth at an angle of 4⁰ to the horizontal. This is roughly normal to the margin of the nearby Caribbean plate. Similar studies in Bermuda (Scheidegger, 1976 b) and Barbados (Scheidegger, 1976 c) have shown that the

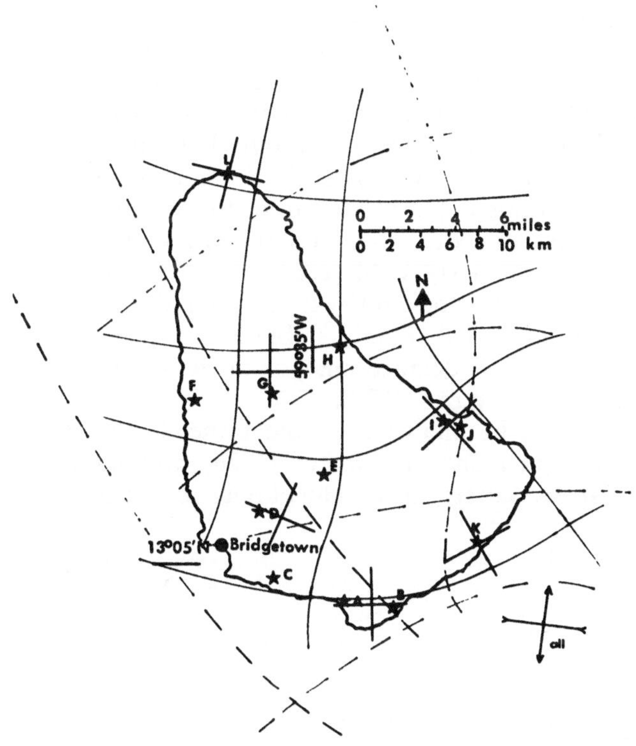

Fig. 5. Stress in a small area (Barbados), showing local distortions.
Dotted: Shear lines, solid: Stress trajectories
Spannungen in einem kleinen Gebiet (Barbados) mit örtlichen Verdrehungen.
Gestrichelt: Scherlinie; durchgezogen: Spannungstrajektorien

principal stress trajectories calculated from jointing patterns also fit exactly together with the modern ideas of plate tectonics. In Bermuda, the minimum compression strikes E − W which corresponds to the "tensional" stress state near the Mid-Atlantic ridge: the "plate" moves away from the ridge towards North America. Barbados, on the other hand, shows a maximum *compression* in the E − W direction which would correspond to an envisaged pile-up of material toward the Caribbean plate while the American plate is moving westward.

Locally, one sees that consistent deviations may exist in small areas a few square kilometers in extent in which the joint-orientations are distorted within the regional pattern by perhaps 30⁰. A typical example is shown in Fig. 5. Such distortions are probably due to secondary faulting (splay- or feather-fractures). In a regional survey, the possibility of the existence of such anomalies (in perhaps 10% of the outcorps) must be taken into account, and the reach of a survey must be made large enough to average out the local deviations.

5. Geomechanical Models

It is of interest to attempt to explain the stress fields observed in type-regions by the introduction of appropriate geomechanical models. Thus, the knowledge of the stress field at "infinity" and the surface irregularities should enable one to predict the comportment of the stresses in the vicinity of the irregularities and thereby to arrive at a geomechanical explanation of many observed tectonic features. However, such attempts are not numerous. The mathematical calculations required are rather formidable.

In general terms, one can state that the types of features that evolve are those that are particularly stable configurations with regard to statics. The "erosion" (action of wind and water) preferentially destroys statically unstable configurations, so that only stable forms remain ("selection principle" of Gerber, 1969). A detailed analysis of the stable features was made by Gerber and Scheidegger (1974).

Specific cases can be analyzed by the finite-element technique. Thus, Sturgul, Greenshpan and the writer (1976) attempted to explain the observed in-situ stress pattern in the Hochkönig region of Austria by means

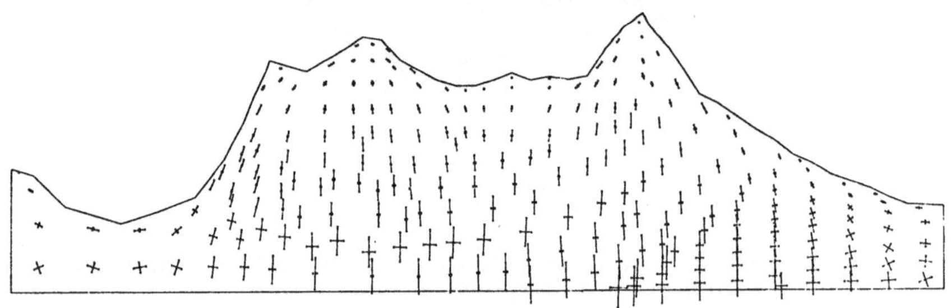

Fig. 6. Stresses due to overburden (after Sturgul et al. 1976)
Überlastungsspannungen (nach Sturgul et al. 1976)

of a finite-element computer model, using rock properties determined in the field. The results of the calculations (Fig. 6) show that the model agrees at least qualitatively with the observed facts.

6. Synthesis

Finally, information on the current geophysical stress field has made it possible to obtain a global picture at least of the present-day direction of the maximum horizontal compression or tension. There appears to be a good correspondence between the seismic results and the data obtained from joint-orientations. In every case, the stress determinations made by these methods support the general views of the "new global tectonics", in which it is assumed that a series of "plates" are in motion with regard to each other.

However, the in-situ stress measurements in mines do not seem to fit into the above global picture. Rather, the stresses measured by stress-relief methods seem to be affected by local conditions, particularly by the overburden. Geomechanical model-calculations of a specific case (in the Hochkönig region of Austria) seem to support this contention.

References

Balakina, L. M., L. A. Misharina, E. I. Shirokova, und A. V. Vedenskaya: The stress state in earthquake foci and the elastic stress field of the Earth. Publ. Dom Obs. Ottawa, 37 (7), 194—198 (1969).

Brückl, E., and A. E. Scheidegger: In situ stress measurements in the Copper Mine at Mitterberg, Austria. Rock Mech. 6, 129—139 (1974).

Carniel, P., and K. H. Roch: In-situ Gebirgsspannungsmessungen im Felbertal, Österreich. Riv. Ital. Geofisica 3, 233—240 (1976).

Fara, H., and A. E. Scheidegger: An eigenvalue method for the statistical evaluation of fault plane solutions of earthquakes. Bull. Seismol. Soc. Amer., 53 (4), 811—816 (1963).

Gerber, E.: Bildung und Formen von Gratgipfeln und Felswänden in den Alpen. Z. Geomorph. Suppl. 8, 94—118 (1969).

Gerber, E., and A. E. Scheidegger: Geomorphological evidence for the geophysical stress fields in mountain massifs. Riv. Ital. Geofis., 2 (1), 47—52 (1974).

Hast, N.: The Measurements of Rock Pressure in Mines. 183 pp. Stockholm: Sveriges Geologiska Under 1958.

Isacks, B., J. Oliver, and L. R. Sykes: Seismology and the new global tectonics. J. Geophys. Res. 73, 5855—5899 (1968).

Kohlbeck, F., and A. E. Scheidegger: On the theory of the evaluation of joint orientation measurements. Rock Mech. 9, 9—25 (1977).

Leeman, E. R.: Rock stresses measurements using trepanning stress-relieving technique. Mine Quarry Eng. 30 (6), 250—255 (1964 A).

Leeman, E. R.: The measurement of stress in rock. I—III. J. South Afr. Inst. Min. Met., 65, 45—114, 254—284 (1964 B).

Leeman, E. R.: Absolute rock stress measurement using a borehole trepanning stress-relieving technique. Proc. 6th Symp. Rock Mech., Univ. Missouri, Rolla, 407—426 (1964 C).

Mohr, O.: Abhandlungen aus dem Gebiete der technischen Mechanik, 3. Aufl., Berlin: Wilhelm Ernst & Sohn 1928.

Ranalli, G., and T. E. Chandler: The stress field in the upper crust as determined from in-situ measurements. Geolog. Rdsch. 64 (2), 653—674 (1975).

Scheidegger, A. E.: Großtektonische Bedeutung von Erdbebenherdmechanismen. Z. Geophys. 31 (6), 300—312 (1965).

Scheidegger, A. E.: Geotectonic interpretation of measurements of joint orientations in the Muskoka region of the Canadian Shield. Ann. Geofis. (Roma) *28*, 365—380 (1976 A).

Scheidegger, A. E.: Joints on Bermuda. Riv. Ital. Geofis. (1976 B, in press).

Scheidegger, A. E.: Joints on Barbados. Riv. Ital. Geofis. (1976 C, in press).

Sturgul, J. R., A. E. Scheidegger, and Z. Greenshpan: A finite element model of a mountain massif. Geology (1976, in press).

Address of author: Prof. Dr. Adrian E. Scheidegger, Institut für Geophysik, Technische Universität Wien, Gußhausstraße 27—29, A-1040 Wien, Austria.

Rock Mechanics, Suppl. 6, 65—70 (1978)

Rock Mechanics
Felsmechanik
Mécanique des Roches
© by Springer-Verlag 1978

Über den plastischen Gesteinszustand

Von

Richard Richter

Mit 6 Abbildungen

Zusammenfassung — Summary

Über den plastischen Gesteinszustand. In der vorliegenden Arbeit wird der plastische Grenzzustand von Gesteinen untersucht. Dabei wird einerseits festgestellt, daß ein konvektiver Transport der Energie auch in festen Stoffen notwendig werden kann; andererseits wird hervorgehoben, daß die Plastizitätsgrenze von der Belastungsgeschwindigkeit abhängig ist. Die Untersuchung besteht aus einer Energieanalyse, die unter Zugrundelegung eines rheologischen Modells (des Poynting-Thomson-Modells) unter der Voraussetzung durchgeführt wird, daß der Übergang in den plastischen Zustand an ein bestimmtes Energieniveau gebunden ist. Als Ergebnis der Analyse wird festgestellt, daß eine den experimentellen Meßergebnissen entsprechende plastische Grenzbedingung als eine Funktion des mit der Distorsion verbundenen Anteils der gesamten Deformationsarbeit ausgedrückt werden kann.

On the Plastic Condition of Rock. The author has investigated the plastic limiting condition of the rocks. The paper shows that the convective energy-transfer is also possible in solid materials; on the other hand the variation of the plastic boundary depending on the rate of loading is found by experiments. The investigation is an energy analysis, made on the basis of a rheological model (Poynting-Thomson-model), assuming that the plastic behaviour will be occurred at a definitive energy level. The result of the analysis is that the obtained plastic condition is confirmed by experimental data, and it can be written depending on the strain term of the work of deformation.

Prinzipiell und auch in praktischer Hinsicht ist es wichtig, jenen Grenzzustand zu ermitteln, in dem die Gesteine in den plastischen Zustand übergehen. Wie bekannt, wird dieser Grenzzustand im allgemeinen durch eine Spannungsgrenze, seltener durch eine Deformationsgrenze, bestimmt bzw. ausgedrückt.

Auf theoretisch-physikalischer Grundlage durchgeführte energetische Analysen ganz allgemeiner — und so auch das Gesteinsverhalten beschreibender — Systeme haben gezeigt, daß in diesen der Transport des dem System zugeführten Impulses sowie der kinetischen und inneren Energie entweder auf *konvektive* oder auf *konduktive* Weise erfolgen kann.

Die einzelnen Massenteilchen fester Körper sind an ihrer inneren Bewegung stark behindert; deshalb ist für diese der konduktive Transport der mechanischen Impulse die Regel. Daraus folgt, daß bei einer derart großen Energiezufuhr, die der Körper auf konduktive Weise nicht mehr weiterzuleiten vermag, auch ein konvektiver Energiefluß auftreten muß. Dieser kann durch das plastische Fließen des Stoffes zustandekommen. Die energetische Analyse der mechanischen Zustände der Gesteine eröffnet auf diese Weise die Möglichkeit, diese Zustände aus einem anderen Aspekt kennenzulernen.

Andererseits bewiesen die Ergebnisse zahlreicher Experimente — unter anderem auch die von Q. Isaacson —, daß der Bruchtyp (Sprödbruch, plastisches Fließen) von der Belastungsgeschwindigkeit abhängt. Die Analyse der Energieverhältnisse erfolgt deshalb zweckmäßigerweise anhand eines Modells, welches sich zur Beschreibung zeitabhängiger Vorgänge eignet. Zur Energieanalyse wurde deshalb das Poynting-Thomson-

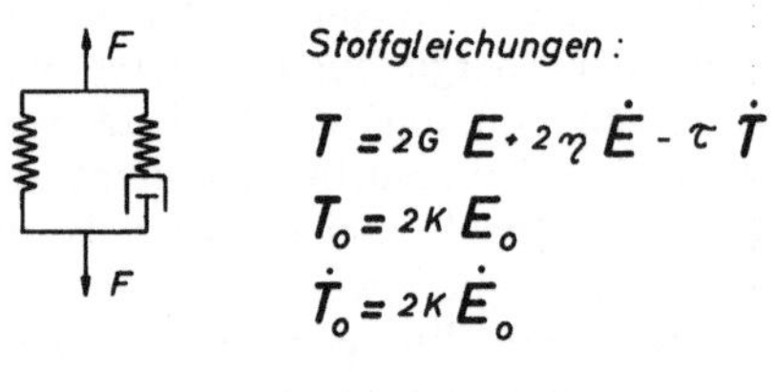

Abb. 1

Modell herangezogen, dessen wichtigste Daten aus Abb. 1 zu ersehen sind. Die dem belasteten Körper zugeführten Energie-Komponenten und ihre Bezeichnungen sind in Abb. 2 dargestellt.

Abb. 3 zeigt das Relaxationsverhalten dieses Modells bei einachsiger Belastung für drei verschiedene Belastungsgeschwindigkeiten. Durch Schraffierung ist die dem System zugeführte Energie hervorgehoben worden; sie ist in den drei angeführten Fällen verschieden (Abb. 3: U_1, U_2, U_3).

Der zurückgewinnbare Energieanteil ist in jedem Fall nur jener, welcher
bei unendlich kleiner Deformationsgeschwindigkeit dem Gestein übertragen

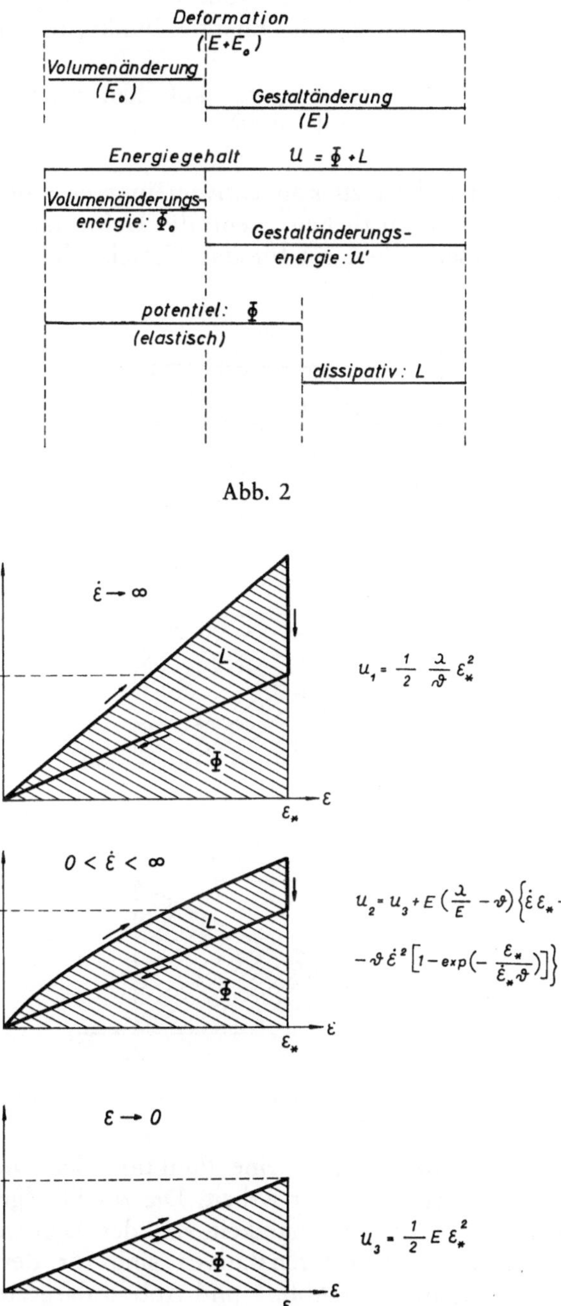

Abb. 2

$$u_1 = \frac{1}{2}\,\frac{\lambda}{\vartheta}\,\varepsilon_*^2$$

$$u_2 = u_3 + E\left(\frac{\lambda}{E} - \vartheta\right)\left\{\dot{\varepsilon}\,\varepsilon_* - \vartheta\,\dot{\varepsilon}^2\left[1 - exp\left(-\frac{\varepsilon_*}{\dot{\varepsilon}_*\,\vartheta}\right)\right]\right\}$$

$$u_3 = \frac{1}{2}\,E\,\varepsilon_*^2$$

Abb. 3

werden kann, d. h. der Energieanteil $U_3 \cdot L$ ist dissipativ und kann nicht zurückgewonnen werden.

Das Kriechen des Standard-Modells bei ebenfalls einachsiger Belastung ist in Abb. 4 veranschaulicht. Sowohl Abb. 3 als auch Abb. 4 besagen, daß die zur Deformation aufgewendete Energie Funktion der Deformationsgeschwindigkeit ist.

Eine plastische Grenzbedingung, die auf dem Energieniveau, auf der Deformationsarbeit beruhen soll, muß also folgendermaßen formuliert werden:

Das Gesteinsmaterial ist zu konvektivem inneren Energietransport gezwungen, d. h. es beginnt zu fließen, wenn die Deformationsarbeit oder ein bestimmter Anteil dieser Arbeit ein für das Gestein charakteristisches Maß

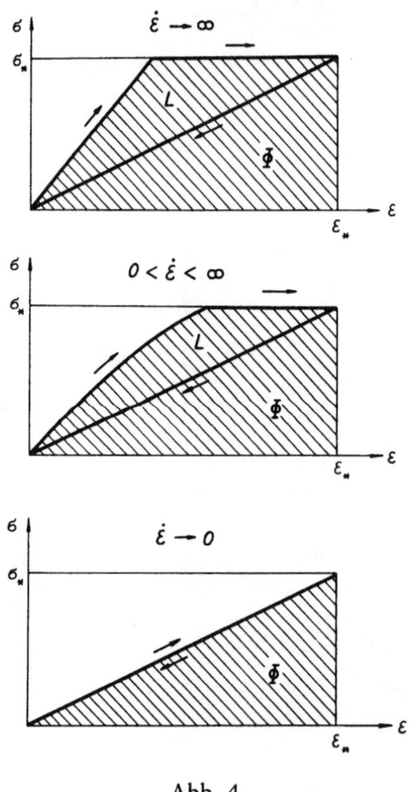

Abb. 4

übersteigt. Die Fließgrenze ist also eine Funktion der Deformationsarbeit oder eines bestimmten Anteils dieser Arbeit. Die zur Fließgrenze gehörenden Energieniveaus sowie die in Abhängigkeit von der Deformationsgeschwindigkeit bestimmten plastischen Grenzkurven sind für den Fall eines einachsigen Spannungszustandes in Abb. 5 und Abb. 6 dargestellt.

Die eingehende Energieanalyse führt zu folgenden Ergebnissen: Wenn die Grenzbedingung von der potentiellen Energie abhinge, wäre sie nicht eine

Funktion der Deformationsgeschwindigkeiten (Abb. 5 A):

$$\Phi = 2\,G \int_0^{E} E \times d\,E + 3\,K \int_0^{E_0} E_0 \times d\,E_0 \leq \Phi\,K,$$

wobei $\Phi\,K$ das Niveau der potentiellen Energie an der Plastizitätsgrenze bedeutet. Daraus folgt, daß E zeitunabhängig ist. Aus der Abbildung ist

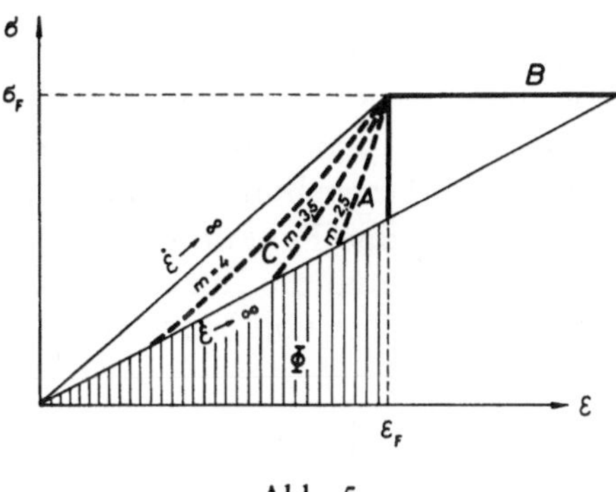

Abb. 5

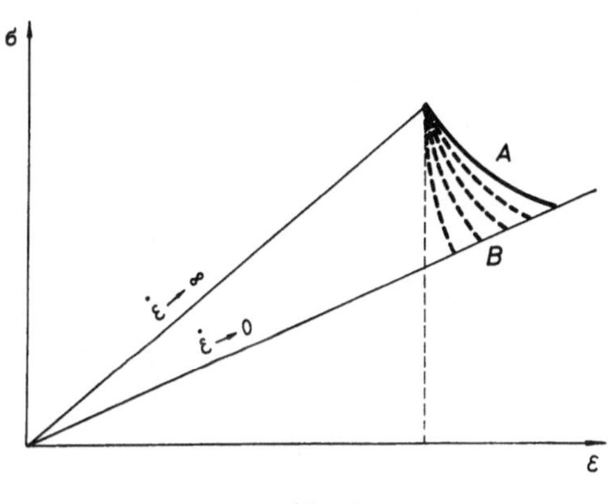

Abb. 6

auch ersichtlich, daß die auf diese Weise ableitbare Plastizitätsgrenze keine energetische, sondern eine Deformationsbedingung ist.

Die Plastizitätsgrenze kann von der elastischen Volumänderungsarbeit abhängen. Diese Energiebedingung reduziert sich nachweisbar auf eine Spannungsbedingung (Abb. 5 B), da

$$\varepsilon_{K0} = \frac{\lambda}{9\,E}\,\varepsilon_{K\infty}$$

ist, wobei ε_{K0} und $\varepsilon_{K\infty}$ die zur Plastizitätsgrenze gehörende Dehnung bei unendlich kleiner bzw. unendlich großer Deformationsgeschwindigkeit bedeuten.

Wenn die Plastizitätsgrenze von der elastischen Distorsionsarbeit abhinge, würden sich für den Stoff selbst Bedingungen ergeben, die auch theoretisch nicht erfüllt sind (Abb. 5 C):

$$3\,m > \left[\frac{\lambda}{\vartheta\,E}\right]^2 (m-2)$$

Und endlich, wenn das Auftreten des plastischen Zustandes von dem Niveau des dissipativen Energieanteils abhinge, könnte das Gestein bei unendlich langsamer Belastungsgeschwindigkeit nicht in den plastischen Zustand übergeführt werden, weil $L=0$ ist.

Aus dem Gesagten folgt, daß der plastische Grenzzustand nur eine Funktion der Deformationsarbeit sein kann. Wenn man diese Möglichkeit untersucht, lassen sich folgende Feststellungen machen:

Wenn die Plastizitätsgrenze eine Funktion der gesamten Deformationsarbeit ist, ergibt sich als Grenzzustand die Kurve A (in Abb. 6), deren Ablauf mit den Ergebnissen der Experimente von Isaacson übereinstimmt:

$$\varepsilon_{K0} = \sqrt{\frac{\lambda}{\vartheta\,E}}\;\varepsilon_{K\infty}$$

Bei einer derartigen Grenzbedingung kann aber auch bei hydrostatischer Belastung ein Energieniveau erreicht werden, welches den plastischen Zustand herbeiführen würde. In dieser Beziehung sind unsere Kenntnisse auf dem Gebiet der Materialprüfung nicht ausreichend; es ist notwendig, sie durch die schon eingeleiteten experimentellen Untersuchungen zu erweitern.

Man muß schließlich zur Feststellung kommen, daß unter der Voraussetzung, daß die Wirkung von Φ_0 vernachlässigt werden kann, die Plastizitätsgrenze nur eine Funktion des mit der Distorsion verbundenen Anteils der Deformationsarbeit sein kann. Die Kurvenschar B (in Abb. 6) veranschaulicht die Grenzkurven der Plastizität, die sich auf diese Weise für Gesteine mit verschiedenen Poisson-Zahlen ergeben; außerdem ist

$$\varepsilon_{K0}{}^2 = \frac{1}{2}\,\frac{\lambda}{\vartheta\,E}\,\frac{1}{m+1}\left[3\,m - \frac{\lambda}{\vartheta\,E}\,(m-2)\right]\varepsilon_{K\infty}$$

Literatur

Asszonyi, Cs., und R. Richter: Közetek képlékeny határfeltételei (Grenzbedingungen für den plastischen Zustand von Gesteinen). Bányászat (Bergbau, Ungarn). No. 2-3 (1976).

Anschrift des Verfassers: Prof. Dr.-Ing. Richard Richter, Techn. Universität für Schwerindustrie, Miskolc-Egyetemváros, Ungarn.

Rock Mechanics, Suppl. 6, 71—102 (1978)

**Rock Mechanics
Felsmechanik
Mécanique des Roches**
© by Springer-Verlag 1978

Versuchsergebnisse und analytische Ansätze zum Scherbruchmechanismus im Bereich tiefliegender Tunnel

Von

Georg Feder

Mit 23 Abbildungen

Zusammenfassung — Summary

Versuchsergebnisse und analytische Ansätze zum Scherbruchmechanismus im Bereich tiefliegender Tunnel. Der Scherbruchmechanismus tritt nicht nur in verschiedenen Formen auf, sondern er ist oft auch nur eine Übergangsphase im gesamten Bruchablauf eines Gebirgshohlraumes.

Diesem Sachverhalt Rechnung tragend, werden in den Bildern 1, 3, 4, 5 und 11 Verfahren zum Abschätzen der Konvergenz und des Spannungsfeldes angegeben und die zugrundegelegten Bruchmechanismen mit den Ergebnissen von Modellversuchen verglichen.

Im 2. Abschnitt wird die Beeinflussung der Bruchmechanismen durch die Stützmaßnahmen erörtert.

Im 3. Abschnitt wird an Hand von Zahlenbeispielen die Anwendung der analytischen Ansätze für festes Gebirge gezeigt.

Shear Fracture Mechanism of Rock Mass in Vicinity of Deep Cavities — Test Results and Analytical Concepts. Shear failure appears in different shapes, either as full plastification or as a limited number of shear fracture areas. Sometimes shear failure mechanism is only a transition stage in the total failure mechanism of the rock mass around a cavity.

Accordingly, in Figs. 1, 3, 4, 5 and 11 calculation proposals are given for estimating stress and displacement around cavities. Failure mechanism assumed for it is compared with model test.

Finally influence on the failure mechanism due to supporting measures is discussed and in the 3rd section numeric calculation-samples are given.

Vorbemerkung

a) Der Anschaulichkeit wegen wird angenommen, daß die größte Hauptspannung des Primärzutsandes (p_1) vertikal wirkt. Für schräge Einwirkung gelten die Zusammenhänge analog, doch sind die First-, Sohlen- und Ulmbereiche entsprechend gedreht anzunehmen.

b) Der Bericht bezieht sich auf „tiefliegende Tunnel", das heißt, daß der Hohlraumrand nicht mehr in der Lage ist, die Beanspruchungen bruchlos bzw. ohne Plastizieren aufzunehmen. Dies ist im allgemeinen der Fall, wenn die einachsige Druckfestigkeit (β_{gd}) des Gebirges kleiner ist, als max σ_{ϑ_0} (= größte Gewölbespannung am Ausbruchrand) [4].

First: max $\sigma_{\vartheta_0} = p_I\,[\lambda_I\,(1 + 2\,a/b) - 1] - p_{A1}$ (wenn $\lambda_I > 1$)   (1)

Ulm: max $\sigma_{\vartheta_0} = p_I\,(-\lambda_I + 1 + 2\,b/a) - p_{A1}$ (wenn $\lambda_I < 1$)   (2)

p_{A1} bezeichnet dabei den Teil des Ausbauwiderstandes, welcher durch Schalenwirkung dicht anliegender Elemente eingebracht wird, wie dies z. B. durch Spritzbeton oder gut hinterpackte Streckenbögen erreicht werden kann (Abb. 5).

c) Im folgenden werden Druckspannungen und Stauchungen sowie zum Hohlraum gerichtete Bewegungen als positiv bezeichnet. Weiters werden, soferne nicht in Abbildungen bereits definiert, folgende Symbole benützt:

E ..... Elastizitätsmodul (Entlastung)

V ..... Verformungsmodul (Laststeigerung)

$\widetilde{R}$ ..... Radius des Grenzkreises, in dem das Gleitbruchkriterium, gerade erreicht ist (Außenrand der Gleitbruchzone)

u ..... Einseitige Konvergenz (Radialverschiebung)

a ..... Vertikale Halbachse

b ..... Horizontale Halbachse

φ ..... Winkel der inneren Reibung

β_{gd} .... Einachsige Gebirgsdruckfestigkeit

c, p_k ... Kennwerte für die Kohäsion (Abb. 8)

ψ ..... Winkel in Umfangrichtung, von der Firste oder von der größten Primär-Hauptspannung weg gemessen

ϱ ..... Krümmungsradius

ν ..... Querdehnzahl

λ_P ..... Passiver Seitendruckbeiwert

λ_I ..... Seitendruckbeiwert des Primärspannungszustandes (Quotient aus kleinster durch größte Hauptspannung) in der r-ϑ-Ebene

Indices

hochgestellt:

$\sim$ ..... im Zustand, bei dem das Gleitbruchkriterium gerade erfüllt ist

A ..... antimetrischer Anteil

S ..... zentral-symmetrischer Anteil

tiefgesetzt:

I ..... primärer Zustand

II ..... sekundärer Zustand

r ..... radial

ϑ ..... in Umfangsrichtung

z ..... in Richtung des Stollenverlaufes

el ..... im elastischen Bereich

pl ..... im (plastischen) Gleitbruchbereich

A ..... auf den Ausbruchradius bezogen (z. B. Ausbauwiderstand p_A)

F ..... First oder Stelle $\psi=0$

U ..... Ulm oder Stelle $\psi=90^0$

s ..... Stützlinie

V ..... vertikal

H ..... horizontal

N ..... die Normalkraft beeinflussend bzw. im 3. Abschnitt: Neue Abmessung nach Abschluß der vorangegangenen Bruchphase

1. Gebirgsmechanische Berechnungsmodelle

Aus der Bauerfahrung ist bekannt, daß es im Tunnelbau eine Vielzahl verschiedener Versagensmechanismen gibt. Im Gegensatz dazu wird für die Berechnung von Konvergenz und Sicherheit beim „tiefliegenden Tunnel" meist nur ein einziger Bruchmechanismus berücksichtigt, nämlich der des Scherbruches. Dieses Vernachlässigen anderer Bruchmechanismen (Spaltbruch, Faltung, Schichtpaketbewegung etc.) dürfte auch die Ursache sein, daß es nur in Ausnahmefällen gelingt, die „kritische Konvergenz" zu errechnen, nach deren Überschreitung ein Vergrößern des Ausbauwiderstandes erforderlich wird, um einen Verbruch zu verhindern (Minimumstelle der Pacher-Fenner-Kurve). Dazu kommt noch, daß es beim Scherbruchmechanismus selbst gänzlich verschiedenartige Erscheinungsformen gibt.

Die folgenden Ausführungen sollen daher dazu beitragen, jeder Gebirgstype eine Reihe von Bruchmechanismen und deren Berechnungsmodelle zuzuordnen. Der maßgebende Bruchmechanismus ist jeweils jener, der bei der betrachteten Konvergenz den größten Ausbauwiderstand erfordert. Dabei wird im allgemeinen mit zunehmender Konvergenz der Typus des Bruchmechanismus wechseln und eine Unstetigkeitsstelle im Konvergenz-Ausbauwiderstand-Diagramm verursachen. Beim festen Gebirge wird z. B. zunächst ein Spaltbruchmechanismus eintreten und erst nachdem dieser eine entsprechend große Zerstörung der Ulmenbereiche verursacht hat, ein Scherbruchmechanismus folgen. Die charakteristischen Merkmale der verschiedenen Bruchmechanismen sollen im folgenden nun einzeln erörtert werden:

1.1 Bruchmechanismus mit echter plastischer Zone

Gemeint ist eine plastische Zone, in welcher wirklich an jeder Stelle ein simultaner plastischer Gestaltänderungsvorgang eintritt. Die aus der Literatur bekannten Berechnungsansätze [1], [2], [3] beziehen sich fast alle auf diese Form des Bruchmechanismus.

Gebirgstypen. Gebirgstypen, die zu diesem Bruchmechanismus neigen, zeigen im Laborversuch folgende Eigenschaften:

— im einachsigen Druckversuch treten keine Risse auf, sondern es zeigt sich ein plastisches Stauchen, wobei sich die Probe tonnenförmig deformiert;

— in der Arbeitslinie des Scherversuches zeigt sich keine nennenswerte Maximalstelle (peak) sondern ein allmähliches Ansteigen, bis asymptotisch der Gleitwiderstand erreicht wird.

Solches Verhalten zeigen in erster Linie vorwiegend plastische Böden, unterkonsolidierte Sande sowie „Plastisches Gebirge".

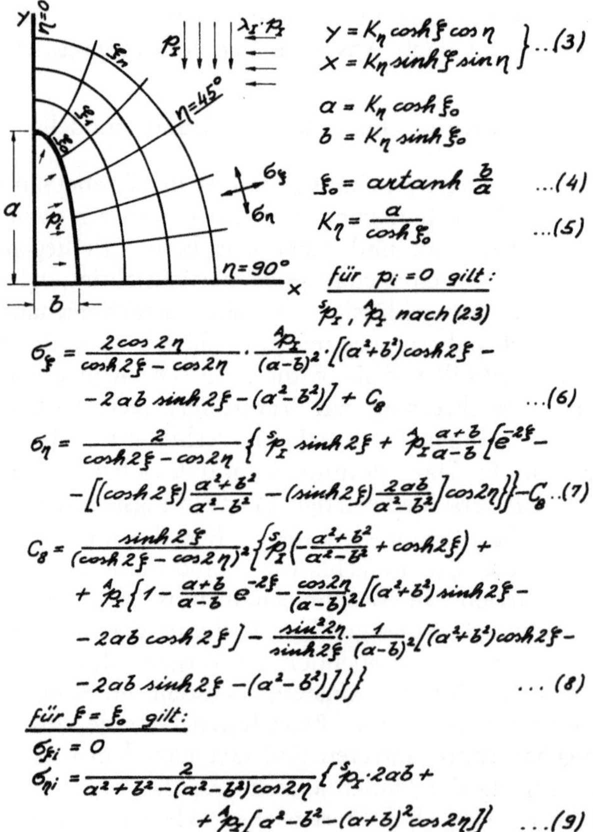

Abb. 1. Das Spannungsfeld um ovale Hohlräume bei elastischem Gebirgsverhalten und anisotroper Primärspannung (aus [5] nach Korrektur von Gl. 7 und 8)

Stress distribution around an elliptical cavity in rock mass with elastic behaviour under primary anisotropic load

Spannungsfeld. Betrachtet man eine Gebirgsscheibe, die vom Hohlraum durchquert wird, so läßt sich beobachten, daß sich mit dem Wegwandern der stützenden Ortsbrust ein natürliches Gebirgsgewölbe um den Hohlraum herum aufbaut. Anfangs herrschen dabei in der Hohlraumumgebung noch vorwiegend elastische Verhältnisse. Das Spannungsfeld hiezu kann Abb. 1 entnommen werden [4]. Die Gleichungen lassen sich einfach programmieren. Dieses Spannungsfeld zeigt häufig im Bereich der Firste Zugbeanspruchungen. Die Folge davon sind Nachbrüche in der Firste im orstbrustnahen

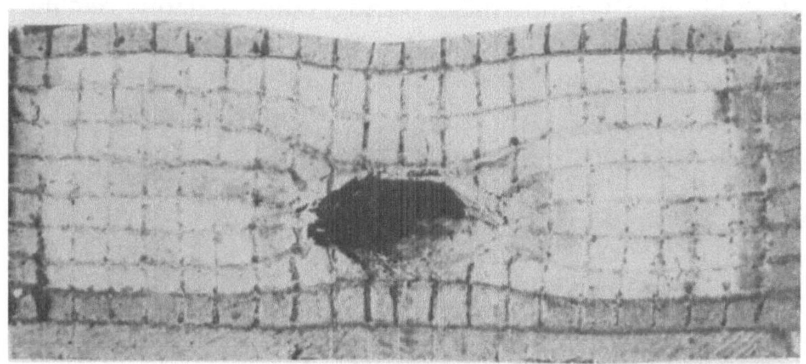

Abb. 2. Senkungsmulde im Hangenden bei anisotropem Primärspannungszustand
(Modellversuch)
Sinking pattern above a cavity under primary anisotropic load (model test)

Bereich sowie ein Entspannungsschwellen, welches mitunter von einem intensiven Ansaugen von Bergwasser begleitet wird. Für geringe Gebirgszugfestigkeit ergibt sich das Maß a_N (Abb. 4 und 19) des obersten Randes der Zugzone aus (1) mit $\sigma_{\vartheta_0} = p_{A1} = 0$

$$a_N = b\,(1 - \lambda_I)/(2\,\lambda_I) \tag{10}$$

Die größten Druckbeanspruchungen treten im Bereich der Ulmen am Ausbruchrand auf und mit zunehmender Entfernung der Ortsbrust kommt es dort zur plastischen Deformation (soferne der Seitendruckbeiwert des primären Spannungszustandes λ_I gleich oder kleiner als 1,0 ist). Dieses auf die Ulmen konzentrierte plastische Ausquetschen des Gebirges in Richtung Hohlraum verursacht im Hangenden eine Vertikalbewegung, welche als Senkungsmulde beobachtet werden kann (Abb. 2). Infolge der Gebirgsfestigkeit des Hangenden bewirkt eine solche „Senkungsmuldenbewegung" eine Entlastung des Firstbereiches bei gleichzeitiger Mehrbelastung der Ulmbereiche in vertikaler Richtung.

Durch diesen Vorgang sinkt in Hohlraumnähe in Firste und Sohle die Radialbelastung p_I auf p_{II} ab, wogegen sie an den Ulmen mit $p_I \cdot \lambda_I$ nicht wesentlich verändert wird (Abb. 3). Dies ist für die Hohlraumumgebung gleichbedeutend mit einem Ansteigen des Seitendruckbeiwertes von λ_I auf $\lambda_{II} \approx \lambda_I p_I / p_{II}$. Die weitere Betrachtungsweise wird erleichtert, wenn man den Begriff der Stützlinie des natürlichen Gebirgsgewölbes einführt. Trägt man z. B. an Ulm und Firste die Gewölbespannungen σ_ϑ auf und betrachtet man nur jene in Abb. 4 schraffierte Spannungsfläche, welche über die, durch die Firstsetzung veränderte Vertikalbelastung p_{II} hinausgeht, dann geht diese Stützlinie durch den Schwerpunkt dieser Flächen. Ihre Kraft entspricht dem Inhalt dieser Spannungsflächen. Zwischen dem Halbachsenverhältnis des Stützlinienovales (a_s, b_s), dem Seitendruckbeiwert λ_{II} und dem Halbachsenverhältnis des „Ausbruchovales" (a_N, b_N) besteht näherungsweise der in Abb. 4 angeschriebene Zusammenhang. Bei einer, mitunter in der Firste auftretenden versagenden Zugzone ist dann das Ausbruchoval so anzunehmen, als ob es bis zum Grunde dieser versagenden Zugzone reichte (a_N nach Gl. 3). Das gleiche gilt für Zerstörungszonen im Ulmbereich. Mit diesen Ansätzen sowie jenen von Abb. 1 und 3 läßt sich somit zu jeder First-

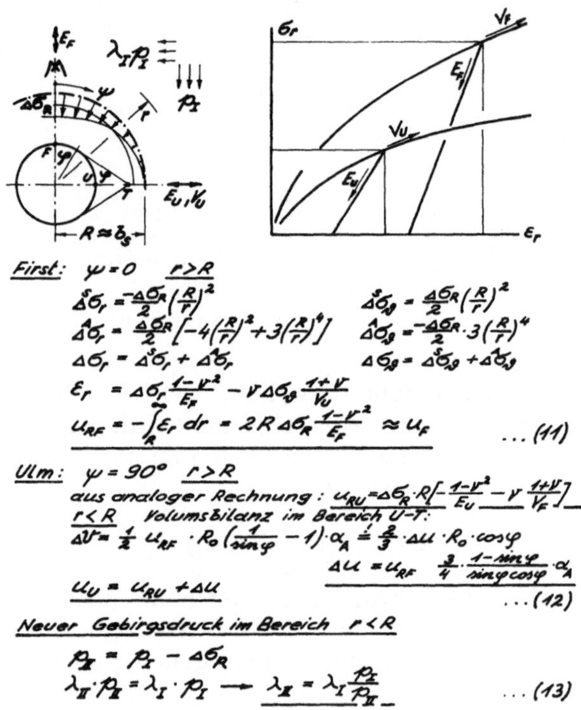

Abb. 3. Verfahren zum Abschätzen des Zusammenhanges zwischen Firstsetzung und Vertikalentlastung im elastisch verbliebenen Teil des Hangenden und des dadurch veränderten Seitendruckbeiwertes im ausbruchnahen, teilweise plastischen Bereich

Calculation for estimating the relation between settling of cavity roof and loading reduction in elastic staying zone above cavity roof. Alternation of side pressure coefficient due to roofsettling

setzung das entsprechende Spannungsfeld angeben. Ist schließlich ein zentralsymmetrischer Zustand mit $\lambda_{II} = 1$ erreicht, und sind die Stützmaßnahmen gleichfalls zentralsymmetrisch, dann ist in weiterer Folge ein zentralsymmetrisches Verhalten zu erwarten. Berechnungsdiagramme dazu finden sich in [5]; sonst analog Abschnitt 3. Weiters ist zu berücksichtigen, daß der Firstbereich, welcher sich wie erwähnt, in den ersten Phasen durch Entspannungsschwellen mit Bergwasser angereichert hat, in den anschließenden Phasen hohe Gewölbedruckspannungen erhalten wird. Hierbei kann der Porenwasserüberdruck die Scherfestigkeit dieses Bereiches wesentlich reduzieren.

Das Spannungsfeld ändert sich nun wesentlich sobald der Ringschluß der Stützmaßnahmen hergestellt ist. Da man in dem, in diesem Abschnitt behandelten Gebirge zumeist einen annähernd kreisförmigen Hohlraum-

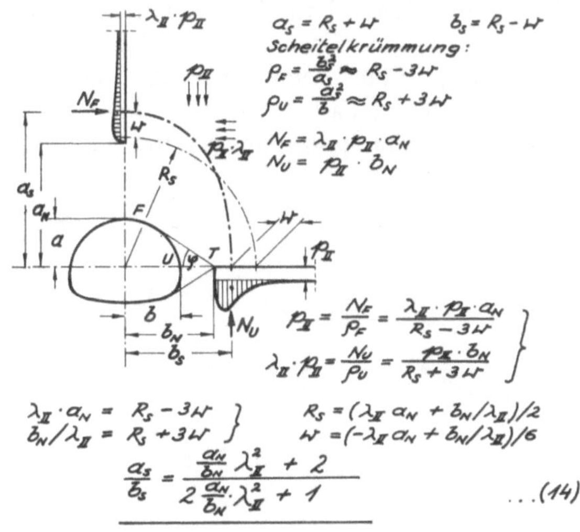

Abb. 4. Verfahren zum Abschätzen der Form und Lage der „Stützlinie des natürlichen Gebirgsgewölbes". Die Spannungsverteilungen dazu lassen sich mit den Gleichungen von Abb. 1 bestimmen

Calculation for estimating shape and position of "force line of natural rock mass arch" (Stress distribution see Fig. 1)

querschnitt wählen wird, tritt nach dem Ringschluß eine weitgehend zentralsymmetrische Gewölbewirkung ein. Ist dabei der Umfang des Hohlraumausbaues von konstanter Länge und liegt der Ausbau direkt am Gebirge an, dann wird wenn noch $\lambda_{II} < 1$ jede weitere Firstsetzung von einer annähernd gleich großen nach außen gerichteten Ulmenwanderung begleitet sein. Dieser Vorgang setzt sich solange fort, bis die Firstbelastung weiter soweit abgesunken und die Ulmbelastung durch den durch diese Bewegung wachgerufenen Gebirgswiderstand soweit angestiegen ist, bis der endgültige sekundäre Seitendruckbeiwert der Ausbauform entspricht. Es wurde dabei vorausgesetzt, daß der Ausbau die Biegebeanspruchungen infolge dieser Ovalverformung ohne Schaden zu ertragen vermag (semisteife Spritzbetonschale oder Metallausbau), wie dies im modernen Tunnelbau heute bereits Selbstverständlichkeit geworden ist.

Im Falle eines solchen Ausbaues mit praktisch unveränderlicher Umfangslänge ist eine weitere Entlastung durch das natürliche Gebirgsgewölbe nicht mehr möglich, da dazu eine Verkleinerung des Ausbruchumfanges erforderlich wäre. Ist der Ausbau nun nicht imstande die auftretende

Umfangkraft aufzunehmen, so stellt sich bei einer Betonschale im allgemeinen der flache Scherbruch ein, und es kommt zu einer weiteren Umfangsverkleinerung und damit auch zu einer weiteren Entlastung durch das natürliche Gebirgsgewölbe. Ähnlich, jedoch in übersichtlicherer Form liegen die Verhältnisse, wenn von vornherein ein in Umfangsrichtung nachgiebiger Verbau eingesetzt wurde (Systemankerung mit Verzugsleitern oder Netz, Streckenbögen mit Glockenprofil, Spritzbetonschale mit Baustahlgitter und Stauchschlitzen). In einem solchen Falle bildet sich ein beim Kreisquerschnitt zentralsymmetrisches Gebirgsgewölbe aus, welches den Ausbau mit steigender Umfangsstauchung immer mehr entlastet bis schließlich Gleichgewicht eintritt. In einem solchen Falle entspricht das zusätzliche Spannungsfeld Abb. 5, wobei als „Primärspannungszustand" nur der hydrostatische

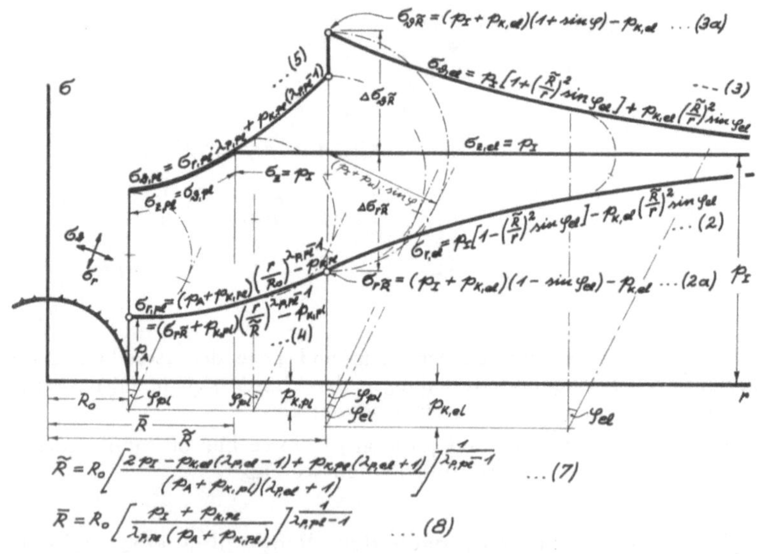

Abb. 5. Spannungsfeld bei zentralsymmetrischen Verhältnissen
(Aus [5] nach Korrektur von Gl. 3)
Stress distribution around a cavity under centralsymmetric condition

Anteil $^s p_{II}$ des vor dem Ringschluß einwirkenden Gebirgsdruckes anzusetzen ist, da der antimetrische Anteil durch die Ovalverformung des Ausbaues gesondert abgebaut wurde. Bei einer solchen Ermittlung des hydrostatischen Anteiles, kann der Unterschied der Elastizitätsmodule bei Be- und Entlastung berücksichtigt werden. Beim gegenständlichen Gebirgstyp sind in Abb. 5 die Scherparameter des elastischen und des plastischen Bereiches gleich groß einzusetzen.

Verformungsfeld. Für die Verzerrungen des elastischen Bereiches wird das Hookesche Gesetz, für die des plastischen Bereiches die Volumsbilanz unter Berücksichtigung des Entspannungsschwellens angewandt (Abb. 3 bis 5 und [5]).

Vergleich mit Modellversuch. Die Modellversuche (Abb. 2) bestätigen die Ausbildung der plastischen Zonen an den Ulmen und die Senkungsmulden ähnlichen Deformationen des Hangenden. Sie zeigen aber ferner auch, daß bei fehlendem oder verzögertem Ringschluß nach hinreichend großer Firstsetzung ein anderer Bruchmechanismus auftreten kann, welcher als „Hereinquetschen der Firste (oder Sohle) bezeichnet werden könnte. Dieser Vorgang tritt ein, wenn durch entsprechend große Firstsetzung die Stützlinie des natürlichen Gebirgsgewölbes so flach geworden ist, daß sich in der Firste die Gewölbespannungen am Hohlraumrand anhäufen. Diese Spannungsanhäufung verstärkt sich bei weiterer Firstsetzung, was einem im Pacher-Fenner-Diagramm ansteigenden Kurvenast entspricht. Durch Berücksichtigung dieses Bruchmechanismus ist man in der Lage, eine kritische Firstsetzung anzugeben, wobei es augenscheinlich ist, daß hierbei auch die Bergfeuchtigkeit infolge des anfänglichen Entspannungsschwellen eine wesentliche Rolle spielt. Dies kann im besonderen Maße bei Vollausbruch auch für die Hohlraumsohle gelten. Eine ausführliche Abhandlung darüber mit Rechnungsbeispielen ist in Vorbereitung.

1.2 Bruchmechanismus mit Scherbruchzone

In diesem Falle bilden sich in der „plastischen" Zone nur einzelne Scherbrüche. Im Bereich dieser Scherbrüche ist die Scherfestigkeit auf den Gleitwiderstand abgesunken. Dadurch werden die zwischen den Scherbrüchen liegenden Bereiche so entlastet, daß sie die Scherfestigkeit nicht mehr erreichen können: Sie bleiben daher kompakt. Die Anzahl der Scherflächen ergibt sich aus den für eine Hohlraumverkleinerung erforderlichen kinematischen Bedingungen. Die Scherbrüche treten daher auch nicht gleichzeitig auf, sondern in einer von der Kinematik her diktierten Reihenfolge, wobei selbst bei zentralsymmetrischen Verhältnissen nur die Lage der ersten Scherbruchfläche dem Zufall überlassen bleibt.

Gebirgstypen. Einem solchen Bruchmechanismus folgen vor allem die als pseudofestes Gebirge oder auch als mildes Gebirge bezeichneten Gebirgsarten. Im Laborversuch sind sie durch folgende Verhaltensweisen gekennzeichnet:

— im einachsigen Druckversuch zeigen sie keine Spaltbrüche, sondern einen Scherbruch.

— in der Arbeitslinie des Scherversuches erscheint die Scherfestigkeit als Maximalwert. Bei weiterer Verformung fällt der Scherwiderstand auf einen deutlich tiefer liegenden Gleitwiderstand ab.

Im Gegensatz zu dem zuvor behandelten Gebirgstyp verliert dieser mit dem Scherbruch zumindestens einen wesentlichen Teil seiner Kohäsion bzw. (bei Lockerböden) seines Verzahnungswiderstandes. Es handelt sich also vor allem um überkonsolidierte Sande, Sandstein mit nicht zu fester Bindung, verkitteten Hangschutt, milde Sorten von Mergeln und Schiefern, Phyllit usw.

Spannungsfeld. Für das Spannungsfeld gelten grundsätzlich die gleichen Zusammenhänge wie im Abschnitt 1.1 dargelegt, jedoch ist zu berücksichti-

gen, daß bei Erreichen der Scherfestigkeit der Scherwiderstand auf den Gleitwiderstand absinkt. Benützt man die Bruchcharakteristik nach Mohr-
Coulomb, so hat man bei diesen Gebirgstypen mit zwei verschiedenen
Kennlinien der Bruchcharakteristik zu rechnen, weshalb alle Scherbruch-
Parameter mit einer Fußnote gekennzeichnet werden, je nachdem ob sie für
den elastischen oder für den plastischen Bereich Geltung haben. Für zentralsymmetrische Verhältnisse ist ein solches Spannungsfeld mit den analytischen Ansätzen in Abb. 5 dargestellt.

Bei nicht zentralsymmetrischen Verhältnissen, wenn also der Seitendruckbeiwert des primären Spannungszustandes λ_I kleiner als 1,0 ist, bilden
sich zunächst (also noch im Bereich der stützenden Ortsbrust) wiederum
plastische Zonen an den Ulmen. In diesem Falle können wir von einem
Kirschkerneffekt sprechen, bei dem an jedem Ulm ein von Scherbruchflächen
und vom Ausbruchrand begrenzter, nahezu kompakter Block gegen den
Hohlraum hin geschoben wird (Abb. 6). Mit zunehmender Firstsetzung wird
die Stützlinie flacher und daher im Ulmenbereich auch stärker gekrümmt.
Dadurch bilden sich bergwärts vom „Kirschkern" weitere Scherbrüche. Da
das Bruchmaterial hohlraumwärts ausgequetscht werden muß, kann die

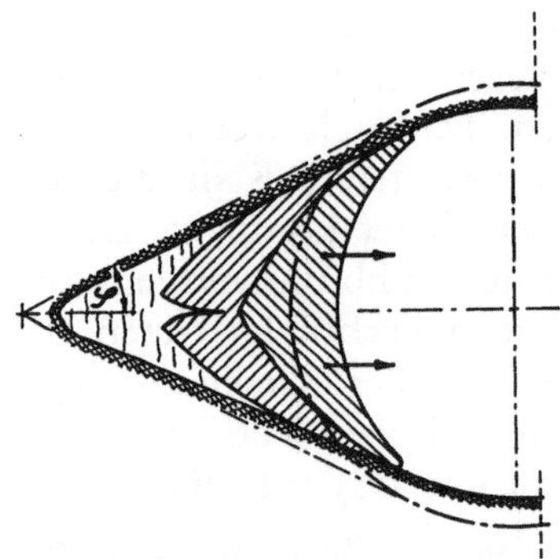

Abb. 6. Kirschkerneffekt im Ulmbereich
Cherry stone effect on cavity wall

Bruchzone zunächst nicht tiefer bergwärts eindringen als bis zum Schnittpunkt T der unter dem Reibungswinkel geneigten Tangenten an den Aus-
bruchquerschnitt (Abb. 3). Als Reibungswinkel gilt jener der zwischen zertrümmertem und kompakt gebliebenem Gebirgsmaterial wirkt. Bergseits
dieses Tangentenschnittpunktes T bildet sich eine Zone besonders hoher
Festigkeit, da von dort aus ein Ausweichen des Gebirges in Richtung Hohlraum nicht mehr möglich ist (Abb. 4). Man kann diese Stellen durchaus als
die Kämpferbereiche des natürlichen Gewölbes betrachten. Die Stützlinie
muß durch diese Zonen führen, wobei sich ihr Verlauf im übrigen Bereich
mit steigender Firstsetzung und damit steigender Seitendruckziffer immer
mehr abflacht, also immer mehr dem Ausbruchrand in der Firste und Ulme
nähert. Das Versagen in diesen „Kämpferbereichen" tritt in Form eines neuen

Scherbruchtypes (vgl. Abschnitt 3) auf oder bei porösem Material in Form gewaltsamen Eindrückens der Poren auf viskosem Wege oder durch eine Vielzahl von Mikrobrüchen.

Verformungsfeld. Es gelten die gleichen analytischen Ansätze wie für Abschnitt 1.1 oder 3, jedoch ist zu berücksichtigen, daß in den Scherflächen Auflockerungserscheinungen auftreten. Diese ergeben sich durch den größeren Raumbedarf zerbrochenen Materials gegenüber kompakt gebliebenem

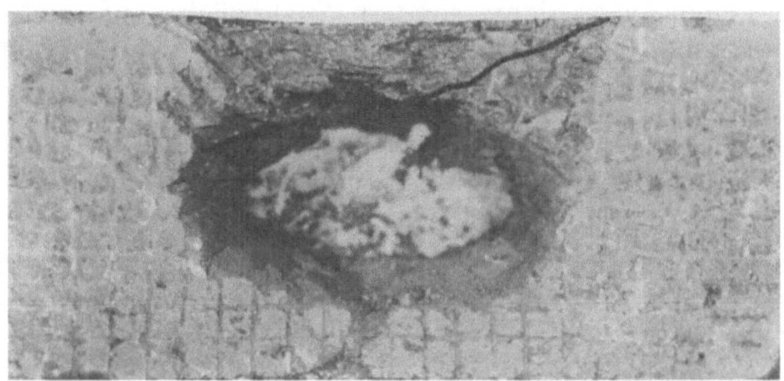

Abb. 7. Modellversuch an einem Hohlraum in trockenem Lehm nach anisotroper Belastung und nach Entfernen des Bruchmaterials
1. Phase: Scherbrüche an den Ulmen (Abb. 6) bei gleichzeitiger Firstsetzung;
2. Phase: Scherbruch in der Firste

Model test result on cavity in dry loam after anisotropic loading and after removing crumbled material
Stage 1: Shear failure in cavity wall accompanied by roof settling;
Stage 2: Shear failure in cavity roof

bzw. beim überkonsolierten Sand durch das im Zuge der Verformung auftretende Herausheben aus der Verzahnung (Aufgleitwinkel). Diese Volumsänderung ist jedoch für die Konvergenzprognose von untergeordneter Bedeutung, da im Verhältnis zum Volumen der gesamten plastischen Zone das Volumen der wenigen Scherbruchbereiche verschwindet. Es kann daher im allgemeinen mit einem Auflockerungsfaktor 1,0 (d. h. ohne Auflockerung) gerechnet werden [5]. Lediglich in der Zertrümmerungszone an der bergseitigen Begrenzung der Scherkörper des Ulmenbereiches wäre es u. U. berechtigt einen Auflockerungsfaktor zu berücksichtigen.

Vergleich mit Modellversuchen. Modellversuche zeigen deutlich, daß der Bruchmechanismus in der „plastischen Zone" selbst bei zentralsymmetrischen Verhältnissen nicht kontinuierlich, sondern örtlich in Form einiger weniger flächiger Scherbrüche abläuft. Sie zeigen aber auch, daß nach Überschreiten einer gewissen Firstsetzung ein anderer Bruchmechanismus wachgerufen wird, bei welchem in der Firste ein Scherbruch auftritt (Abb. 7), da sich dort die Stützlinie bereits zu weit dem Ausbruchrand genähert hat. (Das gleiche gilt bei Vollausbruch auch an der Sohle.) Ein solcher Scherbruch ist gegen die Horizontale annähernd mit dem Winkel $45^0 - \varphi/2$ geneigt. Mit weiter zunehmender Firstsetzung vergrößert sich die Scherbruchtiefe, was wiederum zur Folge hat, daß in der Pacher-Fenner-Kurve eine Unstetigkeit und ein Ansteigen des erforderlichen Ausbauwiderstandes mit zunehmender Firstsetzung auftritt.

1.3 Bruchmechanismus durch Gebirgszertrümmerung in Form von Spaltbrüchen

Bei diesem Bruchmechanismus treten in der Zone größter Druckbeanspruchungen keine Scherbrüche, sondern Spaltbrüche auf, welche eng benachbart verlaufend festes Gebirge in ein kleinstückiges Haufwerk verwandeln.

Gebirgstyp. Diesen Bruchmechanismus findet man bei Gebirgsarten, welche sich im Laborversuch wie folgt verhalten:

— Im einachsigen Druckversuch tritt kein Scherbruch, sondern eine Spaltbruchserie in der Form auf, daß sich druckkraftparallele Zugrisse bilden, welche zu einem Absplittern der Oberflächenbereiche der Probe führen.

— Im Scherversuch zeigt sich im allgemeinen ein schlagartiges Absinken des Scherwiderstandes nach Erreichen der Scherfestigkeit.

— Im Triaxialversuch tritt der Scherbruch erst dann auf, wenn der Seitendruckfaktor oberhalb eines Wertes von der Größenordnung der Querdehnungszahl liegt. In Mohrscher Darstellung zeigt sich dieses Verhalten in Form von drei verschiedenen Kennlinien der Bruchcharakteristik: eine bezieht sich auf den Spaltbruch, die zweite auf den Scherbruch vorerst kompakten Materials und die dritte auf den Gleitwiderstand in bereits entstandenen Scherflächen (Abb. 8).

Die hier beschriebenen Eigenschaften haben alle festen, massigen Gebirgsarten (Kalk, Granit und dgl.).

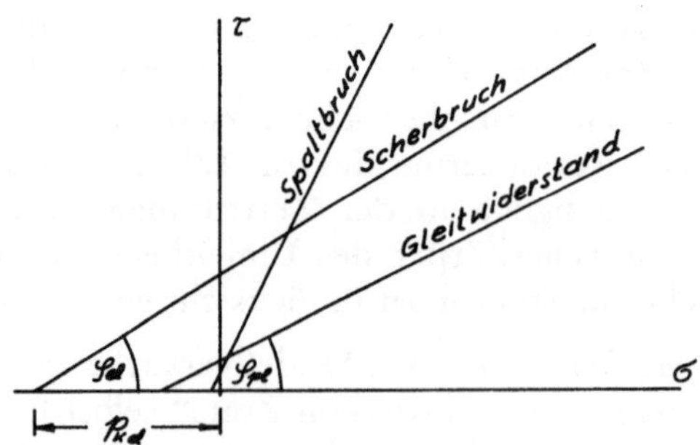

Abb. 8. Bruchcharakteristiken bei festen Gebirgstypen
Functions of material failure in tight rock mass

Spannungsfeld. Bei den vorliegenden Verhältnissen wird die einachsige Druckfestigkeit nicht durch den Scherbruch, sondern durch eine Vielzahl von Spaltbrüchen bestimmt. Bei einem primären Seitendruckfaktor kleiner als 1 treten daher im Bereich der Ulmen zunächst Spaltbrüche in Form von schalenartigen Ablösungen auf, wobei sich das dabei zertrümmerte Gebirge in den Hohlraumbereich hineinschieben muß. Die Begrenzungen dieser Zertrümmerungszone verlaufen daher wiederum entlang von Linien, welche den Hohlraumrand tangieren und gegen die Horizontale unter einem Winkel geneigt sind, welcher dem Reibungswinkel zwischen zertrümmertem und

Abb. 9. Modellversuch an einem Hohlraum in gebranntem Lehm (Ziegel) nach anisotroper Belastung und nach Entfernen des Bruchmaterials
1. Phase: Zertrümmern der Ulmbereiche durch Spaltbrüche in kleinstückiges Haufwerk bei gleichzeitiger Firstsetzung; 2. Phase: Scherbruch in der Firste

Model test result on cavity in brick material after anisotropic loading and after removing splitted particles
Stage 1: Fracturing of wall zones in small particles by splitting failure, accompanied by roof settling; Stage 2: Shear failure in cavity roof

kompaktem Gebirgsmaterial entspricht. Es gibt in diesem Falle im Ulmbereich keine kompakten Scherkörper („Kirschkerne") mehr, sondern lediglich eine Zone zertrümmerten Materials, welches im Zuge der Firstsetzung in den Hohlraumbereich hineingequetscht wird. Für die analytischen Ansätze gilt grundsätzlich das unter Abschnitt 1.2 dargelegte, jedoch unter Berücksichtigung, daß der Bruchvorgang im Ulmenbereich nicht bei Erreichen der Scherfestigkeit, sondern bereits bei Erreichen der einachsigen Gebirgsdruckfestigkeit eintritt (Zahlenbeispiele in Abschnitt 3).

Verformungsfeld. Auch hier gilt das gleiche wie bereits im Abschnitt 1.2 dargelegt, jedoch unter Berücksichtigung der größeren Auflockerung in den Zertrümmerungszonen des Ulmbereiches.

Vergleich mit Modellversuchen. Modellversuche bestätigen deutlich den beschriebenen Vorgang. Abb. 9 zeigt ein Probestück nach Entfernen des im Ulmbereich zertrümmerten Materials. Obwohl im Bereich der Firste in den Anfangsstadien des Belastungsversuches noch radiale Zugrisse aufgetreten sind, kommt es in weiterer Folge zum vollen Schließen dieser Risse und später bei einer entsprechend großen Firstsetzung zur Ausbildung eines Scherbruches in der Firste, der völlig unabhängig vom anfänglichen Radialriß verläuft. Eine weitere Firstsetzung führt zum Verbruch im Sinne von Abb. 10,

wobei sich wiederum der Typus des Bruchmechanismus durch die zuletzt
entstandenen Brüche wesentlich verändert hat.

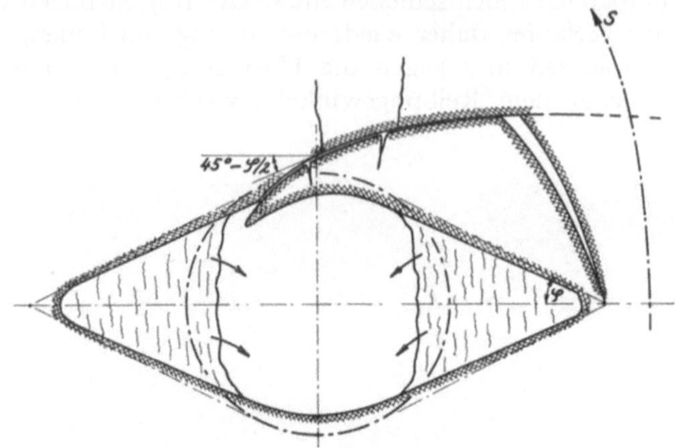

Abb. 10. Schematische Darstellung des Bruchmechanismus festen Gebirges in Hohlraumumgebung bei anisotropem Primärdruck

Failure mechanism of hard rock mass under anisotropic loading

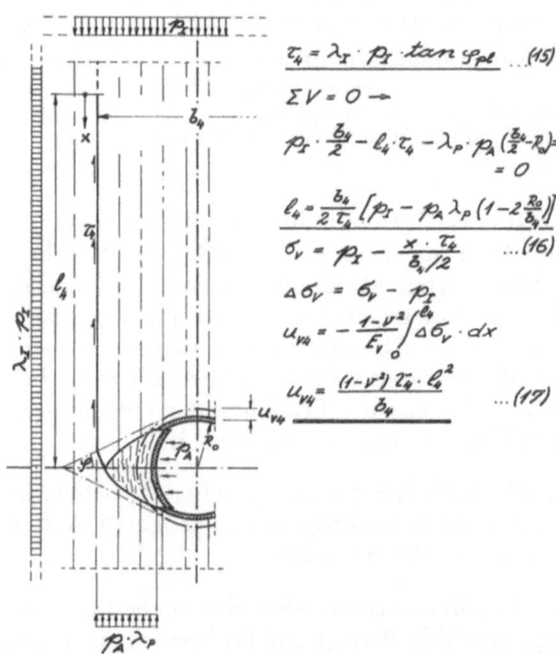

Abb. 11. Verfahren zum Abschätzen der Konvergenz bei Gebirgsversagen durch Schichten-
paket-Bewegung nach dem Scherbruch des Betongewölbes. p_A wird in diesem Falle nur durch
entsprechend lange Systemankerung der Ulmbereiche bewirkt

Calculation for estimating displacements of cavity walls due to movement of layer group
above cavity roof after shear failure in concrete arch. In this case supporting pressure p_A
is caused only due to anchorage of cavity wall

1.4 Bruchmechanismus durch Hereinwandern eines Schichtenpaketes

Gebirgstyp. Dieser Bruchmechanismus tritt bei anisotropem, insbesondere geschichtetem Gebirge auf, bei welchem die Richtung der größten primären Hauptspannung (hier die Vertikale) mit der Gefügeflächenrichtung annähernd übereinstimmt. Solches Gebirge zeigt deutliche Spalten oder Klüfte oder zumindest im Laborversuch eine starke Richtungsabhängigkeit der Scherfestigkeit. Dieser Bruchmechanismus ist bei allen anisotropen Gebirgen möglich, vor allem bei Sedimenten und kristallinen Schiefern.

Spannungsfeld. Es ist erforderlich, zunächst verschiedene Schichtpaketdicken zu untersuchen (Abb. 11). Bei (im Vergleich zum Gleitwiderstand der Schichtfugen) großer Festigkeit der Schichten selbst, wird die Paketbreite der Ausbruchbreite entsprechen. Bei niedriger Gebirgsfestigkeit kommt es zunächst wiederum an den Ulmen zu Ausquetschungen, Scherbruchkeilen oder Spaltbruchzertrümmerungen und die Breite des in den Hohlraum hereingleitenden Schichtpaketes wird größer sein als die Hohlraumbreite, also auch die Zertrümmerungszonen umfassen (Abb. 12). Das Ende des Gleitvorganges

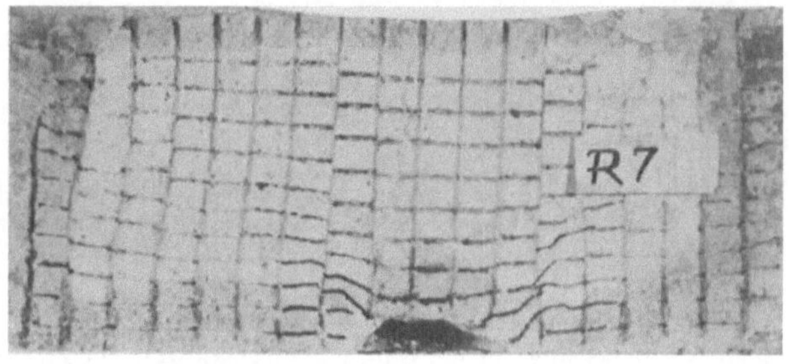

Abb. 12. Modellversuch an einem Hohlraum in vertikal geschichtetem, mildem Gebirge (Gipsplatten) nach anisotroper Belastung

Model test result on a cavity in a vertically strated mild rock mass (gypsum plates) after anisotropic loading

wird wesentlich von der Seitendruckziffer und von der Schichtpaketbreite bestimmt. Es herrscht dann wieder Gleichgewicht zwischen der im Schichtpaket verbliebenen und durch den Entspannungsvorgang stark reduzierten Druckspannung und den an den Gleitfugen beidseits des Schichtpaketes wirkenden Gleitwiderständen.

Verformungsfeld. Die Größe der Verformungen hängt wesentlich vom Gleitwiderstand der Schichtfugen und damit vom Seitendruckbeiwert ab. Wäre der Seitendruckbeiwert null und damit bei fehlender Adhäsion auch der Gleitwiderstand der Schichtfugen null, so könnte sich die gesamte Paketlänge, also z. B. die Länge bis zur Tagoberfläche entspannen und das Schichtpaket würde, auch abgesehen von den Gravitationskräften, durch sein Entspannungsschwellen den Hohlraum füllen. Ein Gleitwiderstand in den

Schichtfugen hingegen bewirkt, daß eine Entspannungsdehnung nur auf einer begrenzten Länge möglich ist (Abb. 11).

Vergleich mit Modellversuchen. Modellversuche bestätigen das beschriebene Verhalten (Abb. 12).

1.5 Bruchmechanismus in Form eines Durchstanzens des Firstbereiches

Gebirgstyp. Dieser Bruchmechanismus tritt vor allem bei horizontal geschichtetem Gebirge mit geringer Zugfestigkeit auf, ferner bei Vorhandensein sekundärer achsparalleler steileinfallender Kluftscharen.

Spannungsfeld. Dieser Bruchmechanismus wird durch kleine Seitendruckbeiwerte des primären Spannungszustandes gefördert. Meist verlaufen die Durchstanzflächen nicht parallel, sondern sie streben mit der Entfernung vom Hohlraum auseinander (Abb. 13). Bewegt sich der Bruchkörper hohl-

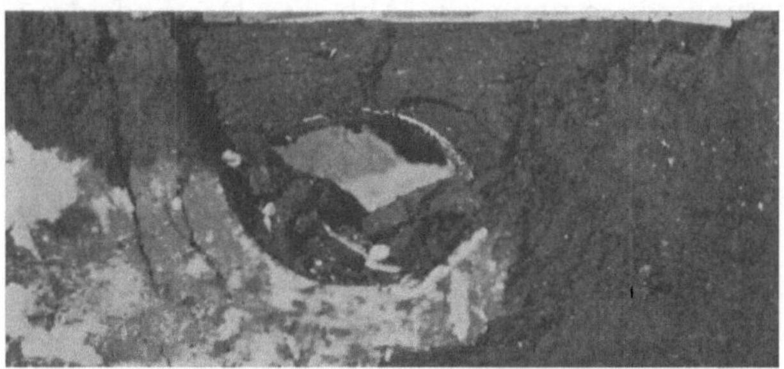

Abb. 13. Modellversuch an einem Hohlraum in gebranntem Lehm (Ziegel) nach stark anisotroper Belastung. Bruch durch „Durchstanzen der Firste"

Model test result on cavity in brick material after anisotropic loading. Failure by "through-stamping of cavity roof"

raumwärts, so verkeilt er sich gegen seine Flanken, wodurch der Seitendruckbeiwert in Hohlraumumgebung anwächst und durch die Gewölbebildung der weitere Bruchvorgang zum Stehen kommt.

Verformungsfeld. Die Größe der Verformungen hängt wesentlich von der Neigung der seitlichen Scherbruchflächen ab. Wenn nicht durch vorhandene Sekundärklüfte bereits vorgezeichnet, werden jedoch die Richtungen der Scherflächen mit der Entfernung vom Hohlraum auseinanderweisen, so daß der Durchstanzvorgang von selbst zum Stehen kommt. Die Annahme paralleler Scherflächen ist daher die ungünstigste Form. In einem solchen Fall liegen die gleichen Verhältnisse wie im Abschnitt 1.4 vor.

Vergleich mit Modellversuchen. Modellversuche bestätigen den hier dargestellten Bruchmechanismus (Abb. 13) und zeigen, daß bei weiterer Firstsetzung ein neuer Bruchmechanismus eintritt, bei welchem völlig unabhängig von den vorhandenen Scherbrüchen ein neuer, von der Firste schräg nach oben weisender Scherbruch auftritt, welcher durch das Annähern der Stützlinie an den Ausbruchrand der Firste hervorgerufen wurde und der schließlich bis zu einem Verbruch führen kann, wie er an gleicher Stelle im Abschnitt 1.3 beschrieben wurde (Abb. 10).

1.6 Bruchmechanismus durch Faltung

Gebirgstyp. Bei diesem, der Knickung verwandten Bruchmechanismus spielt das Verhältnis zwischen Schichtdicke und Hohlraumabmessung eine wesentliche Rolle. Begünstigt wird daher dieser Bruchmechanismus durch dünnbankig geschichtetes Gebirge.

Spannungsfeld. Der Faltungsvorgang kann in der Regel erst anspringen, wenn bereits eine leichte Verkrümmung des Schichtpaketes gegen den Hohlraum zu vorhanden ist. Dies läßt sich im allgemeinen bereits aus dem Schichtungsbild der Ortsbrust erkennen, worauf dieser Bruchmechanismus durch gezielte Ankerung verhindert werden kann. Man kann dabei wieder annehmen, daß ähnlich wie bei einer Spaltbruchzone auch hier die Begrenzungslinien Tangenten an den Ausbruchrand sind, welche gegen die Faltungssymmetrale unter einem Winkel ansteigen, welcher dem Reibungswinkel innerhalb der Schichtfugen entspricht. Diesbezügliche Berechnungsansätze können [5] entnommen werden.

Verformungsfeld. Der Faltungsvorgang kommt zum Stehen, sobald sich Gleichgewicht zwischen dem Gleitwiderstand des durch die Faltung in Bewegung geratenen Schichtpaketes und dem restlichen Entspannungsdruck einstellt (vgl. 1.4).

Vergleich mit Modellversuchen. Modellversuche zeigen, daß ein Faltungsvorgang, also ein Absinken der Knickfestigkeit unter die Quetschfestigkeit bei ebener Schichtung nur selten auftritt. Selbst ein teilweises Anschneiden einer am Ausbruchrand liegenden Schichte begünstigt ein Falten nicht, da eine so geschwächte Schichte eher bergwärts ausknicken will.

2. Stützmaßnahmen

Anker, Spritzbeton, Baustahlgitter, Streckenbögen und Verzugdielen haben natürlich sehr unterschiedliche Auswirkungen auf den Bruchmechanismus. Man kann dabei folgende Bedarfsfälle unterscheiden (vgl. auch Abschnitt 3):

2.1 Ortsbrustnahe Situation mit Zugspannungen in der Firste

Diese Phase ist durch Firstnachbrüche und Steinfall gekennzeichnet. Wichtigste Stützmittel sind hier Anker mit einer Länge, die bis in die Druckzone reicht, sowie gut hinterpackte (womöglich betoneingespritzte) Streckenbögen mit Verzug durch Baustahlgitter. Zumeist ist auch zumindest ein „Versiegeln" des Ausbruchrandes durch Spritzbeton erforderlich. Bei bindigem Gebirgs- oder Kluftmaterial wäre auch jede Maßnahme wünschenswert, die das Trockenhalten der Firste ermöglicht oder den bei späterem Einsetzen des Gewölbedruckes auftretenden Porenwasserüberdruck abbaut.

2.2 Auftreten von Brucherscheinungen oder von Plastizieren im Ulmbereich bei weiter entfernter Ortsbrust
(im allgemeinen noch vor dem Ringschluß ablaufender Vorgang)

Diese Erscheinung ist in unmittelbarem Zusammenhang mit der First-setzung und diese wieder vermindert die Vertikalbelastung des Hohlraum-bereiches. Der „Stützring" des natürlichen Gebirgsgewölbes hat leider an sich keinen nachgiebigen Umfang. Die Bruchbereiche der Ulmen stellen je-doch hervorragende „Stauchelemente des Stützringes" dar, sobald wir es

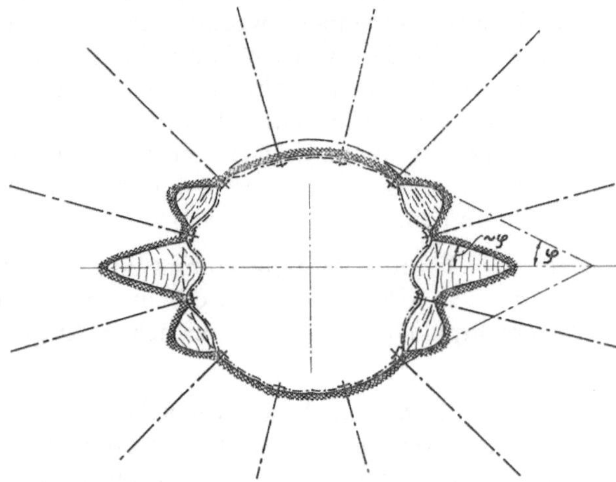

Abb. 14. Schematische Darstellung des Bruchmechanismus festen Gebirges im Bereich von Hohlräumen mit System-Ankerung und Baustahlgitter-Verzug bei anisotropem Primärdruck
Failure mechanism of anchored cavity in hard rock mass after anisotropic loading

lernen, die Nachgiebigkeit dieser Bruchbereiche zu steuern. Dies müßte z. B. mit Hilfe von eventuell auch nachgiebiger Systemankerung und Verzug durch Baustahlgitter in der Weise gelingen, daß man das Hereindrängen von plasti-ziertem oder zerbrochenem Gebirge aus den Ulmen so steuert, daß die First-setzung mit Sicherheit das kritische Ausmaß nicht erreicht. Die Abb. 14 und 15 zeigen das Verhalten der Bruchzone der Ulmen bei Vorhandensein einer Systemankerung. Im Gegensatz zu Abb. 10 umfassen hier die Bruchzonen nicht die gesamte Ulme, sondern lediglich die Zonen zwischen den einzel-nen Ankern. Aufgabe des Baustahlgitters ist es dann, das „an den Ankern vorbeifließende" plastizierte oder zerbrochene Gebirge nachgiebig zu fesseln.

Bei feuchtem, bindigem Gebirge ist auch in dieser Zone jede Maß-nahme willkommen, die imstande ist, den Porenwasserüberdruck abzubauen, welcher infolge der hohen Gewölbespannungen an den Ulmen zu erwarten ist.

Wie im Abschnitt 3 gezeigt, wird die Größe der ulmnahen Bruchzone ($\not> \psi$ von Bild 21) wesentlich von Art und Tragkraft des Ausbaues beeinflußt.

2.3 Auftreten von Druckerscheinungen nach dem Ringschluß

Die druckfeste aber biegsame (semisteife) Schale ist — soferne sie satt am Gebirge anliegt — in der Lage, die Seitendruckziffer des Gebirgsdruckes so zu verändern, daß die Stützlinie der Systemlinie des Ausbaues entspricht.

Abb. 15. Modellversuch an einem Hohlraum in gebranntem Lehm (Ziegel) mit Systemankerung nach anisotroper Belastung und nach Entfernen des Bruchmaterials
Model test result on anchored cavity in brick material after anisotropic loading and after removing splitted particles

Dazu ist eine Ovalverformung erforderlich, deren Möglichkeit keinesfalls durch Tunneleinbauteile vergeben werden sollte.

Die nächste Phase ist die Umfangsstauchung. Hier ist eine nennenswerte entlastende Mitwirkung durch das Gebirge erst dann zu erwarten, wenn der Umfang der semisteifen Schale einen kleineren Elastizitätsmodul als das Gebirge besitzt oder durch Stauchzonen nachgiebiger als das Gebirge ausgeführt wird, was bei künftigen Tunnelkonstruktionen vielleicht auch stärker in Erwägung gezogen werden sollte.

3. Anwendungsbeispiele für anisotropes homogenes Gebirge

3.1 Allgemeines

Betrachtet man bei einer nach Abb. 6, 7 oder 14 (durch stark richtungsgebundenen Primärdruck) „plastisch" deformierten Hohlraumumgebung den „elastisch" verbliebenen Bereich und nähert man die Form des Hohlraumes einschließlich der zerdrückten Ulmenbereiche mit einer Ellipse an, so ergeben die Ansätze von Abb. 1 die in den Abb. 16 bis 18 dargestellten Spannungs-

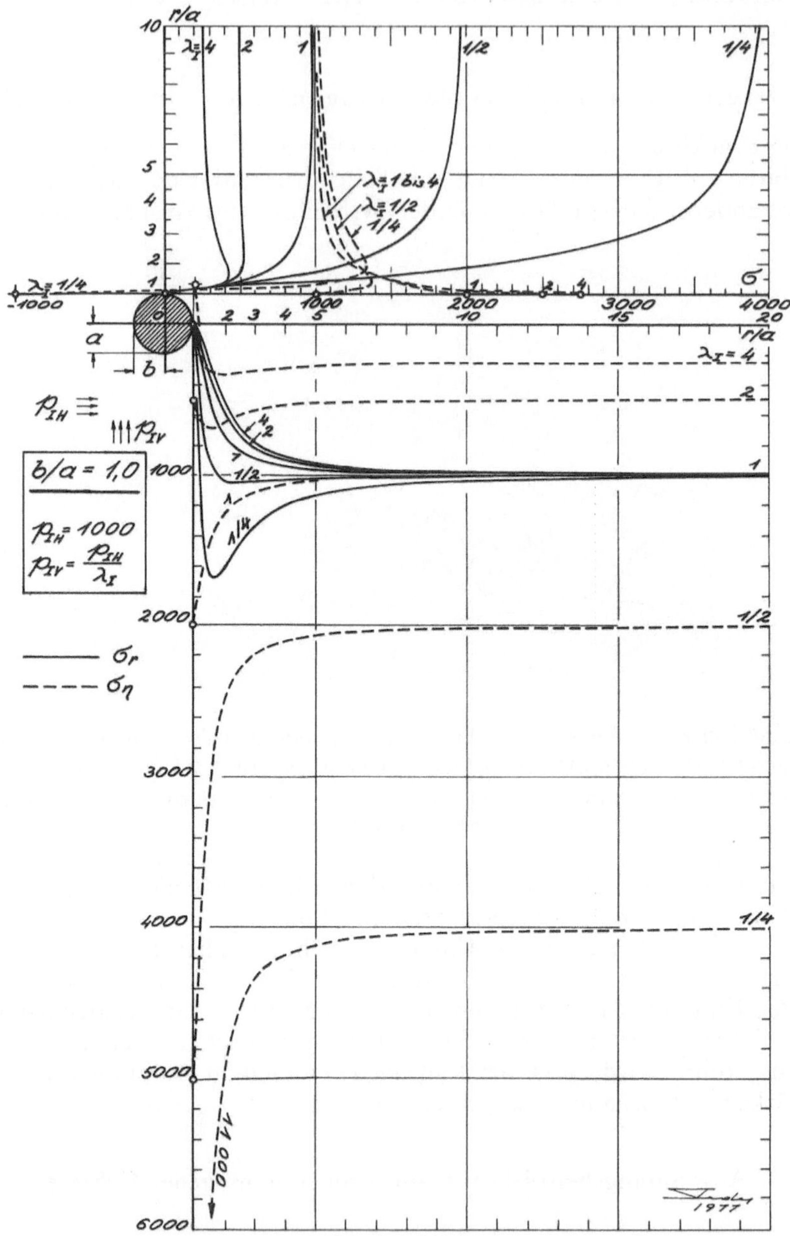

Abb. 16. Spannungsfeld um kreisrunden Hohlraum, bezogen auf eine horizontale Primärspannung $p_{I,H} = 1000$. (Vertikal $p_{I,v} = 1000/\lambda_I$)

Stress field around a circular cavity with regard to a horicontal primary stress $p_{I,H} = 1000$
(Vertically $p_{I,v} = 1000/\lambda_I$)

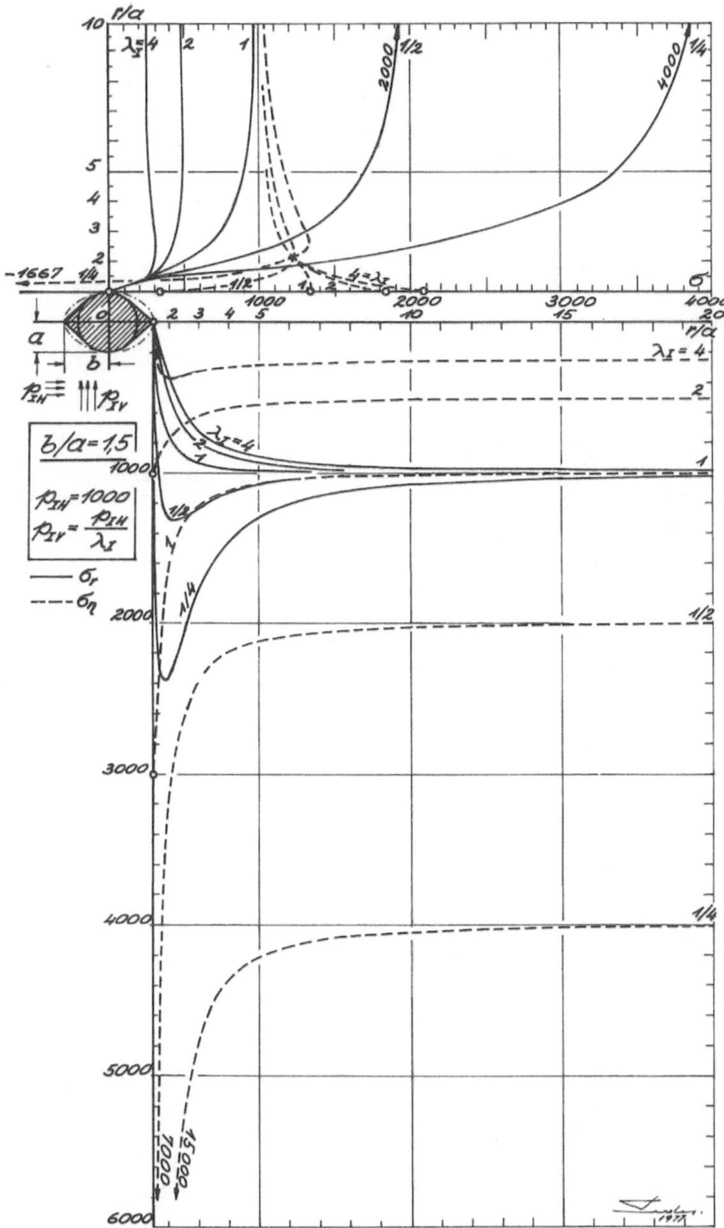

Abb. 17. Spannungsfeld um elliptischen Hohlraum $b/a = 1{,}5$, bezogen auf eine horizontale Primärspannung $p_{I,H} = 1000$. (Vertikal $p_{I,V} = 1000/\lambda_I$)

Stress field around an elliptical cavity ($b/a = 1{,}5$) with regard to a horizontal primary stress $p_{I,H} = 1000$. (Vertically $p_{I,V} = 1000/\lambda_I$)

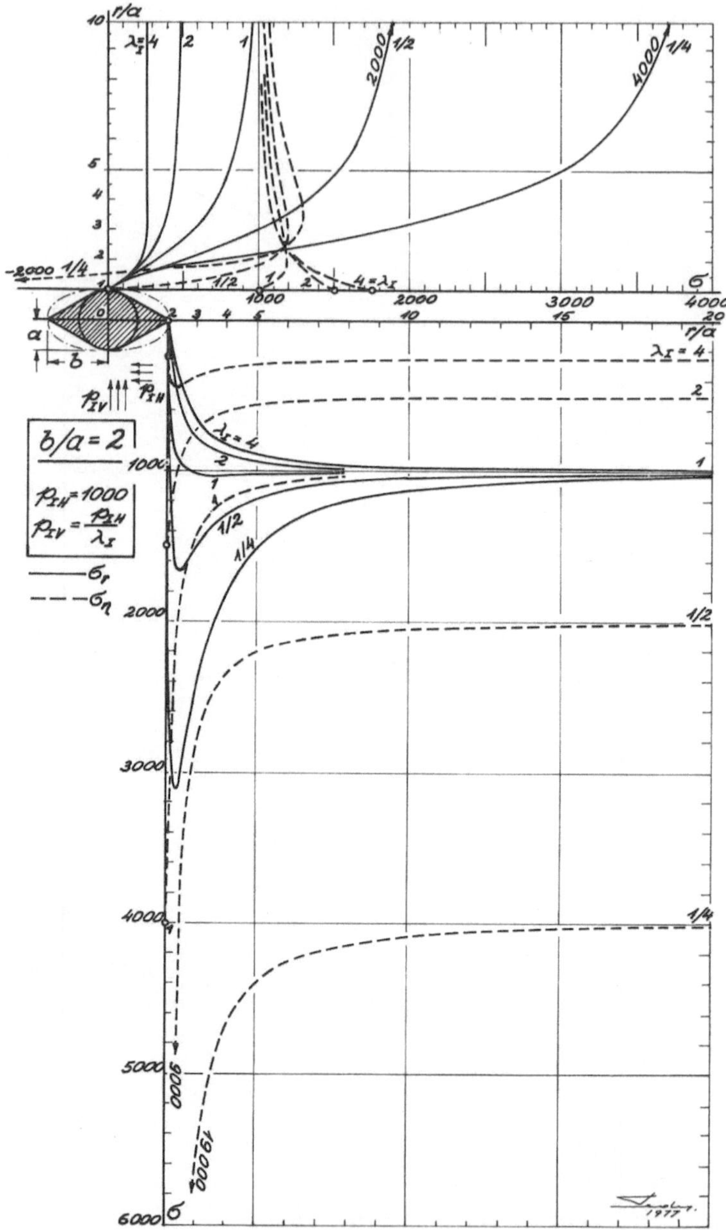

Abb. 18. Spannungsfeld um elliptischen Hohlraum $b/a=2{,}0$, bezogen auf eine horizontale Primärspannung $p_{I,H}=1000$. (Vertikal $p_{I,v}=1000/\lambda_I$)

Stress field around an elliptical cavity ($b/a=2{,}0$) with regard to a horizontal primary stress $p_{I,H}=1000$. (Vertically $p_{I,v}=1000/\lambda_I$)

felder. Für die beiden kritischen Zonen: Firste (Zugriß) und Ulm (Spalt-bruch) lassen sich daraus folgende weitere Zusammenhänge ableiten:

a) *Firste:* In Abhängigkeit von Seitendruckbeiwert λ_I und vom Ver-hältnis der Hohlraumachsen b/a zeigt Abb. 19, ob in der Firste Zugspan-nungen auftreten können.

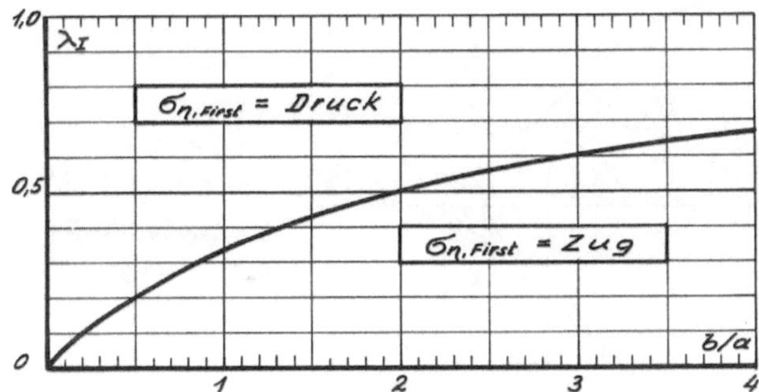

Abb. 19. Gewölbespannung (Gl. 10) am Ausbruchrand der Firste eines elliptischen Hohl-raumes (b und a nach Abb. 23)

Circumferential stress (Eq. 10) on edge of elliptic cavity roof (b and a in accordance to Fig. 23)

b) *Ulm:* Die Abb. 16 bis 18 lassen die beachtlichen Gewölbespannungs-spitzen erkennen. Diese klingen zwar in Umfangrichtung rasch ab, wie dies Abb. 20 beispielsweise zeigt, vergrößern aber ihren Wert mit dem allmähli-

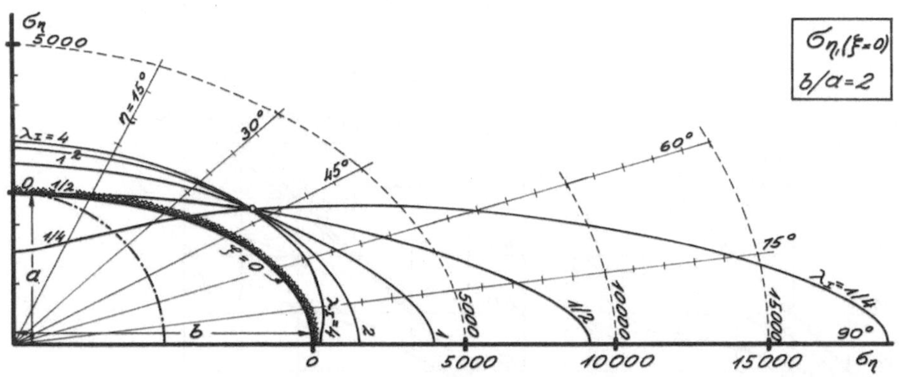

Abb. 20. Gewölbespannung σ_η am elliptischen ($b/a=2$) Ausbruchrand nach Gl. (10), (b, a und Primärspannung wie bei Abb. 18)

Circumferential stress on edge of elliptical ($b/a=2$) cavity, see Eq. (10), (b, a and primary stresses see Fig. 18)

chen Anwachsen des Maßes *b*, also beim Übergang von Abb. 16 auf 17 und 18, welches durch das fortschreitende Zerbrechen des Gebirgsmaterials im

Ulmbereich verursacht wird. Es kommt daher dieser Vorgang wie erwähnt erst dann zum Stehen, wenn die Bruchzone soweit in das Gebirge vorgedrungen ist, daß die Reibung am unzerbrochenen Bereich so groß geworden ist, daß das zerbrochene Material nicht mehr hohlraumwärts ausgepreßt werden kann.

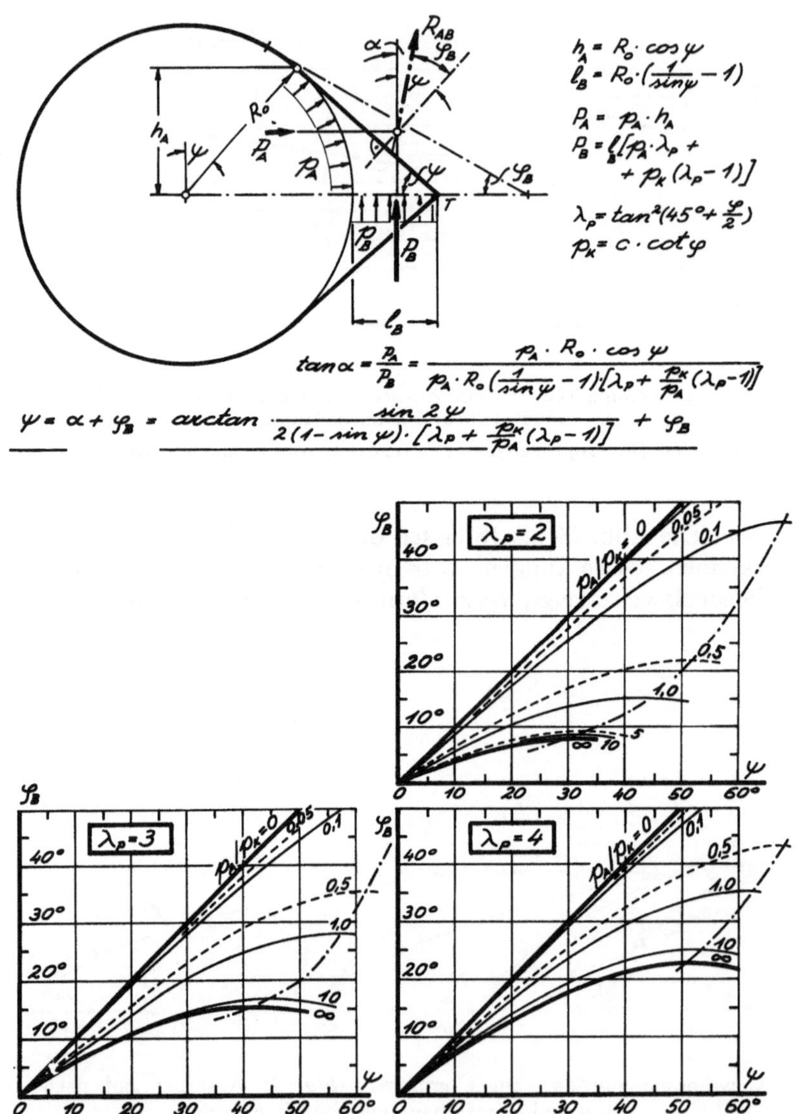

Abb. 21. Begrenzungswinkel ψ der Spaltbruchzone bei einem Ausbauwiderstand, welcher entweder durch eine am Gebirge satt anliegende druckfeste Schale oder durch bis in den kompakten Gebirgsteil reichende Anker hervorgerufen wird (vgl. Beispiel E)

Angle ψ of splitting zone boundary if artificial supporting measures are acting due to full-contact lining or due to anchor bolts reaching until compact rock mass (see "Beispiel E")

Ist kein Ausbauwiderstand vorhanden oder enden die Anker noch in der Bruchzone, dann ergibt sich die Größe der Spaltbruchzone allein aus dem Reibungswinkel zwischen zerbrochenem und kompakt gebliebenem

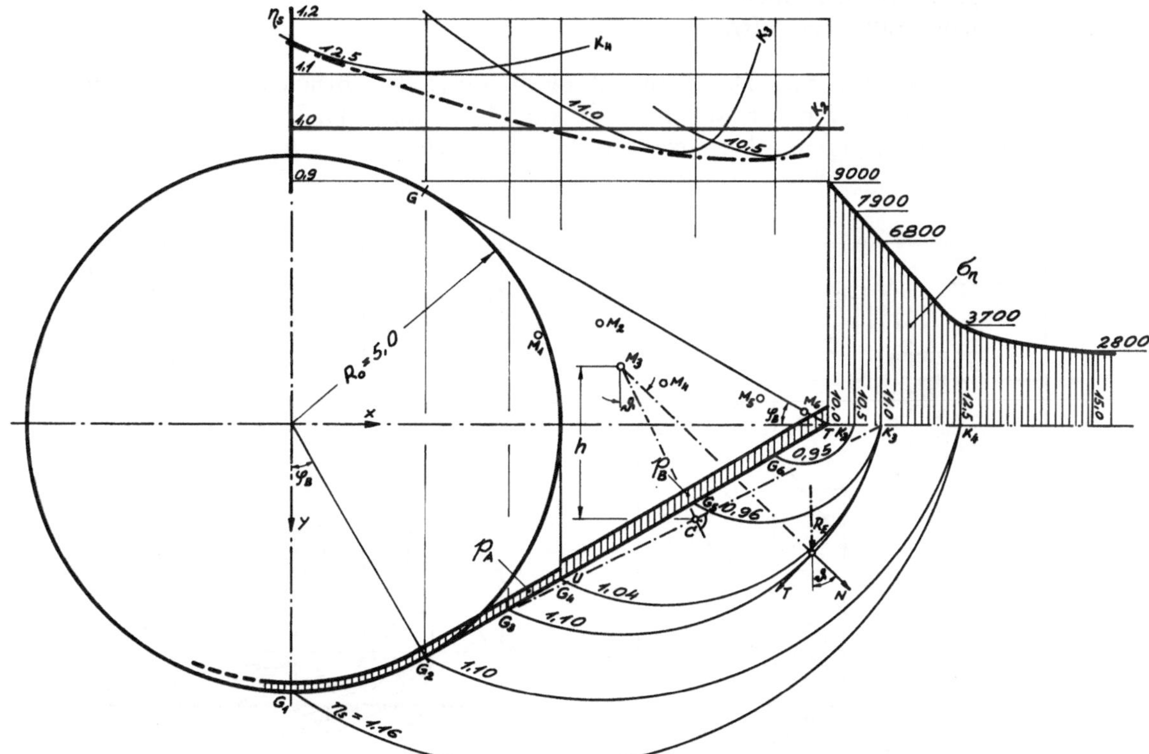

Abb. 22. Bruchzonen bei richtungsbetontem Primärdruck (λ_I klein): Phase 1: Zerstörung der Ulmen bis zum Punkt T durch Spaltbrüche und Auspressen des zermalmten Materials in den Hohlraum. Phase 2: Scherbrüche im Bereich der kompakt gebliebenen Zone bergwärts der Linie $\overline{GT}$

Variation der möglichen Gleitkreise gemäß Beispiel C. In Analogie zum Felsböschungsbruch wurden die Gleitkreise in einem unteren Quadranten gezeichnet. Sie können sich aber in gleicher Weise auch in oberen Quadranten ausbilden

Failure zones if primary stresses show monoaxial tendency (λ_I small): Stage 1: Failure of wall area within $\overline{GT}$ due to splitting and extruding of crushed rock mass into cavity.

Stage 2: Shear failure in area of hitherto compact rock mass outside of line $\overline{GT}$

Variation of possible sliding circle in accordance with "Beispiel C". Sliding circles are shown in lower quadrant in analogy to rock slide problem. Nevertheless they may arise in roof area too

Material (Abb. 10). Im anderen Fall ist diese Zone kleiner (Abb. 15 und 14). Es gelten dann die Zusammenhänge nach Abb. 21.

Nach der vollen Ausbildung der Spaltbruchzonen kann sich der Bruchvorgang fortsetzen, allerdings nun in Form von echten Scherbrüchen im Sinne von Abb. 22. Die Gleitkreise sind wie bei einer Böschungsuntersuchung hinsichtlich ihrer geringsten Gleitsicherheit zu optimieren. Sie werden im allgemeinen in den oberen Quadranten auftreten, sind hier aber unten dargestellt um die Analogie zum Böschungsbruch zu unterstreichen. Wie bei Felsböschungen kann die Kontour der Gleitflächen statt als Kurve bei anisotropem Gebirge auch als Folge zweier Gerader auftreten (wovon eine schichtparallel verläuft).

c) *Konvergenz:* Hat man auf diese Weise den Bruchvorgang bis zur Stabilisierung verfolgt, so läßt sich mit Hilfe von Abb. 23 auch die zugehörige Konvergenz abschätzen, wobei die Maße a und b auf den unzer-

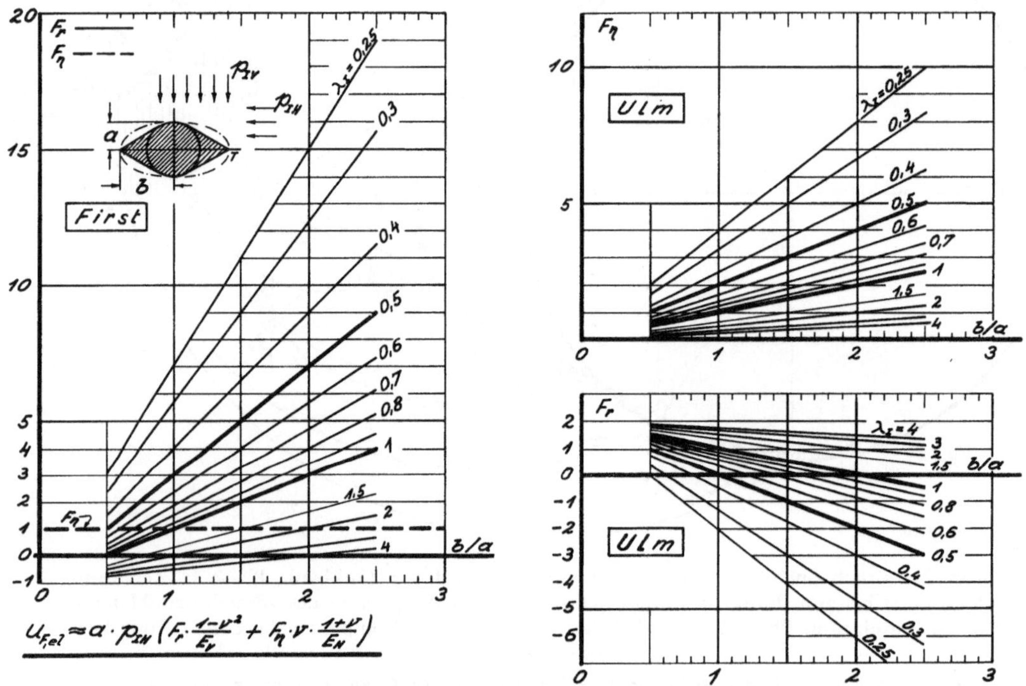

Abb. 23. Radialverschiebung des Innenrandes des kompakt gebliebenen Bereiches. Die angeschriebene Gleichung gilt für die Firste. Bei Ansatz für die Ulme sind E_V und E_H zu vertauschen und die Werte der rechts stehenden Diagramme zu benützen

$$F_r = \int_{}^{\infty} \Delta \sigma_r \, dr; \qquad F_\eta = - \int_{}^{\infty} \Delta \sigma_\eta \, dr$$

Radial displacement of inside edge of compact area. Shown equation for u refers to roof displacement. Calculation of wall-displacement requires exchanging the position of E_V and E_H and using the right hand charts

brochenen Gebirgsbereich zu beziehen sind. Der Widerstand der zerbrochenen Zonen ist bei tiefliegenden Tunneln für die Konvergenz von geringer Bedeutung und hier unterdrückt.

3.2 Zahlenbeispiele

Beispiel A: 1-achsige Gebirgsdruckfestigkeit $\beta_{gd}=7500$ Mp/m²

Zugfestigkeit $\beta_z=0$

Entlastungsmodule: $E_V = 500\,000$ Mp/m²

$E_H = 300\,000$ Mp/m²

Die Verformungsmodule bei Belastung über p_I hinaus wurden mit $E/3$ festgestellt.

$$\nu = 0,1$$

$p_{I,\,V} = 1500$ Mp/m²

$p_{I,\,H} = 500$ Mp/m²

$\lambda_I \phantom{{}_{,V}} = 0,33$

kein Ausbau $p_A = 0$

Hohlraumabmessung $a = 5,0$ m

$b = 7,5$ m

a) *Firste:* $b/a=1,5$. Wie aus Abb. 19 ersichtlich, herrscht daher bei $\lambda_I=0,33$ in der Firste Zugbeanspruchung. Wegen $\beta_z=0$ versagt die Zugzone. Sie reißt auf und vergrößert damit den Wert a auf a_N solange, bis bei $\lambda_I=0,33$ der Wert b/a_N so liegt, daß er in Abb. 19 die Grenzkurve erreicht. Dies ist bei $b/a_N=1,0$ also $a_N=7,5$ m der Fall. Die versagende Zugzone hat daher eine Mächtigkeit von $7,5-5,0=2,5$ m, sie muß entsprechend nach oben verankert werden.

b) *Ulm:* Vor dem Aufreißen der Firste wäre gemäß Abb. 17 am Ulm eine Gewölbespannung vorhanden von:

$$\max \sigma_\eta = \text{(interpoliert) } 11\,000\,\frac{p_{IH}}{1000} = 5500 \text{ Mp/m}^2,$$

nach dem Aufreißen der Firste eine solche von (Abb. 16):

$$\max \sigma_\eta = \text{(interpoliert) } 8\,000\,\frac{p_{IH}}{1000} = 4000 \text{ Mp/m}^2.$$

Beide Werte sind kleiner als β_{gd}, es sind daher am Ulm nur einzelne gezielte Anker zur Deckung von Inhomogenitäten und eine Oberflächenversiegelung erforderlich.

c) *Firstsetzung:* Nach dem Aufreißen der Firste gilt

$$a_N=b=7,5 \text{ m und nach Abb. 23}$$

$$u_F = 7,5 \cdot 500 \left(5,0\,\frac{0,99}{500\,000} + 1,0 \cdot 0,1\,\frac{1,1}{300\,000/3}\right) = 0,04 \text{ m}$$

d) *Ulmwanderung:*

$$u_u = 7,5 \cdot 500 \left(-1,0\,\frac{0,99}{300\,000} + 3,0 \cdot 0,1 \cdot \frac{1,1}{500\,000/3}\right) = -0,01 \text{ m}$$

Infolge des stark gerichteten Primärdruckes (λ_I klein) tritt hier eine geringfügige Ulmenwanderung nach außen auf.

Beispiel B: Wie Beispiel A, aber

$$\beta_{gd} = 3000 \text{ Mp/m}^2$$

und Scherbruchparameter

$$\varphi = 30^0$$
$$c = 1600 \text{ Mp/m}^2$$

a) *Ulm:* An den Ulmen tritt somit Versagen durch Spaltbrüche auf (vgl. Abb. 10).

Mit $\varphi_B = 30^0$ (Wandreibungswinkel zwischen zertrümmertem und kompaktem Gebirge) ergibt sich für b ein neuer Wert b_N mit

$$b_N = b \sin d + a \cdot \cos \alpha_b / \tan \varphi_B$$

wobei $\alpha_b = \arctan \left(\dfrac{b}{a} \tan \varphi_B \right)$

(Horizontalprojektion der unter φ_B geneigten Tangente an die Ellipse b, a).

$$b_N = 7,5 \cdot 0,655 + 5,0 \cdot 0,756 / 0,577 = \underline{11,5 \text{ m}}$$

Infolge des kleinen Seitendruckbeiwertes reißt infolge des Versagens der Ulme die Firste weiter auf bis gemäß Abb. 19 die Grenzlinie mit $\lambda_I = 0,33$ erreicht wird, woraus wieder $a_N = 1,0 \cdot b_N$ folgt. Damit ergibt sich die Gewölbespannung im Grunde des mit zerquetschtem Material gefüllten Ulmenzwickels wieder mit 4000 Mp/m². Diesmal kann aber wegen der verhinderten Querbewegung kein Spaltbruch mehr auftreten, sondern nur ein Scherbruch.

Damit gilt:

$$\max \sigma_\eta \leq \lambda_p \cdot \sigma_r + p_K (\lambda_P - 1)$$

wobei $p_K = c / \tan 30^0 = 1600 / 0,577 = 2770$ Mp/m².

Im vorliegenden Falle braucht gar keine Querspannung (aus dem Gebirgswiderstand) in Rechnung gesetzt werden, um zu zeigen, daß

$$\text{mögl. } \sigma_\eta > \text{vhd. } \sigma_\eta$$

mögl. $\sigma_\eta = 0 + 2770 \cdot (3 - 1) = 5540$ Mp/m²

vhd. $\sigma_\eta = 4000$ Mp/m²

Sicherheit $\eta_s = 1,4$

(bei Berücksichtigung des Gebirgswiderstandes wesentlich größer.)

Die Stabilisierung des Hohlraumes tritt also unmittelbar nach Ausbildung der Spaltbruchzone ein.

b) *First:* Wie erwähnt, hat die Spaltbruchzone am Ulm ein weiteres Aufreißen der Firste verursacht, so daß dort die Mächtigkeit der versagenden Zugzone nunmehr $a_N - a = 11,5 - 5,0 = 6,5$ m beträgt (Folge des extrem kleinen Seitendruckbeiwertes $\lambda_I = 0,33$). Die Firste ist demnach mit Stützmaßnahmen für eine Auflast von $6,5 \cdot 2,5 = 16,5$ Mp/m² auszustatten.

c) *Firstsetzung:* Nach dem Aufreißen der Firste gilt $a_N = b_N = 11,5$ m und nach Abb. 23:

$$u_{F,\,el} = 11,5 \cdot 500 \left(5,0 \, \frac{0,99}{500\,000} + 1,0 \cdot 0,1 \, \frac{1,1}{300\,000/3} \right) = \underline{0,06 \text{ m}}$$

Diesem Betrag ist noch das Entspannungsschwellen und eine eventuelle Auflockerung der 6,5 m dicken versagenden Zugzone zuzuzählen:

$$u_{F,\,pl} = \frac{6,5 \text{ m} \cdot p_{IV}}{E_V} = \frac{6,5 \cdot 1500}{500\,000} = \underline{0,02 \text{ m}}$$

$$\text{ges. } U = 0,06 + 0,02 = \underline{0,08 \text{ m}}$$

d) *Ulmenwanderung:*

$$u_{U,\,el} = 11,5 \cdot 500 \left(-1,0 \, \frac{0,99}{300\,000} + 3,0 \cdot 0,1 \, \frac{1,1}{500\,000/3} \right) = \underline{-0,02 \text{ m}}$$

Durch das Ausquetschen der Spaltbruchzone ergibt sich aus der Volumsbilanz ein zusätzlicher Wert gem. Abb. 3, Gl. (12) mit

$$\Delta u = 0,06 \, \frac{3}{4} \, \frac{1 - 0,5}{0,5 \cdot 0,866} \cdot 1,2 = \underline{+0,06 \text{ m}}$$

$$\text{ges. } u = -0,02 + 0,04 = \underline{0,04 \text{ m}}$$

Beispiel C: Tunnel und Kreisquerschnitt $a = b = 5,0$ m
1achsige Gebirgsdruckfestigkeit

$$\beta_{gd} = 3000 \text{ Mp/m}^2$$

Scherparameter

$$\varphi = 30^0; \quad c = 1150 \text{ Mp/m}^2$$

woraus $\lambda_p = 3,0$; $p_K = 2000$ Mp/m².

Reibung zwischen zerbrochenem und kompaktem Gebirgsmaterial $\varphi_B = 30^0$

$$
\begin{aligned}
E \quad &= 200\,000 \text{ Mp/m}^2 \text{ (Entlastung)} \\
V \quad &= 50\,000 \text{ Mp/m}^2 \text{ (Laststeigerung über } p_I) \\
p_{I,\,V} &= 2\,000 \text{ Mp/m}^2 \\
p_{I,\,H} &= 1\,000 \text{ Mp/m}^2 \\
\lambda_I \quad &= 0,5
\end{aligned}
$$

Abminderungsfaktoren für die Scherparameter in langen Bruchflächen:

$$
\begin{aligned}
\text{Kohäsion} \qquad f_c &= 0,5 \\
\text{Reibung} \qquad f_\varphi &= 1,0
\end{aligned}
$$

Ausbauwiderstand: $p_A = 20$ Mp/m² in Form einer Systemankerung von 4 m Länge.

a) *Firste:* $b/a = 1,0$; $\lambda_I = 0,5$, daher keine versagende Zugzone in der Firste (Abb. 20).

b) *Ulm:* Die Gewölbespannung max $\sigma_\eta = 5000$ Mp/m² (Abb. 16) ist größer als $\beta_{gd} = 3000$ Mp/m², daher tritt ein Spaltbruchversagen der Ulmen ein.

Tiefe der Zerstörungszone (Abb. 22)

$$X_T = 5{,}0/\sin 30^0 = 10{,}0 \text{ m} = b_N$$

$$a_N = a = 5{,}0 \text{ m} \qquad b_N/a_N = 2{,}0$$

Bei $\lambda_I = 0{,}5$ tritt auch bei $b_N/a_N = 2$ keine versagende Zugzone in der Firste ein, daher gilt für das Spannungsfeld Abb. 18. Dieses ist als σ_η in Abb. 22 eingetragen und zusätzlich noch die Belastung $p_A = 20$ Mp/m^2 durch den Ausbauwiderstand. Für den Bereich der Spaltbruchzone sind die Anker zu kurz, um diese an den kompakt verbliebenen Bereich zu verhängen. Sie bewirken lediglich, daß der Stauchwiderstand der Bruchzone p_B die Größe $p_A \cdot \lambda_P = 60$ Mp/m^2 erreicht, doch wird die ganze Bruchzone samt Anker hohlraumwärts herausgequetscht, solange die Grenzfläche steiler geneigt ist als φ_B.

Es ist nun die Gleitsicherheit verschiedener „Gleitkreise" zu untersuchen, wobei z. B. wie folgt zu variieren ist:

a) Eine hohlraumseitige Ausbißstelle G des Gleitkreises wird frei gewählt.

b) Die andere Ausbißstelle K in Achshöhe wird zunächst nahe T gewählt.

c) Der Mittelpunkt M des Gleitkreises wird auf der Streckensymmetrale von $\overline{GK}$ mit einer Höhendistanz h über C angenommen.

d) Variation von h bis die Gleitlinie geringster Sicherheit gefunden ist, die durch G_i und K_j geht.

e) Gleicher Vorgang wie d), aber mit bergwärts versetzter Ausbißstelle K_{j+1}.

f) Gleicher Vorgang wie d) und e), aber mit veränderter Ausbißstelle G.

Damit werden die maßgebenden Gleitkreise einschließlich ihrer Gleitsicherheiten gefunden, sie sind in Abb. 22 eingetragen. Im oberen Bereich dieses Bildes ist zu jeder Ausbißstelle G die Sicherheit η_s eingetragen. Jede voll ausgezogene Kurve bezieht sich auf eine andere Ausbißstelle K. Die strichpunktierte Umhüllende gibt unabhängig von K die Gleitbruchsicherheit (Verbruchsicherheit) zu jeder Ausbißstelle G an.

Man erkennt aus den Sicherheitsfaktoren, daß die Verbruchsicherheit bei etwa 1,0 liegt. Es sollten daher in diesem Falle im Ulmbereich die Ankerlängen vergrößert werden.

Die Ermittlung der Gleitbruchsicherheit erfolgte nach Abb. 22 mit

$$T = R_E \cdot \sin \vartheta_R \qquad\qquad N = R_E \cdot \cos \vartheta_R$$

$$\eta_s = \frac{f_\varphi \cdot N \cdot \tan \varphi + f_c \cdot c \cdot \overline{b}}{T}$$

wobei f_φ, f_c .... Abminderungsfaktoren für die Scherparameter φ und c;

b ...... Gleitflächenlänge

(Ein Computerprogramm „Tunnelverbruch I" kann vom Verfasser bezogen werden.)

c) *Firstsetzung:* Bei der vorliegenden Ankerlänge wird ein Verbruch bei nachstehender Firstsetzung zu erwarten sein (Abb. 23)

$$u_{F,\,el} = 5{,}0 \cdot 1000 \left(7{,}0\,\frac{0{,}99}{200\,000} + \frac{1{,}0 \cdot 0{,}1 \cdot 1{,}1}{50\,000}\right) = 0{,}18 \text{ m}$$

$$u_{F,\,pl} = 0 \qquad \text{ges. } u = 0{,}18 \text{ m}$$

Der Verbruch muß nicht wie in Abb. 22 dargestellt im unteren Quadranten kommen, sondern eher von schräg oben (Abb. 9 und 10).

d) *Ulmwanderung:* (Ermittlung analog Beispiel B)

$$u_{U,\,el} = \left(-2{,}0\,\frac{0{,}99}{200\,000} + 4{,}0 \cdot 0{,}1\,\frac{1{,}1}{50\,000}\right) = -0{,}006 \text{ m}$$

$$\varDelta u = 0{,}18 \cdot \frac{3}{5} \cdot \frac{1 - 0{,}5}{0{,}5 \cdot 0{,}886} \cdot 1{,}2 = \underline{+0{,}187\,\text{m}}$$

$$\text{ges. } u_U = \underline{0{,}18 \text{ m}}$$

Beispiel D:

Wie Beispiel C jedoch höherer Scherwiderstand des Gebirges:

$$\varphi = 40^0; \qquad c = 1670 \text{ Mp/m}^2$$

Die in Abb. 22 angeführten Sicherheiten ergeben sich 45% größer. Ein Verbruch ist nicht zu erwarten, soferne die Gebirgskennwerte aus dem sicheren Vertrauensbereich des Streufeldes entnommen sind.

Beispiel E: Wie Beispiel C, jedoch Ankerlänge im Ulmbereich 6 m.

a) *Firste:* wie bei Beispiel C.

b) *Ulm:* Tiefe der Zerstörungszone bei im kompakten Gebirge endenden Ankern gemäß Abb. 21:

Aus $\lambda_P = 3{,}0$ und $\varphi_B = 30^0$ folgt mit $p_A/p_K = 0{,}5 \rightarrow \underline{\psi = 42^0}$.

Es wird dabei vorausgesetzt, daß in der Bruchzone der Ulmen mit dem Spaltbruchvorgang die Kohäsion soweit abgesunken ist, daß dort der Binnendruck nurmehr in einer Größenordnung von $p_K = 40$ Mp/m^2 liegt.

Man sieht aus dem Diagramm deutlich, daß in Fällen bei denen trotz des Spaltbruches eine hohe Kohäsion noch erhalten bleibt (die zwischen den Spaltbrüchen verbliebenen Bruchkörper tragen dann säulenartig noch weiter) oder in Fällen bei denen nur ein kleiner Ausbauwiderstand vorhanden ist (also p_A/p_K klein ist), der Bruchzonen-Begrenzungswinkel ψ dem Wandreibungswinkel φ_B gleich wird.

Man sieht ferner, daß mit dem Verlust der Bruchzonenkohäsion ($p_A/p_K = \infty$) der Bruchzonen-Begrenzungswinkel ψ einem Betrag von etwa 40^0 zustrebt. Dies allerdings nur, wenn der Wandreibungswinkel φ_B zugleich auf etwa 16^0 absinkt. Ein solches Absinken ist aber in der Natur nicht zu erwarten. Der Wandreibungswinkel wird eine Größe von 30^0 kaum ändern. Ein weiterer Bruchvorgang und damit ein weiteres Absinken der Kohäsion, so daß p_K noch kleiner wird als der anfangs angenommene Betrag von 40 Mp/m^2 wird dann nur bis zu einem Grenzwert möglich sein. Dieser

Grenzwert ergibt sich in den Diagrammen von Abb. 21 aus dem Schnittpunkt der zu $\varphi_B = 30^0$ gehörenden Koordinate mit der strichpunktierten Verbindungslinie der möglichen Maximalstellen der (p_A/p_K)-Kurven. Im vorliegenden Falle liest man damit $\psi = 62^0$ und $p_A/p_K = 0,9$ ab. Das heißt, daß das Material der Bruchzone zunächst nur bis zum Absinken von p_K auf $0,9 \ p_A = 18$ Mp/m^2 zertrümmert wird. Erfolgt infolge der weiteren Deformationen auch ein weiteres Absinken von p_K, so sinkt von da an auch der in Anspruch genommene Ausbauwiderstand p_A ab, so daß der Grenzwert $p_A/p_K = 0,9$ erhalten bleibt. Dieser Zusammenhang geht auch aus der in Abb. 21 gezeigten Kräftezerlegung p_A, P_B, R_{AB} mit $\varphi_B = $ konst. deutlich hervor.

Bleiben wir bei diesem Beispiel bei dem anfangs vorausgesetzten Minimalwert $p_K = 40$ Mp/m^2 und damit $\psi = 42^0$, so ergibt sich mit den Gleichungen von Abb. 21:

$$l_B = 1,35 \ \text{m}$$

und damit

$$b_N = 5,0 + 1,35 = 6,35 \ \text{m}$$

$$a_N = a = 5,0 \ \text{m}$$

$$p_B = p_A \, \lambda_P + p_K \, (\lambda_P - 1) = 140 \ \text{Mp/m}^2$$

$$b_N/a_N = 6,35 \ / \ 5 = 1,26$$

Aus Abb. 16 und 17 erhält man damit nach Interpolation eine Spannungsspitze max $\sigma_\eta = 6000$ Mp/m^2 in T (Abb. 21).

Bei den kurzen Ankern von Beispiel C lag übrigens diese Spannungsspitze noch in einer Größenordnung von 9000 Mp/m^2 (Abb. 22).

Der weitere Ablauf der Rechnung erfolgt analog Beispiel C bzw. Abb. 22 mit den entsprechenden kleiner Werten von σ_η und b_N.

Literatur

[1] Terzaghi, K.: Theoretische Bodenmechanik. Berlin—Göttingen—Heidelberg: Springer 1954.

[2] Mohr, F.: Gebirgsmechanik. Goslar: H. Hübener Verlag 1963.

[3] Kastner, H.: Statik des Tunnel- und Stollenbaues. Berlin—Heidelberg—New York: Springer 1971.

[4] Arwanitakis, M.: Zum Bruchverhalten ausbruchnaher Bereiche tiefliegender Gebirgshohlraumbauten. Dissertation am Institut für Konstruktiven Tiefbau der Montanuniversität Leoben. 1976.

[5] Feder, G., und M. Arwanitakis: Zur Gebirgsmechanik ausbruchnaher Bereiche tiefliegender Hohlraumbauten. BHM 121 Jg./H. 4 (1976).

Anschrift des Verfassers: o. Prof. Dr. techn. Dipl.-Ing. Georg Feder, Institut für Konstruktiven Tiefbau der Montanuniversität Leoben, Franz-Josef-Straße 18, A-8700 Leoben, Österreich.

Rock Mechanics, Suppl. 6, 103—113 (1978)

Rock Mechanics
Felsmechanik
Mécanique des Roches
© by Springer-Verlag 1978

Zur Tunnelberechnung in druckhaftem Gebirge

Von

Gerhard Seeber

Mit 8 Abbildungen

Zusammenfassung — Summary

Zur Tunnelberechnung in druckhaftem Gebirge. Die im Tauerntunnel und insbesondere nun im Arlbergtunnel auf großen Längen auftretenden Deformationen in einer Größenordnung von einigen Dezimetern veranlaßten den Verfasser, ein Berechnungsverfahren zu suchen, welches die Ermittlung dieser Deformationen mit geringem Rechenaufwand und möglichst ohne Computer gestattete. Die Bestimmung der für die Berechnung erforderlichen felsmechanischen Kennwerte sollte ebenso einfach nur an kleinen Handstücken bzw. Bohrkernen möglich sein. Die von der Bauherrschaft (ASTAG) am Arlbergtunnel angeordneten Messungen — in erster Linie die alle 10 m ausgeführten Konvergenzmessungen — erlaubten schließlich eine Kontrolle und Eichung des Verfahrens.

Als erster Schritt wird das Spannungsfeld nach Kastner für allseitigen Druck ($\lambda = 1$) bestimmt, wobei die Primärspannung $\sigma_V = \sigma_H = \gamma \cdot H$ gesetzt wird. Innerhalb der plastischen Zone wird dabei nur die Restscherfestigkeit in Rechnung gestellt. Die Tiefe der plastischen Zone gibt schon einen Hinweis auf die notwendige Länge der Felsanker. In einem zweiten Schritt wird aus dem Spannungsfeld durch (graphische) Integration das Verschiebungsfeld ermittelt. Dabei ist es möglich, bereichsweise entsprechend der Größe der Spannungen den zugehörigen V-Modul einzusetzen und zwischen Be- und Entlastung zu unterscheiden. Ebenso kann näherungsweise auch die Anisotropie berücksichtigt werden.

Schließlich werden mit den verschiedenen möglichen felsmechanischen Kennwerten und Ausbauwiderständen die Kennlinien des Gebirges gezeichnet, womit der Zusammenhang zwischen Verschiebung und Ausbauwiderstand gegeben ist.

Zuletzt kann mit Hilfe der Kennlinien und der Konvergenzmessung auch noch diejenige Belastung abgeschätzt werden, welche auf den Innenring kommt, wenn dieser vor dem Abklingen der Verschiebungen einbetoniert werden muß oder wenn sich im Laufe der Zeit der Reibungswinkel oder der Ausbauwiderstand ändert.

Design of Tunnels in Yielding Rock. The deformations (in the order of some decimeters) occurred in the Tauern tunnel and particularly now, over greater tunnel sections, in the Arlberg tunnel induced the author to search for an analytical method which allowed to determine these deformations with a little extent of calculation and, as far as possible, with a small computer. Likewise the determination of the rock-mechanical characteristic values, required for calculation should be possible on the basis only of small rock pieces or drill cores.

The measurements in the Arlberg tunnel — first of all the measurement of the decrease in tunnel diametre — ordered by the owner (ASTAG) finally allowed to check and to calibrate the method.

Its first step consists in determining the stress field according to Kastner for all-round pressure ($\lambda = 1$) whereby the primary stress of the undisturbed rock is set equal to $\sigma_V = \sigma_H = \gamma \cdot H$. Inside the plastic zone, only the residual shear strength is considered for calculation. The depth of the plastic zone already gives some hint to the required length of the rock bolts. The second step of the method consists in determining the displacement field by graphical integration with the help of the stress field. Thereby the value of the respective displacement modulus according to the individual stress level range can be introduced, whereby increase and release of load as well as anisotropy can be considered.

Finally the rock characteristic lines are drawn on the basis of the different possible rock-mechanical characteristic values and supporting action, and these characteristic lines relate the displacements to the supporting action.

Finally the characteristic lines and the measurement of the decrease in tunnel diametre also allow to assess the load absorbed by the inner ring for the case that the latter must be cast before the displacements have died out or if after sometime friction angle or supporting action changes.

1. Einleitung

Die am Tauerntunnel und insbesondere an der Westseite des Arlberg-Straßentunnels auftretenden schwierigen Gebirgsverhältnisse mit entsprechend großen Deformationen zeigen, wie notwendig es ist, die Größe dieser Deformationen zumindest größenordnungsmäßig im voraus festzustellen.

Es genügt bei solchen Gebirgsverhältnissen nicht mehr die Angabe von zwei oder bestenfalls drei druckhaften Gebirgsklassen mit zugehörigen Regelprofilen. In dem Augenblick, wo die Deformationen wesentlich größer werden als sie von einer geschlossenen Spritzbetonschale aufgenommen werden können — also bei Autobahntunnels etwa 10 cm — muß die gesamte Arbeitstechnik im Tunnel umgestellt werden und dies muß sich auch in den Gebirgsklassen ausdrücken. Neben Teilausbruch, dichtem Ankerausbau und Dehnschlitzen im Spritzbeton kommen nun 2 ganz neue Aspekte hinzu:

1. Eine entsprechende Vorgabe beim Profilausbruch, um die nachfolgenden Deformationen innerhalb des Regelprofiles aufnehmen zu können.

2. Eine Belastung des Innenringes, wenn dieser aus baubetrieblichen Gründen eingebaut werden muß, bevor die Deformationen voll abgeklungen sind.

Um diese Fragen während des Baues, wo sich die Felsverhältnisse wie auch die Überlagerungshöhe laufend ändern, kurzfristig beantworten zu können, benötigten wir eine Berechnungsmethode, die erstens einfach ist, also keinen Großcomputer benötigt, und zweitens auf relativ leicht und rasch erreichbaren felsmechanischen Kennwerten aufbaut. Wegen seiner Anschaulichkeit erschien dem Verfasser das Kennlinienverfahren für den gegebenen Zweck am vorteilhaftesten.

2. Ein Näherungsverfahren für die Berechnung der Deformationen

2.1 Ermittlung der felsmechanischen Kennwerte

Bei der großen Länge eines Tunnels und den laufend wechselnden Verhältnissen führt nur eine große Zahl von Kleinversuchen ans Ziel. Vergleichsuntersuchungen zeigten überraschend, daß in tektonisch stark beanspruchtem Gebirge (weiche Glimmerschiefer) die Kleinversuche praktisch

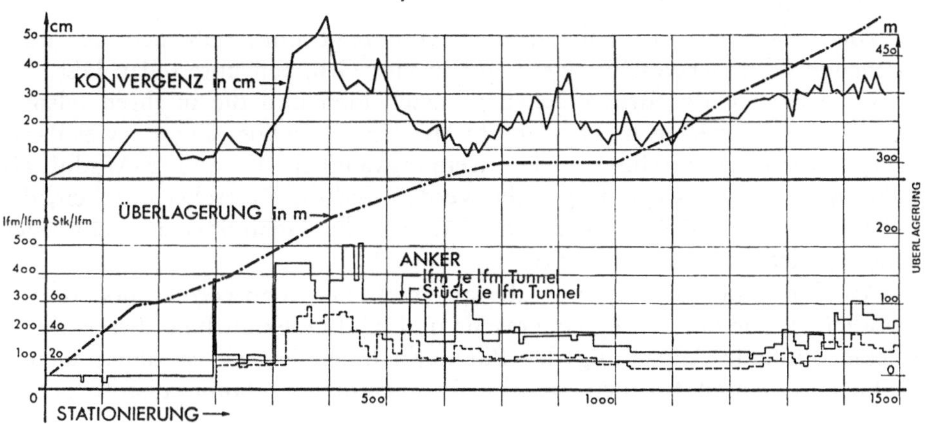

Abb. 1. Arlbergtunnel, Zusammenhang zwischen Stützmaßnahmen und Deformationen

Connection between supporting means and deformations

dieselben felsmechanischen Werte ergeben wie ein Großversuch. Hier ist die Gesteinsfestigkeit identisch mit der Gebirgsfestigkeit. Es werden deshalb für die Berechnungen für den Arlbergtunnel, die am Institut des Verfassers ausgeführt werden, die felsmechanischen Kennwerte laufend aus Bohrkernen und Handstücken ermittelt. Es sind dies:

a) Der V- bzw. E-Modul

Da die Größe der Deformationen direkt proportional zum Modul ist, und sich dieser Einfluß bei den in druckhaftem Gebirge vorkommenden niederen Modulwerten besonders stark auswirkt, ist' es erforderlich, die Arbeitslinie für den in Frage kommenden Druckbereich zu ermitteln und daraus gemäß Abb. 2 den V-Modul als Belastungsmodul und den E-Modul als Entlastungsmodul zu bestimmen. Infolge der geringen Festigkeit der uns interessierenden Gebirgsarten ist diese Bestimmung der Arbeitslinie bei höheren Drücken nicht einfach und gelingt nur im Triax-Gerät. Der Druckversuch ist sowohl senkrecht als auch parallel zur Schieferung auszuführen, um die Anisotropie des Gebirges zu erfassen.

b) Reibungswinkel und Scherfestigkeit

Beide Werte lassen sich relativ einfach im Direkt-Schergerät ermitteln. In Verbindung mit der Aufnahme der Arbeitslinie im Triaxgerät kann auch zusätzlich ein Spannungskreis der Hüllkurve ermittelt werden. Reibungswinkel und Scherfestigkeit müssen allerdings auch sowohl in Richtung parallel zur Schieferung als auch im schrägen Winkel dazu untersucht werden, um feststellen zu können, welche Gleitflächen sich primär ausbilden. Von wesentlicher Bedeutung ist dabei auch das sog. Post-Failure-Verhalten, das ist der Abfall der Scherfestigkeit mit dem Scherweg von seinem max. Wert auf den Restwert.

Die Erfahrung am Arlbergtunnel-West zeigt nun, daß sich der dort anstehende Glimmerschiefer relativ gut in vier Gruppen unterteilen läßt, die sich im Aussehen der Bruchflächen unterscheiden und die in ihren felsmechanischen Kennwerten nicht allzusehr streuen. Es gelingt sogar, zwei Parameter dadurch auszuschalten, daß Reibungswinkel, V- und E-Modul als Funktion der Gebirgstype dargestellt werden und die Restscherfestigkeit, die in der plastischen Zone maßgebend ist, für alle Gebirgstypen mehr oder weniger gleich angenommen wird (1,0 kp/cm²).

Abschließend zum Kapitel „felsmechanische Kennwerte" möchte ich hervorheben, wie notwendig eine rasche und häufige Ermittlung dieser Werte für eine optimale Anpassung der Baumaßnahmen ist. Es ist daher unverständlich, daß man für den zu rd. 90% beteiligten Hauptbaustoff „Fels"

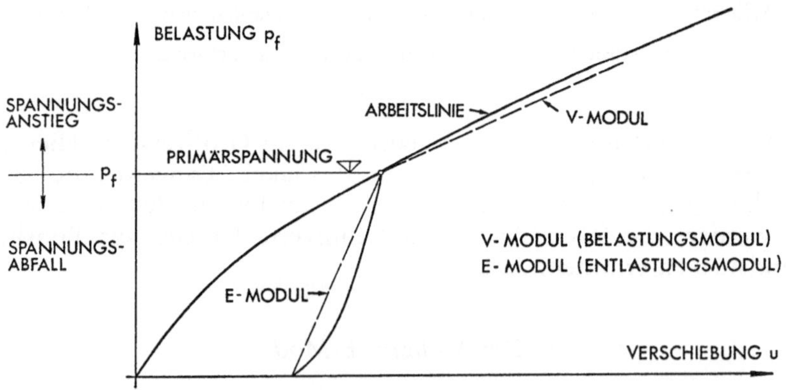

Abb. 2. Ermittlung von E-Modul und V-Modul aus der Arbeitslinie
Determination of the moduli of elasticity and deformation with the aid of the strain-stress characteristic

meist kein Baustellen-Labor einrichtet, während es für den vielleicht zu 10% beteiligten Beton selbstverständlich ist. Die felsmechanischen Versuche für den Arlbergtunnel wurden bis jetzt von Herrn Dr. Huber in der Betonprüfstelle der T. K. W. Rothenturm durchgeführt. In Kürze soll das Felsmechanik-Baustellen-Labor in Betrieb gehen.

2.2 Ermittlung der Kennlinie des Gebirges

Das hier beschriebene Näherungsverfahren soll nur für tief in schlechtem Gebirge liegende Tunnels gelten. Unter diesen Voraussetzungen macht man keinen allzu großen Fehler, wenn man für das Spannungsfeld einen

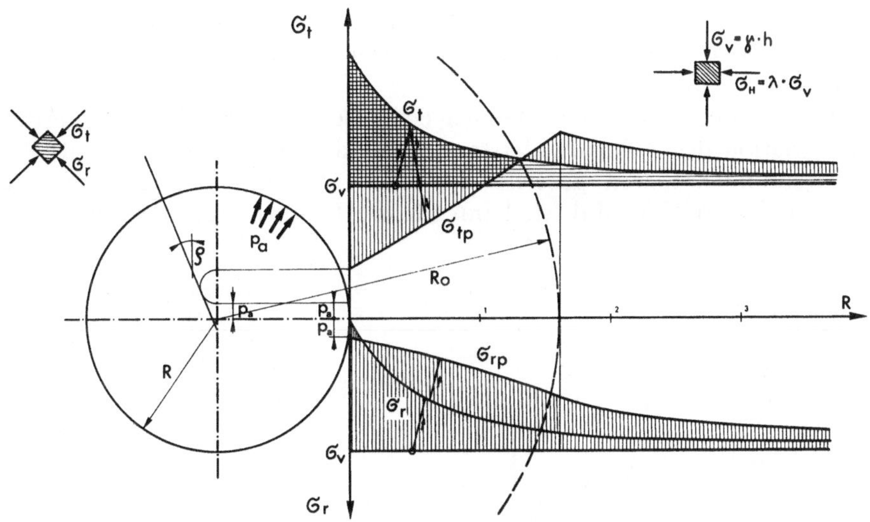

Abb. 3. Spannungsfeld um den Hohlraum; $\lambda = 1$

Stress field around the cavity; $\lambda = 1$

ebenen Spannungs- bzw. Verformungszustand mit allseitig gleichem Druck annimmt, dessen Größe dem Überlagerungsdruck entspricht.

Dieses Spannungsfeld kann näherungsweise auch als unbeeinflußt durch die Anisotropie des Gebirges angesehen werden und ist somit einer analytischen Lösung zugänglich.

Die Lösung für den elastischen Zustand zeigte bereits Fenner[2], die für unsere druckhaften Verhältnisse gültigen Lösungen mit Berücksichtigung des „Bruchfließens" erarbeitete Kastner[3]. Die Auswirkung einer Abstützung des Hohlraumes wird wie bei Kastner als Innendruck (Ausbauwiderstand pa) im Spannungsfeld simuliert.

Bei einer Abstützung mittels Felsanker kann auf diese Weise die Wirkung der Ankerlänge allerdings nicht erfaßt werden; diese muß gesondert optimiert werden. Einen Hinweis auf die maximal erforderliche Länge der Anker erhalten wir aber schon aus der Tiefe der sog. „plastischen Zone", die sich mit den uns bekannten felsmechanischen Kennwerten nach Kastner leicht rechnen läßt. Innerhalb dieser plastischen Zone wird vorerst angenommen, daß hier die maßgebende Scherfestigkeit der Restscherfestigkeit entspricht, während sich der Reibungswinkel kaum ändert.

Aus diesem Spannungsfeld kann nun das Verschiebungsfeld durch Integration abgeleitet werden. Zu beachten ist dabei, daß für die Deformation des Hohlraumrandes nicht die gesamte Sekundärspannung, sondern nur die Spannungsänderung $\Delta\sigma$ maßgebend ist.

Diese Spannungsänderungen sind nun teils positiv, teils negativ, z. T. sind sie zuerst positiv, dann negativ. Sie müssen nach ihren Vorzeichen getrennt werden, da ihnen, je nachdem, ob es sich um eine Be- oder Entlastung handelt, sehr verschiedene Moduli zugeordnet werden müssen. Die Integration wird daher feldweise, am besten und einfachsten graphisch durchgeführt.

Damit können für einen Tunnel einer bestimmten Überlagerungshöhe unter Variation des Ausbauwiderstandes mit dem Reibungswinkel als Parameter Kennlinienscharen gezeichnet werden. Da die Deformation direkt proportional zum V-Modul ist, kann für die Deformation auf der Abszisse

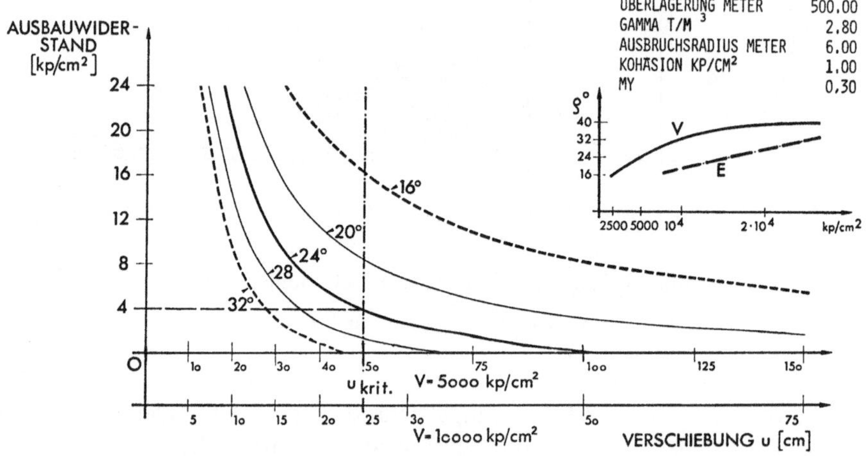

Abb. 4. Kennlinien für H = 500 m, RHO = 20, 24, 28⁰ (16, 32⁰)
Characteristic curve for a tunnel, H = 500 m, RHO = 20, 24, 28⁰ (16, 32⁰)

ein variabler V-Maßstab angegeben werden und da nach unseren felsmechanischen Untersuchungen ein bestimmter Zusammenhang zwischen Reibungswinkel und V-Modul besteht, kann zu jedem Reibungswinkel der passende V-Maßstab gewählt werden.

Bei den großen Deformationen (in dm-Größe) reduziert sich die Arbeitslinie des Ausbaues zu einer Parallelen zur Abszisse, die durch den Wert des Ausbauwiderstandes auf der Ordinate verläuft. Die Deformationsgrößen werden dann aus dem Schnittpunkt des Ausbauwiderstandes mit der Kennlinie auf dem zugehörigen V-Maßstab erhalten.

In erster Linie interessiert natürlich die maximale Verschiebung, die sich aus dem minimalen Reibungswinkel und dem minimalen V-Modul ergibt. Die Richtung dieser maximalen Deformation ist im allgemeinen senkrecht zur Schieferung. Kennt man aus den Felsversuchen die Anisotropie des V-Moduls, so kann aber auch die Größe der kleineren Deformationen, die meist parallel zur Schieferung auftritt, angeschätzt werden, indem diese Deformation auf dem V-Maßstab mit dem entsprechenden größeren Modul abgelesen wird. Diese Näherung erscheint zulässig, wenn man davon ausgeht, daß das Spannungsfeld von der Anisotropie des Gebirges wenig beeinflußt wird.

Es kann also an Hand der Kennlinie größenordnungsmäßig bei vorgegebenem Ausbauwiderstand die auftretende Deformation, oder, wenn eine kritische Deformation wegen ungünstiger Auflockerungserscheinungen nicht überschritten werden soll, der notwendige Ausbauwiderstand bestimmt werden.

Es ist aber selbstverständlich, daß bei derartigen Näherungsberechnungen infolge der großen Streuungen der Parameter immer nur die Größenordnungen erfaßt werden können; doch reicht dies in vielen Fällen für die Beurteilung der Situation aus. Auf jeden Fall sind bei dearrt druckhaften Verhältnissen laufende Konvergenzmessungen zur Kontrolle der Deformationen notwendig. Ist die Berechnung dann durch die Kontrollmessungen geeicht, ist eine weitere Extrapolation mit wesentlich größerer Genauigkeit möglich.

Wichtig für die Beurteilung der Standsicherheit des Hohlraumes erscheint noch die Frage, ob bei einer etwas zu schwachen Abstützung die Deformationen nur um einen entsprechenden Teil größer werden, oder ob es zu einem progressiven Bruch kommt. Diese Antwort läßt sich allein schon aus der Form der Kennlinien meist recht gut ablesen. Die Größe der „kritischen Verformung" wird dabei meist nur aus der Erfahrung bestimmt werden können.

3. Die Beanspruchung des Innenringes

Bei der „Neuen Österreichischen Tunnelbauweise "(NATM) geht man meist davon aus, daß einige Zeit nach dem Einbau der Stützmaßnahmen die Bewegungen ausklingen, die endgültige Verkleidung erst nach dem Ausklingen der Bewegungen eingebaut wird und somit keine Belastung mehr erhält.

Nun mußte sowohl beim Tauerntunnel als auch beim Arlbergtunnel der Innenring aus baubetrieblichen Gründen teilweise schon zu einem Zeitpunkt eingebaut werden, wo die Deformationen des Gebirges noch keineswegs abgeklungen waren. Sie betrugen am Tauerntunnel-Nord örtlich max. noch bis 6 mm/Monat, am Arlbergtunnel-West noch bis max. 10 mm/Mo, traten hier jedoch auf größere Längen auf. Es galt daher, die Größe der daraus resultierenden Belastung des Innenringes abzuschätzen.

Eine direkte Erfassung des rheologischen Verhaltens des Gebirges erscheint derzeit noch nicht möglich, insbesondere beim Ausbruch in Teilquerschnitten. In Zusammenhang mit den laufend vorgenommenen Konvergenzmessungen und den zum Zeitpunkt vor dem Einbau des Innenringes bereits geeichten Kennlinien scheint nun eine Abschätzung der auf den Innenring kommenden Belastung wie folgt möglich:

Zuerst ist die Konvergenzkurve gemäß Abb. 5 auf den zu erwartenden Endwert u_∞ zu extrapolieren. Dabei kann auch die nicht erfaßte Anfangsverformung relativ leicht extrapoliert werden.

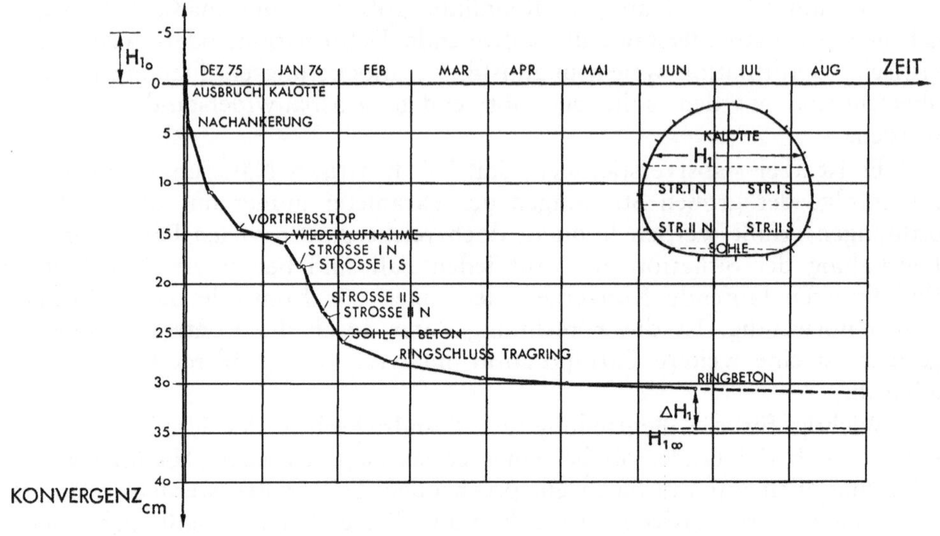

Abb. 5. Arlberg Straßentunnel West. Konvergenzmessung Stat. 1380 m

Measurement of the decrease in length of chord in the cross-section of the Arlberg West road tunnel at 1380 m

Darauf gehen wir mit dem bekannten Wert des Ausbauwiderstandes p_{a_2} in unsere Kennlinienschar, gemäß Abb. 6, und suchen jenen Reibungswinkel, der mit dem dazupassenden V-Modul etwa die erwartete Endverformung gibt. Hiebei kann kein großer Fehler gemacht werden, da diese Ermittlung überbestimmt ist:

Die Annahme eines zu kleinen Reibungswinkels würde einen zu großen V-Modul erfordern, um auf den Verformungswert zu kommen und umgekehrt. Aus den felsmechanischen Messungen kennen wir aber die zugehörigen Wertepaare.

Wird nun der Innenring nicht bei der Deformation u_∞, sondern schon früher, bei der Deformation u_1, eingebaut, so kann das Gebirge nur bei einem höheren Ausbauwiderstand p_{a_1} stabilisiert werden.

Unter der Annahme, daß sich der Reibungswinkel nicht ändert, erhalten wir diesen höheren Ausbauwiderstand p_{a_1} als Schnittpunkt der Ordinate durch die kleinere Deformation u_1 mit der Kennlinie des wirksamen Reibungswinkels. (Genaugenommen müßte man, insbesondere bei kleineren Deformationen und nachgiebigem Innenring, anstelle der Ordinate die schräg verlaufende Arbeitslinie des Innenringes einzeichnen.)

Demnach kommt eine Belastung $\varDelta\,p_a = p_{a_1} - p_{a_2}$ auf den Innenring, die den gesamten wirksamen Ausbauwiderstand auf jenes Maß p_{a_1} anhebt, das für die Stabilisierung des Gebirges bei der kleineren Deformation u_1 erforderlich ist.

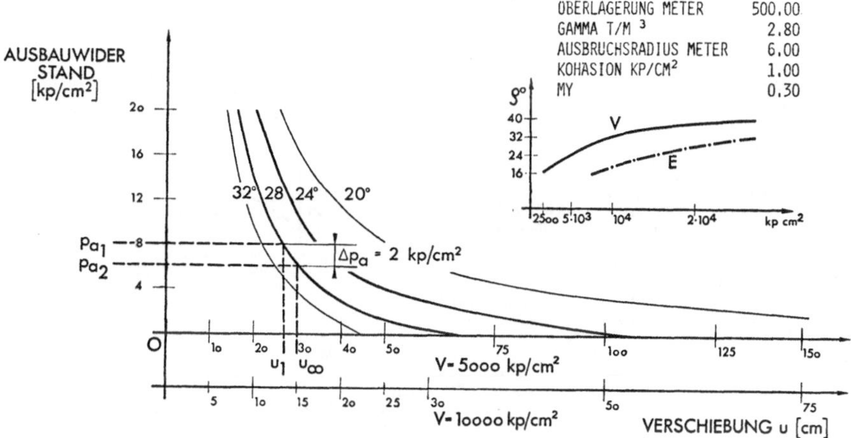

Abb. 6. Ermittlung der Innenringbelastung

Determination of the load on the inner lining

Eine wichtige Frage ist nun: Wie sicher ist diese Anschätzung der Innenringbelastung bzw. wie sicher ist der Gesamtausbau? Die Kontrolle der Konvergenzmessung sichert für's erste die Annahme des Reibungswinkels und des V-Moduls. Beim Aufbau eines höheren Ausbauwiderstandes wird sich im allgemeinen das Gebirge eher verfestigen als auflockern, d. h. Reibungswinkel und Scherfestigkeit werden eher ansteigen.

Unter bestimmten Umständen kann aber auch ein Absinken der Gebirgsfestigkeit und damit eine Vergrößerung der Belastung im Laufe der Zeit eintreten und zwar:

1. durch Zutritt von Bergwasser;

2. durch Erschütterungen;

3. kann die Belastung durch Verluste an Ausbauwiderstand, z. B. Korrosion der Anker oder Zersetzung des Betons, ansteigen.

Jeder Tunnel wirkt im Berg als Drainage und es kann bei weichen Gesteinen, die dann meist sehr dicht sind, u. U. Monate dauern, bis das Gebirge um den Tunnel soweit durchfeuchtet ist, daß der Reibungswinkel absinkt. An den Glimmerschiefern am Arlberg konnte ein Absinken des Reibungswinkels im wassergesättigten Zustand um etwa 4—5⁰ gemessen werden. Ein nachträgliches Absinken ist dort aber nicht zu befürchten, da das Wasser meist schon kurz hinter der Brust auftritt.

Gesteine mit niederen Reibungswinkeln neigen offensichtlich leicht dazu, durch Erschütterungen in Bewegung zu geraten. Druckwellen bewirken eine

Reduzierung der Reibung, insbesondere in den schon aktiven Gleitflächen. So konnte am Arlbergtunnel-West an mehreren Stellen eindeutig beobachtet werden, daß die Konvergenzbewegung, die während der Weihnachtspause zur Ruhe gekommen war, nach Wiederaufnahme des Baubetriebes sofort wieder einsetzte. Es ist daher anzunehmen, daß nicht nur der Baubetrieb

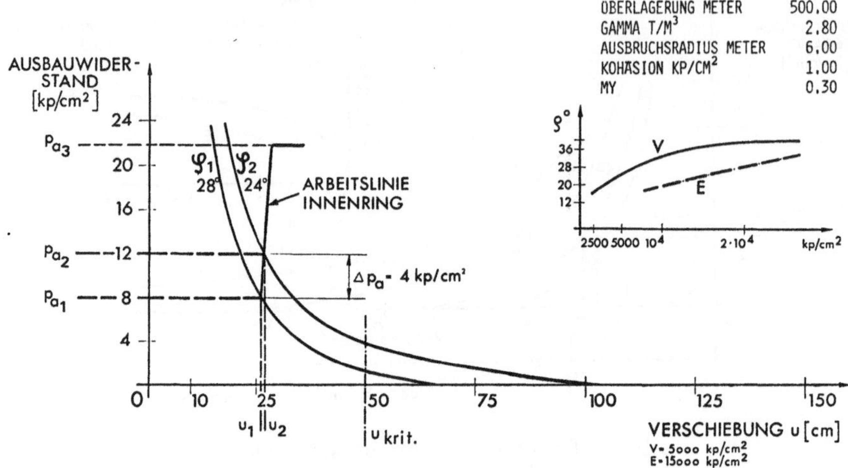

Abb. 7. Abfall des Reibungswinkels
Decrease in friction angle

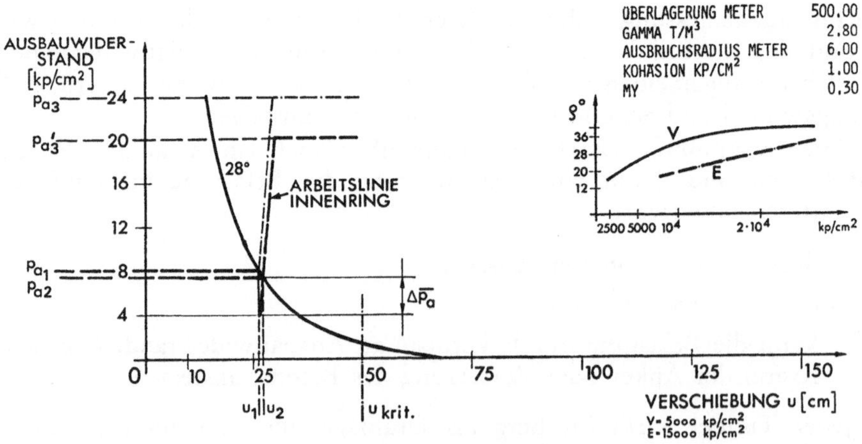

Abb. 8. Ankerausfall
Cessation of the supporting action of the rockbolts

im noch nicht ausgekleideten Teil des Tunnels, sondern im weiteren Verlauf auch der reguläre Fahrbetrieb, sowie auch kleine Erdbeben zeitlich zu einer Verminderung der Reibung und zu einer Erhöhung der Belastung des Innenringes führen können.

Felsanker, die dauernd wirksam bleiben sollen, werden im allgemeinen eingemörtelt. Nun ist aber bekannt, daß bei Vorhandensein von Bergwasser eine Vermörtelung der Kalottenanker äußerst schwierig ist. Weiters muß angenommen werden, daß bei großen Deformationen auch eine anfänglich ordnungsgemäße Vermörtelung zerbrechen und dem Bergwasser Zutritt zum Anker geben wird, so daß im Laufe der Zeit mit Korrosionsschäden zu rechnen sein wird. Es sollte daher der Innenring unter der Annahme bemessen werden, daß die Anker in ihrer Tragwirkung ausfallen. Die Abb. 7 und 8 zeigen, wie auch die Erhöhung der Innenringbelastung durch eine nachträgliche Verminderung der Reibung bzw. durch den Ausfall der Ankerwirkung abgeschätzt werden kann.

Abschließend möchte ich nochmals betonen, daß diese Untersuchungen nur Näherungen sind und somit nur die Größenordnung erfassen können. Trotzdem erlauben sie bei den stark wechselnden Verhältnissen während des Tunnelvortriebes, insbesondere in Verbindung mit Konvergenzmessungen, eine recht gute Voraussage.

Literatur

[1] Egger, P.: Einfluß des Post-Failure-Verhaltens von Fels auf den Tunnelausbau. Veröffentlichung des Institutes für Bodenmechanik und Felsmechanik, Univ. Karlsruhe, Heft 57, 1973.

[2] Fenner, R.: Untersuchungen zur Erkenntnis des Gebirgsdruckes. Glück Auf, Heft 32, 1938.

[3] Kastner, H.: Statik des Tunnel- und Stollenbaues. Berlin—Göttingen—Heidelberg: Springer 1962.

[4] Lombardi, G.: Gotthardtunnel: Gebirgsdruckprobleme beim Bau des Straßentunnels. Schweizer Bauzeitung, Heft 13, 1976.

[5] Rabcewicz, L. v., und J. Golser: Principles of dimensioning the supporting system for the NATM. Water Power, March 1973.

[6] Rechsteiner, G. F.: Une méthode de calcul élastique de l'état de tension et de deformation autour d'une cavité souterraine. Sitzungsbericht des 3. Kongresses der Intern. Ges. f. Geomechanik 1974 in Denver.

Anschrift des Verfassers: o. Prof. Dipl.-Ing. Dr. G. Seeber, Institut für konstruktiven Wasserbau und Tunnelbau der Universität Innsbruck, Technikerstraße 13, A-6020 Innsbruck, Österreich.

Rock Mechanics, Suppl. 6, 115—132 (1978)

Rock Mechanics
Felsmechanik
Mécanique des Roches
© by Springer-Verlag 1978

Die statische Berechnung
als Bindeglied zwischen Ingenieurgeologie und Felsbaupraxis

Von

Dieter Kirschke

Mit 12 Abbildungen

Zusammenfassung — Summary — Résumé

Die statische Berechnung als Bindeglied zwischen Ingenieurgeologie und Felsbaupraxis. Die statische Berechnung eines Felshohlraumes ist nur eines von mehreren Hilfsmitteln zur Dimensionierung, nicht aber ein zentrales Entscheidungsinstrument mit Anspruch auf alleinige Wahrheit. Die richtig verstandene Statik berücksichtigt die Angaben des Baugeologen auch dann, wenn diese nicht unmittelbar zahlenmäßig greifbar sind. Sie macht die gewählten Abmessungen der Sicherung und Auskleidung plausibel und diskutierbar und weist den Praktiker auf kritische Bauzustände hin.

Die im vergangenen Jahrzehnt entwickelten aufwendigen Berechnungsverfahren, z. B. die Finite-Element-Methode, bieten hervorragende Möglichkeiten zur modellähnlichen Simulation des Gebirgsverhaltens beim Felshohlraumbau. Als Handwerkzeug felsmechanischer Grundlagenforschung sind solche Verfahren gut geeignet, ebenso zum Nachrechnen von bestehenden Felsbauwerken unter Kenntnis aller erforderlichen Rechenparameter und des durch Messung beobachteten Gebirgsverhaltens. Dagegen stehen Beispiele, in denen ohne Hinzuziehung anderer Entscheidungskriterien ein Felshohlraum rein rechnerisch im voraus richtig dimensioniert wurde, noch aus.

Anhand von Beispielen wird die Rolle der statischen Berechnung beim Felshohlraumbau untersucht. Auch einfache Berechnungsverfahren können zu guten Resultaten führen, wenn die Festlegung der Annahmen und die Diskussion der Ergebnisse gemeinsam von Baugeologen, Statikern und Praktikern vorgenommen wird. Der neuerdings immer lauter vertretenen Forderung nach einer allein auf FE-Berechnungen basierenden Dimensionierung wird mit Nachdruck entgegengetreten. Es wird gezeigt, wie Anspruch und Wirklichkeit bei diesem Entwurfskonzept auseinanderklaffen. Der mitunter bedingungslose Glaube an Computerausdrucke darf weder zu einer Verschleierung der Verantwortlichkeiten noch zu einer Monopolstellung der Statiker bei gleichzeitiger Degradierung der Baugeologen und Praktiker im Planungs- und Bauablauf eines Felshohlraumes führen.

The Static Calculation as Connecting Link Between Engineering Geology and Rock Construction Practice. The statical calculation of underground openings in rock is only one of several aids for the design, but not a central instrument of decision with the pretension to exclusive truth. A statics understood in the right sense takes into account the statements by the engineering geologist even if these are not given numerically. Such a statics makes plausible and also discussable the chosen dimensions and draws the attention of practical site engineers to critical states to be expected during construction.

Highly developed methods of calculation, for example the finite-element-method, offer outstanding possibilities to simulate the behaviour of rock under the influence of tunnelling works. These methods are well appropriate as a means of basic research in rock mechanics as well as for recalculation of existing underground openings, if all required input data and also the actual results are known. However, there are no underground openings known till now which have been correctly designed in advance exclusively by means of computer calculations, that is without using any other criteria.

On the basis of practical examples the part of the statical calculation within the process of design and construction of underground openings is checked. Even simple methods of calculation can give good results, if the determination of the input data and the discussion of the results is done as a joint work of specialists of engineering geology, statics and site practice. The author objects with emphasis the demand for a design only based on finite-element-analyses, as it is put in by some people again and again. There is shown the gap between theory and reality in this "new design concept". The implicit faith in computer outputs neither must lead to a veiling of responsibilities, nor to a monopoly of static calculation men, what would mean at the same time a degradation of engineering geologists and site engineers.

Le calcul statique: lien entre la géologie de l'ingénieur et la pratique sur le chantier. Le calcul statique d'une ouverture rocheuse est un moyen parmi d'autres pour dimensionner, mais il n'est pas un instrument de décision de premier ordre pouvant seul incarner la vérité. Le calcul statique bien conçu tient encore compte des indications du géologue pratique même lorsque celles-ci n'ont pas un caractère quantitatif évident. Il explique plutôt d'un part les dimensions choisies pour le soutènement et le revêtement, ces indications restant discutables, et d'autre part il indique au praticien les phases critiques de l'exécution.

Les procédés de calcul élaborés au cours de la dernière décennie, par exemple la méthode des éléments finis, constituent des procédés excellents pour simuler le comportement du massif rocheux au cours de l'exécution. Ces procédés peuvent servir d'un côte comme outil dans la recherche en mécanique des roches, d'un autre côté pour recalculer des ouvrages existants lorsque l'on connaît tous les paramètres numériques nécessaires et les propriétés rocheuses déduites de mesures in-situ. Par contre, il n'existe pas encore pour le moment d'exemple, où une ouverture rocheuse aurait été dimensionnée correctement et auparavant sans faire appel à d'autres critères.

Le rôle des calculs statiques dans la construction d'ouvertures souterraines est examiné à l'aide d'exemples. Les procédés simples peuvent également livrer de bons résultats, dans le cas ou la détermination des hypothèses et la discussion des résultats sont le fruit de la coopération entre le géologue pratique, l'ingénieur en statique et le praticien. La revendication énoncée récemment avec de plus en plus de poids et selon laquelle seule une conception réalisée à l'aide de calculs FEM peut conduire à un résultat satisfaisant, est repoussée avec vigueur. On démontre comment les hypothèses peuvent s'écarter de la réalité dans cette conception de l'étude de l'ouvrage. La croyance inconditionnelle vis-à-vis des résultats obtenus sur ordinateurs aboutirait à une dissimulation des responsabilités, et à une position monopoliste de l'ingénieur en statique; il en découlerait une dégradation simultanée du géologue pratique et du praticien dans l'étude et l'exécution d'une cavité rocheuse.

Die Erstellung eines Felshohlraumes ist eine Gemeinschaftsleistung, an der Geologen, Ingenieure, Kaufleute und Bauarbeiter beteiligt sind. Zwischen der ersten Vorplanung, der geologischen Erkundung und der Übergabe des fertigen Bauwerks liegt ein langer Entwicklungsprozeß. In jedem Stadium fallen Entscheidungen, in jedem Stadium kann es erforderlich werden, frühere Entscheidungen zu revidieren. Viele Fachleute sind beteiligt, viele auch verantwortlich.

Die Zeiten, in denen ein einziger genialer Fachmann den Bau eines ganzen Tunnels von Anfang bis Ende weitgehend allein plante und leitete, gehören der Vergangenheit an. Unsere heutige Zeit hat aus den verschiedensten Gründen keinen Platz mehr für eine solche Art der Bauabwicklung; sie verlangt nach neuen Formen der Arbeitsteilung ebenso wie der Zusammenarbeit.

Die Praxis zeigt immer wieder, daß ein Felsbauwerk nur dann wirklich optimal erstellt werden kann, wenn alle zuständigen Fachleute alle notwendigen Erkundungen, Berechnungen und Entscheidungen im jeweils erforderlichen Maß miteinander besprechen und gemeinsam durchführen. Leider wird dieser Grundsatz fast mehr gebrochen als eingehalten. Besonders ungünstig wirkt es sich aus, wenn entweder einzelne Disziplinen überhaupt nicht an der Planung beteiligt werden oder aber, wenn eine Fachrichtung aufgrund einer einseitigen Entscheidungsgewalt die anderen Fachrichtungen übergeht.

Hierzu einige Beispiele:

Bei der geologischen Vorerkundung eines Hanges, in dem zwei Pfeiler einer großen Straßenbrücke gegründet werden sollen, tritt der Verdacht auf, daß es sich dort um eine alte Rutschung handelt. Die nähere Erkundung durch Kernbohrungen bestätigt diesen Verdacht. Daraufhin wird in der Ausschreibung vorgesehen, daß die Brücke in diesem Bereich keinen Pfeiler haben darf. Dennoch werden mehrere Sondervorschläge eingereicht, die Pfeiler im fraglichen Bereich vorsehen, und zwar in Form einer Knopfloch-Lösung, wobei die Pfeiler auf festem Grund stehen würden. Diese Angebote sind bis zu 70 Mio. Schilling billiger als diejenigen zum Amtsvorschlag. Sie verstoßen zwar gegen die Ausschreibung, sind aber angesichts des großen Preisunterschiedes zumindest einer näheren Prüfung wert. Da jedoch keinerlei Informationen vorliegen, ob der Hang tatsächlich noch rutscht oder rutschgefährdet ist, können die Sonderangebote nicht berücksichtigt werden. Hier hätten bei rechtzeitiger Einschaltung eines Felsmechanikers auf Veranlassung des Geologen wesentlich bessere Entscheidungskriterien vorliegen können. Der Geologe hat aus der Sicht seines Fachgebietes ohne Zweifel richtig gehandelt. Im Rahmen der Gesamtplanung hat er aber mit seinem Gutachten in der von ihm gewählten Form die Weichen viel zu früh in eine bestimmte Richtung gestellt.

Beispiele, in denen Entscheidungen einseitig rein praxisorientiert fallen, gibt es in vergleichbarer Form nicht, da eine Baufirma als Auftragnehmer vom Prinzip her natürlich angehalten ist, einen bereits vorliegenden Entwurf lediglich auszuführen. Dennoch haben auch die Praktiker große Möglichkeiten zur Einflußnahme. Diese liegen einerseits in der Ausarbeitung von Sondervorschlägen, andererseits in den Anweisungen auf der Baustelle, wie sie sich aus der Verantwortung für die fachgerechte Erstellung des Bauwerkes ergeben. Es wäre aber sicher von Vorteil, wenn sich der Erfahrungsschatz praktischer Felsbauingenieure auch schon vor der Ausschreibung in irgendeiner Form durch Mitarbeit beim Entwurf nutzen ließe. Eine frühzeitig erzielte Übereinstimmung zwischen allen Fachrichtungen hilft, spätere Auseinandersetzungen zu vermeiden.

Die größten Einflußmöglichkeiten auf den Ablauf der Planungsarbeiten und die Gestalt des endgültigen Entwurfs hat in der Regel der für den Bauherrn arbeitende Felsmechaniker und Tunnelstatiker. In den meisten Fällen haben die mit Fels- und Tunnelbauwerken befaßten Dienststellen keine eigenen Spezialisten auf diesem Gebiet, sondern beauftragen Ingenieurbüros oder Hochschulinstitute. Es versteht sich, daß die starke Position des Bauherrenberaters sowohl positive wie auch negative Auswirkungen haben kann. Positiv ist zu werten, wenn der vom Bauherrn beauftragte Felsmechaniker oder Statiker auf der Grundlage einer wirklichen Qualifikation koordinierend tätig ist und seine starke Position in Form klarer Entscheidungen, die das Projekt vorwärts bringen, einsetzt. Zu diesem Zweck ist er letztlich vom Bauherrn bestellt, und in diesem Sinne ist auch der Titel dieses Vortrages zu verstehen.

Leider stimmt die Wirklichkeit nicht immer mit dieser Idealvorstellung überein. Wenn etwa ein Bauherrnberater preisgünstige und wohldurchdachte Sonderentwürfe seriöser Baufirmen einfach unter Berufung auf seine höhere Einsicht als Felsmechaniker diskussionslos ablehnen kann, werden Geologen und Baufirmen sowie deren eigene felsmechanische Berater gleichermaßen verprellt. Oder wenn der Bauherrnberater die Tragfähigkeit des Gebirges entgegen den Einwänden des zuständigen Geologen und des Auftragnehmers viel höher oder niedriger festlegt, als es der Wirklichkeit entspricht, sind ernsthafte Schwierigkeiten bei den Bauarbeiten und bei der Abrechnung bereits vorprogrammiert. Solche Fälle sollten durch verbindliche Richtlinien, in denen die Mitarbeit und Mitverantwortung aller zuständigen Fachleute sinnvoll geregelt ist, ausgeschlossen werden.

In den bestehenden Tunnelbaurichtlinien sind hierzu bereits Empfehlungen in genereller Form ausgesprochen. In den Richtlinien für die Herstellung von Felshohlraumbauten des Arbeitskreises 13 der Deutschen Gesellschaft für Erd- und Grundbau von 1974 heißt es zum Beispiel: „Ingenieurgeologische und felsmechanische Untersuchungen sowie der Entwurf, die Bemessung und die Herstellung von untertägigen Hohlräumen sind stets im Zusammenhang zu betrachten. Ingenieurgeologische und felsmechanische Untersuchungen sind daher in enger Zusammenarbeit der zuständigen Fachleute (für Geologie, Felsmechanik, Planung und Bauausführung) durchzuführen, wobei die Zusammenarbeit bereits in einem sehr frühen Stadium der Voruntersuchungen beginnen sollte".

Die in der Schweizerischen Norm in Form einer Empfehlung angegebene Aufgabenzuordnung der beteiligten Fachleute geht bereits erfreulich ins Detail und soll hier zumindest vereinfacht wiedergegeben werden. Sie sieht

für jedes Stadium der Planung und Baudurchführung die Beiziehung aller
zuständigen Fachleute wenigstens in beratender Funktion vor (Abb. 1).

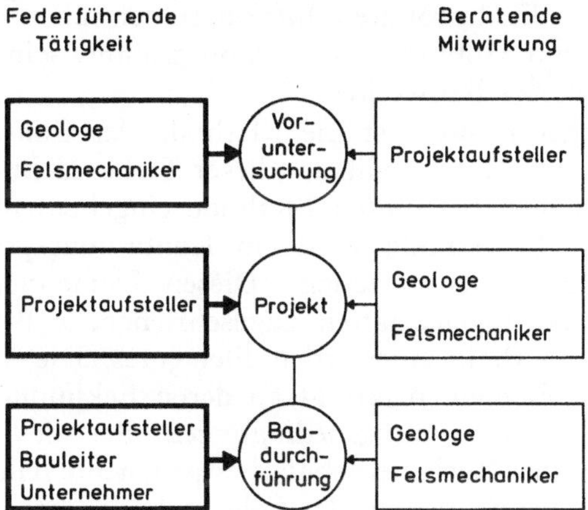

Abb. 1. Entwurfskonzept für Untertagebauten in Fels in Anlehnung an SIA-Norm 179 a
Design concept for underground openings in rock, according to SIA-standard 179 a
Etude d'un projet de construction souterraines rocheuses selon les normes SIA 179 a

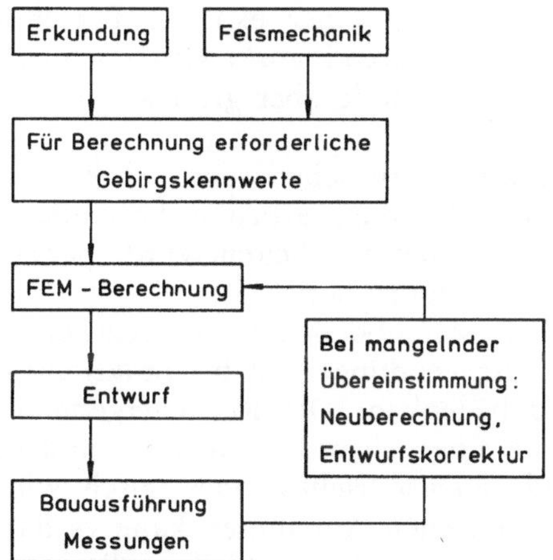

Abb. 2. Entwurfskonzept für Untertagebauten in Fels nach [1]
Design concept for underground openings in rock, according to [1]
Etude d'un projet de constructions souterraines rocheuses selon [1]

In ähnlicher Weise, allerdings weniger deutlich ausgesprochen, wird
eine solche Aufgabenverteilung auch in den meisten anderen Richtlinien
empfohlen. Es sieht also so aus, als sei die Mitwirkung aller zuständigen
Fachleute in jedem Stadium allgemein gewünscht und grundsätzlich sicher-
gestellt. Alles weitere wäre dann nur noch eine organisatorische Frage.

Es gibt aber neuerdings auch eine Entwicklungstendenz, die eine grund-
legend andere Arbeitsweise vorsieht (Abb. 2).

Diese neue Tendenz geht davon aus, daß im Prinzip jede felsmechanische Fragestellung rechnerisch gelöst werden kann. In diesem Sinne steht die Berechnung im Mittelpunkt, der Statiker trifft, nachdem er vom Geologen und Felsmechaniker die benötigten Informationen über die Gebirgskennwerte erhalten hat, mit Hilfe eines Rechenprogramms seine Entscheidungen zur Dimensionierung des Bauwerkes.

Als Berechnungsverfahren ist die Methode der finiten Elemente vorgesehen, abgekürzt FEM. Ich will an dieser Stelle nicht auf Einzelheiten dieser bereits hinlänglich bekannten Methode eingehen, nur soviel zur Erläuterung: Bei der FE-Methode wird ein Kontinuum gedanklich in sehr viele Teilstücke, die Elemente, zerlegt. Diesen Elementen werden vereinfachte und idealisierte Eigenschaften zugeschrieben, z. B. ein einheitlicher Spannungszustand innerhalb eines jeden Elementes. Die Verknüpfung zwischen den einzelnen Elementen erfolgt an deren Eckpunkten aufgrund von Gleichgewichts- oder Verformungsbedingungen. Bei ideal-elastischem Materialverhalten kann das Rechenergebnis bei genügend feiner Elementunterteilung als exakte Lösung gelten. Je mehr sich dagegen das Materialverhalten vom ideal-elastischen Fall unterscheidet, desto mehr Vereinfachungen müssen innerhalb des Rechenprogramms getroffen werden, desto weniger genau kann schon vom Prinzip her das Ergebnis sein. Es liegt angesichts des bekanntermaßen komplexen Charakters des Werkstoffes „Fels" auf der Hand, daß hier jeder Versuch einer exakten Berechnung auf besondere Schwierigkeiten stößt. Erschwerend wirkt sich vor allem aus, daß Fels ein Diskontinuum ist, die FE-Methode aber grundsätzlich auf der Kontinuumsmechanik aufbaut.

Immerhin gibt es aber inzwischen schon so gute FE-Programme, daß damit im Rahmen von Forschungsarbeiten beachtliche Ergebnisse erzielt wurden. Über verschiedene dieser Arbeiten wurde bereits auf früheren Geomechanik-Kolloquien in Salzburg berichtet.

Die Erfolge an Gedankenmodellen mit vorgegebenen idealisierten Eigenschaften verlocken zur Anwendung auch bei praktischen Aufgaben. Hierbei ist allerdings eines zu bedenken: Die Rechenergebnisse eines Programms, welches unerbittlich die eingegebenen Kennwerte und sonstigen Annahmen exakt verarbeitet, sind genauso richtig oder falsch wie die Eingangswerte selbst. Bei offenkundig falschen Annahmen kann es daher auch keine Diskussion der Ergebnisse geben. Ebenso bleiben die an einem grundsätzlich falschen statischen System ermittelten Ergebnisse unwiderruflich falsch und können auch nicht durch Variation der übrigen Annahmen korrigiert werden. Wie aber merkt man, daß das Ergebnis einer FEM-Berechnung nicht stimmt und daher nicht unmittelbar brauchbar ist? Hier gibt es kein anderes Kriterium als die Anschauung, den vernünftigen, an Erfahrungen gewachsenen Menschenverstand. Natürlich ist das stets ein subjektiver Maßstab, und er kann richtig oder falsch sein. Die Wahrscheinlichkeit, daß falsche Rechenergebnisse erkannt werden, ist umso größer, je kritischer man gegenüber solchen Berechnungen ist und je mehr Fachleute der verschiedenen Disziplinen an der Interpretation und Weiterverarbeitung der Rechenergebnisse beteiligt werden. Solange die Ergebnisse dagegen nur von derjenigen

Person oder Fachrichtung ausgewertet werden, die die Berechnung aufgestellt hat, ist äußerste Vorsicht geboten.

Die Möglichkeiten, zugleich aber die Grenzen von FEM-Berechnungen im Felsbau seien im folgenden anhand von zwei Beispielen näher erläutert. Die Beispiele sind der Arbeit [1] entnommen, in der sie als Musterfälle einer erfolgreichen Anwendung des „Neuen Entwurfskonzeptes" beschrieben sind. Alle kritischen Anmerkungen beziehen sich ausdrücklich nur auf die in [1]

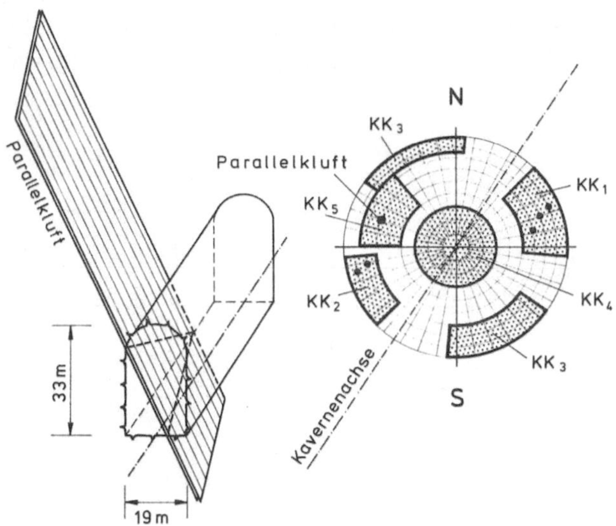

Abb. 3. Beispiel 1: Raumstellung der Trennflächen
Example 1: Orientation of joints and faults
Exemple 1: Orientation des discontinuités

gewählte Darstellung des Entwurfskonzeptes und nicht etwa auf die tatsächlichen Bauwerke, deren Güte und Standsicherheit in keiner Weise in Frage gestellt wird.

Beim ersten Beispiel geht es um den Entwurf einer Maschinenkaverne, die als Teil eines Pumpspeicherwerkes in 350 m Tiefe aufzufahren ist. Angesichts der beträchtlichen Abmessungen, 19 m Breite, 33 m Höhe und über 200 m Länge, handelt es sich hier um ein nicht alltägliches Bauwerk, und es liegt nahe, die felsstatische Untersuchung mit Hilfe einer FEM-Berechnung vorzunehmen.

Die recht umfangreiche geologische Erkundung ergibt, daß die Kaverne im Gneis liegt. Es werden 5 Kluftscharen eingemessen, daneben aber auch eine Störung und fünf Großklüfte, die allesamt großflächig zentimeter- bis dezimeterweit geöffnet sind (Abb. 3).

Die Scherfestigkeit und Normalsteifigkeit dieser großen Trennflächen wird als sehr gering eingeschätzt. Eine der Großklüfte, im folgenden Parallelkluft genannt, streicht spitzwinklig zur Kavernenachse und bildet mit der einen Kavernenwand auf einem Teil der Kavernenlänge einen offensichtlich gleitgefährdeten Keil. Die übrigen Großklüfte und die Störung fallen steil ein und streichen schräg zur Kavernenachse.

Die Gesteinsfestigkeit wird an prismatischen Proben im Labor untersucht, das triaxiale Verhalten wird allerdings nicht bestimmt. Außerdem werden in-situ die Verformbarkeit des Gebirges mit Druckkissenversuchen und die Querdehnungszahl mit Ultraschall ermittelt (Abb. 4).

Wie werden diese Erkenntnisse nun in der Berechnung berücksichtigt? Untersucht wird eine 1 m dicke, 400 m breite und 250 m hohe Gebirgsscheibe normal zur Kavernenachse. Die Störungen und Großklüfte mit Ausnahme der Parallelkluft bleiben wegen ihrer in bezug auf die Kaverne als

	Geologische Erkundung	Felsmechanische Untersuchungen	Annahmen für die Berechnung
Gestein	Gneis	Druck-, Spaltzug- und Scherversuche (Laborversuche)	Festigkeit (q, c) aus Laborversuchen
Großklüfte, Störungen	1 Störung 4 Großklüfte, quer zur Kavernenachse streichend	—	Einfluß vernachlässigbar
	1 Großkluft, spitzwinkelig zur Kavernenachse streichend („Parallelkluft")	—	Kluft mechanisch bedeutsam. Normalsteifigkeit im Verhältnis 1:20 variiert, Kluft streicht parallel zur Achse
Gebirge	5 Scharen Kleinklüfte	E-Modul aus Druckkissenversuchen Poisson-Zahl aus Ultraschallmessung	geschätzte Festigkeit der Klüfte in Materialeigenschaften umgerechnet
Primärer Spannungszustand	—	—	$P_v = \gamma \cdot h$ $P_h = \frac{\vartheta}{1-\vartheta} \cdot P_v$ (Schätzung)

Abb. 4. Beispiel 1: Gebirgsverhältnisse und Berechnungsannahmen
Example 1: Rock conditions and assumptions for the calculation
Exemple 1: Etat du sous-sol rocheux et hypothèses de calcul

günstig eingeschätzten Raumstellung und wohl auch weil sie rechnerisch nur schwer erfaßbar sind, unberücksichtigt. Dagegen werden die Kleinklüfte, auch wenn sie parallel zu den vernachlässigten Großklüften verlaufen, in die Berechnung einbezogen. Dies erfolgt allerdings nicht in Form wirklicher Diskontinuitäten, sondern durch Berücksichtigung ihrer mittels Schätzung bestimmten Eigenschaften im Stoffgesetz des Gesteins. Die Parallelkluft wird im Rechenmodell als ein Streifen erhöhter Verformbarkeit und verminderter Festigkeit erfaßt. Da diese Eigenschaften zahlenmäßig nicht bekannt sind, werden sie sicherheitshalber innerhalb weiter Grenzen variiert.

Der primäre Spannungszustand des Gebirges, der nicht gemessen worden ist, wird geschätzt aufgrund der Überlagerung und der gemessenen Querdehnungszahl. Eine solche Näherungslösung liefert allerdings den unwahrscheinlichsten aller möglichen Spannungszustände, denn sie hat zur Voraussetzung, daß das Gebirge homogen und isotrop ist und seit jeher seitlich starr gehalten wurde.

	Bereich ohne Parallelkluft	Bereich mit Parallelkluft
FEM-Berechnung (ohne Sicherung und Auskleidung)	Kaverne standsicher	Berechnung konvergiert nicht, Felskeil gleitet ab.
Konstruktiv gewählte Regelsicherung	15 cm Spritzbeton 1-2 Lagen Baustahlmatten Perfo - Anker, ⌀ 24mm, 4 m lang, Raster 1,5 x 2,5 m Zementinjektionen Drainage	
Zusatzmaßnahmen aus Vergleichs - berechnung	—	82 vorgespannte 170 Mp - Anker, 13 - 30 m lang

Abb. 5. Beispiel 1: Rechenergebnisse und gewählte Sicherungselemente
Example 1: Results of the calculation and chosen elements of support
Exemple 1: Résultats numériques et éléments de soutènement choisis

Nun zu den Ergebnissen der Berechnung (Abb. 5):

Für denjenigen Teil der Kaverne, in dem die Parallelkluft die Kavernenwand dicht über der Sohle schneidet, ergibt sich eine Abgleitbewegung des Gebirgskeiles, und zwar mit wachsender Tendenz von Iterationsschritt zu Iterationsschritt. Die Berechnung konvergiert nicht, liefert also keinen Endzustand. Die Kaverne ist in diesem Teil ohne Sicherung nicht standfest. Für die übrigen Teile wird dagegen Standsicherheit ermittelt.

Wie finden nun diese Rechenergebnisse ihren Ausdruck in der gewählten Sicherung der Kaverne?

Als Regelsicherung, also auch dort, wo die Kaverne rechnerisch sowieso standsicher ist, werden konstruktiv 15 cm Spritzbeton mit ein bis zwei Lagen Baustahlmatten vorgesehen, dazu 4 m lange Perfoanker im Raster 1,5 × 2,5 m. Außerdem werden, wo erforderlich, Zementinjektionen und Drainagen angeordnet.

Für den als nicht standfest ermittelten Teil der Kaverne wird aufgrund von Vergleichsrechnungen eine Befestigung des gefährdeten Gebirgskeiles durch 82 Vorspannanker von jeweils 170 Mp Tragkraft für notwendig gehalten. Eine erneute FEM-Berechnung unter Einbeziehung der gewählten Sicherungselemente wird nicht durchgeführt.

Maßstab für die Qualität einer Berechnung, die sich als Prognose versteht, ist ihre Übereinstimmung mit Meßergebnissen vom tatsächlichen Bauwerk. Abb. 6 zeigt den Vergleich zwischen einer Extensometermessung schräg zur Parallelkluft und den entsprechenden, allerdings ohne Berücksichtigung der eingebauten Anker ermittelten Rechenergebnissen. Die Übereinstimmung wird vom Autor der Berechnung als gut bezeichnet.

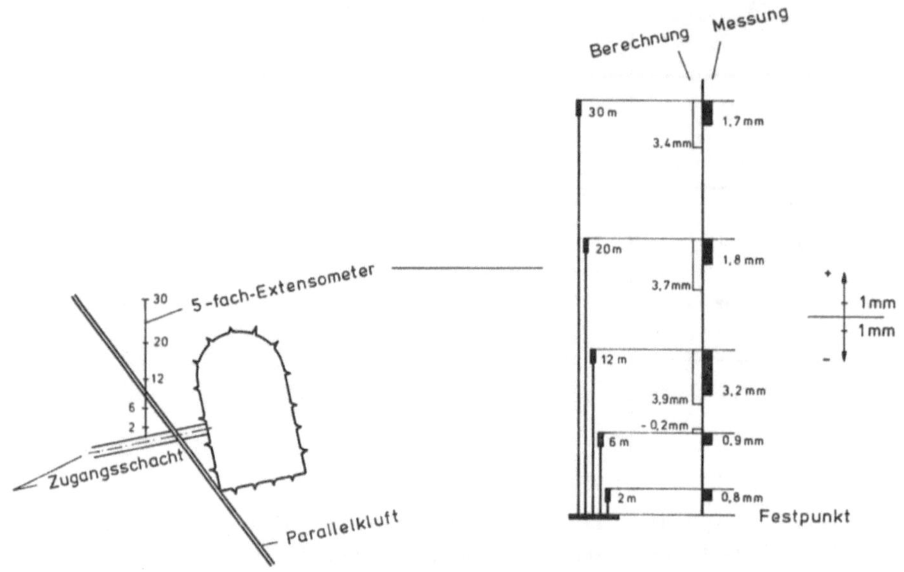

Abb. 6. Beispiel 1: Vergleich Berechnung — Messung
Example 1: Comparison between deformations as calculated or measured
Exemple 1: Comparaison calculs-mesures

Beim zweiten Beispiel handelt es sich um den 100 m langen, kreisrunden Probevortrieb für einen 2 km langen Wasserstollen.

Der Durchmesser beträgt 6,5 m, die Überdeckung liegt zwischen 10 und 23 m. Die geologische Untersuchung läßt einen horizontal gelagerten, dickbankigen Sandstein mittlerer Festigkeit erwarten (Abb. 7). Als mechanisch voraussichtlich besonders wirksam wird außerdem eine spitzwinklig zur Stollenachse streichende, unter 80° einfallende Kluftschar festgestellt. Der mittlere Kluftabstand liegt bei 2,5 m, als mittlere Kluftflächengröße werden 35 m², was etwa dem Stollenquerschnitt entspricht, angegeben. Dem Sandstein sind drei Lettenschichten zwischengelagert. Die fels- bzw. bodenmechanischen Untersuchungen bleiben auf eine geringe Anzahl von Laborversuchen beschränkt, was angesichts der Tatsache, daß es sich um einen Probestollen, also einen Großversuch handelt, auch durchaus vertretbar ist.

Die Festlegung der Materialkennwerte sowie ihre Erfassung im Rechenmodell erfolgt in der bereits am ersten Beispiel dargestellten Form.

	Geologische Erkundung	Felsmechanische Untersuchungen	Annahmen für die Berechnung
Gestein,	Sandstein mittlerer Festigkeit	Druck-, Spaltzug- und Scherversuche	Festigkeit (ϱ ,c) aus Laborversuchen
Boden	Lettenschichten halbfest bis fest	Bodenmechanische Standardversuche	Kohäsion vernachlässigbar
Gebirge	Horizontale Schichtung, steile Klüfte, spitzwinkelig zur Achse streichend, Kluftfläche i. M. 35 m²	–	Eigenschaften der Trennflächen aus Durchtrennungsgrad und Gesteinsfestigkeit geschätzt. E – Modul aus Laborversuch
Primärer Spannungszustand	–	–	$P_v = P_h$ $P_h = \frac{\nu}{1-\nu} \cdot P_v = 0{,}18\, P_v$
Ausbruchsicherung			16 cm Spritzbeton Firstankerung 10 Mp/m²
Berechnungsmodell			1 m dicke Scheibe $\perp$ zur Stollenachse, Symmetrie zur vertikalen Mittellinie

Abb. 7. Beispiel 2: Gebirgsverhältnisse und Berechnungsannahmen
Example 2: Rock conditions and assumptions for the calculation
Exemple 2: Etat du sous-sol rocheux et hypothèses de calcul

Die Horizontalspannung des Primärzustandes wird auch hier nicht gemessen, sondern aus Überlagerung und Querdehungszahl geschätzt. Die Querdehnungszahl ihrerseits entstammt einer Extrapolation von Ergebnissen, die im Labor an Sandsteinproben ermittelt wurden. Es ergibt sich ein Seitendruckbeiwert von $\lambda = 0{,}18$. Die morphologische Lage des Probestollens bleibt bei dieser Abschätzung ebenso wie die ausgeprägte Klüftung des Gebirges unberücksichtigt.

Die Berechnung wird an einer 1 m dicken Scheibe normal zur Stollenachse durchgeführt. Zur Reduzierung des Rechenaufwandes wird Spiegelsymmetrie zum vertikalen Durchmesser des Stollens angenommen und nur eine Hälfte berechnet. Die voraussichtlich erforderliche Ausbruchsicherung — 16 cm bewehrter Spritzbeton und eine Ankerung der Firste — wird in der Berechnung berücksichtigt.

Als Ergebnis der FEM-Untersuchung wird die Standsicherheit des Stollens festgestellt. Die zuvor bereits konstruktiv gewählte Sicherung wird daraufhin, obwohl sie sich bei der Berechnung als überdimensioniert erwiesen hat, als endgültig festgelegt.

Nun wieder der Vergleich zwischen Berechnungsergebnis und Meßergebnis als Qualitätsmaßstab der Prognose (Abb. 8):

Verformungsbild	Vertikale Konvergenz	Horizontale Konvergenz	max. Betondruck-spannung (tangential)
 Berechnung	≈ 2 mm symmetrisch	≈ 0 mm	40 kp/cm²
 Messung	> 1 - 3 mm unsymmetrisch	> 6 - 9 mm unsymmetrisch	17 kp/cm²

Abb. 8. Beispiel 2: Vergleich Berechnung — Messung
Example 2: Comparison between calculation and measurement
Exemple 2: Comparaison calculs-mesures

Offensichtlich gibt es hier bezüglich der Verformung der Stollenauskleidung eine erhebliche Diskrepanz, und auch die gemessene Betonspannung weicht erheblich von der Berechnung ab. Angesichts dieses Ergebnisses

Korrektur der Rechenannahmen	Verformungsbild	Vertikale Konvergenz	Horizontale Konvergenz
$\sigma_h = 2\,\sigma_v$ (vorher 0,18 σ_v) / E-Moduli halbiert	 Nachrechnung	≈ -2,5 mm symmetrisch	≈ 7 mm symmetrisch
	 Messung	> 1 - 3 mm unsymmetrisch	> 6 - 9 mm unsymmetrisch

Abb. 9. Beispiel 2: Vergleich Nachberechnung — Messung
Example 2: Comparison between deformations as re-calculated or measured
Exemple 2: Comparaison entre les résultats numériques ultérieurs et les mesures

wird eine Neuberechnung vorgenommen, wobei die Rechenannahmen drastisch geändert werden (Abb. 9):

Die primäre Horizontalspannung wird in Anbetracht der gemessenen Horizontalkonvergenz mehr als 10 mal so groß wie bei der ersten Berechnung angenommen, die E-Moduli des Gebirges werden dagegen halbiert; sie weichen damit natürlich von den experimentell bestimmten Werten erheblich ab.

Das neue Ergebnis stimmt nun hinsichtlich des Relativmaßes der horizontalen Konvergenz mit der Messung überein, und man hält daher die hohe Horizontalspannung des Primärzustandes für erwiesen. Ansonsten hat das neue Verformungsbild aber weiterhin keine Ähnlichkeit mit der Wirklichkeit. Der Grund hierfür liegt nicht etwa in den angesetzten Materialeigenschaften oder Gebirgsdrücken, sondern im gewählten statischen System. Hier wurde

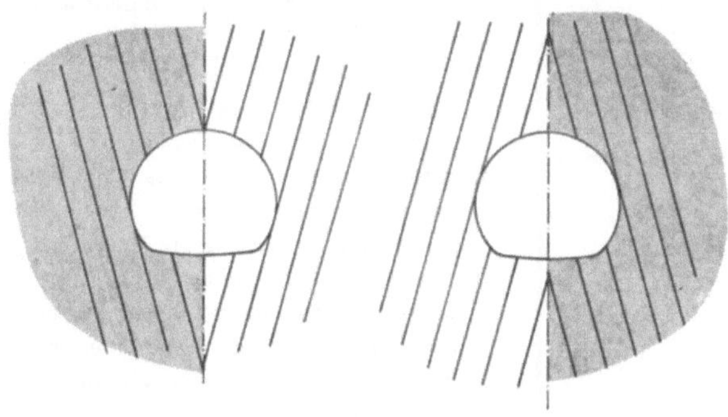

Abb. 10. Beispiel 2: Tatsächlich berechnetes System infolge fälschlicherweise angenommener Symmetrie

Example 2: Actually calculated system as a result of erroneously assumed symmetry

Exemple 2: Système calculé effectivement par suite d'une hypothèse erronée de symétrie

durch die Annahme einer Symmetrieachse ein entscheidender Fehler gemacht: Bei Anisotropie des Gebirges, wie sie in diesem Fall durch die schräg einfallende Klüftung gegeben war, ist die Annahme von Symmetrie in der Regel unzulässig (Abb. 10).

Es ist klar, daß sich unter diesen Umständen die von der Nachrechnung abgeleiteten Aussagen, insbesondere bezüglich der Horizontalspannungen, nicht aufrechterhalten lassen.

Bemerkenswert ist die Tatsache, daß die gewählte Vortriebssicherung des Stollens offensichtlich für drei sehr unterschiedliche Fälle, nämlich die der beiden Berechnungen sowie den der Wirklichkeit, gleich gut geeignet war.

Ich möchte nun einige allgemeine Schlußfolgerungen aus den dargestellten Beispielen ziehen: Die hervorragenden Möglichkeiten, die ein hochentwickeltes FEM-Programm zur Berechnung von Felshohlräumen theoretisch bietet, lassen sich in der Praxis kaum ausnutzen. Die Anzahl der möglichen Fehler, die sich auf dem Weg von der geologischen Erkundung bis zur endgültigen Festlegung der Dimensionen einschleichen können oder auch bewußt in Kauf genommen werden müssen, ist gewaltig (Abb. 11). Es sei dem Leser überlassen, die vorstehenden Beispiele anhand der Fehlerquellenliste noch einmal genau nachzuvollziehen.

Die Fehler können in den Materialparametern liegen oder in deren Einbau in die Berechnung. Sie können im Rechenmodell selbst begründet sein, im angenommenen primären Spannungszustand, in der Erfassung der

Bestimmung der Kennwerte in Labor-und Feldversuchen	- Proben oder Stellen nicht repräsentativ - Versuchsart oder-durchführung unzureichend - zu wenig Versuche - wichtige Kennwerte nicht bestimmt
Festlegung der Kennwerte	- falsche Interpretation der Versuche - unzulässige Vereinfachung der Stoffgesetze - falsche Abschätzung nicht experimentell ermittelter Werte
Verwendung der Kennwerte	- Grobe Vereinfachung des mechanischen Einflusses von Trennflächen durch Umrechnung in Materialeigenschaften
Rechenmodell	- falsche Randbedingungen des Berechnungsausschnittes - fälschlicherweise angesetzte Symmetrie - ungünstiges Elementnetz - unkorrekte Erfassung der Sicherungselemente - 2-dimensional, wo 3-dimensional erforderlich - verfälschende Annahmen innerhalb des Rechenprogramms
Primärer Spannungszustand	- falsche Abschätzung von p_h bei fehlenden in-situ-Messungen - falsch angenommene Hauptspannungsrichtungen
Bauzustände	- zu wenig Bauzustände untersucht - falsche Simulierung der Bauzustände
Interpretation, Dimensionierung	- konstruktiv bemessene Sicherung über-oder unterdimensioniert - rechnerisch untersuchte Sicherung ausreichend: Möglichkeit der Überdimensionierung - rechnerisch untersuchte Sicherung nicht ausreichend: Gefahr der Unterdimensionierung

Abb. 11. Mögliche Fehlerquellen bei FEM-Untersuchungen
Possible sources of error in FEM-investigations
Causes pouvant être à l'origine d'erreurs dans l'analyse FEM

Bauzustände und schließlich in den praktischen Folgerungen, die aus den Rechenergebnissen gezogen werden.

Jeder dieser möglichen Fehler, aber auch jede richtige, jedoch durch Abschätzung getroffene Annahme bedeutet de facto ein Absinken der komplizierten Berechnung unter das angestrebte Niveau. Eine genaue Berechnung mit falschen Annahmen ist nun einmal falsch, eine genaue Berechnung aufgrund geschätzter Annahmen bleibt eben eine Schätzung bzw. eine unverbindliche Studie. Ein Entwurfskonzept, das diesen Tatsachen nicht expressis verbis durch geeignete Kontrollen und Mitsprache von Fachleuten anderer Fachrichtungen Rechnung trägt, führt in eine Sackgasse. Erfolgreich aufgefahrene Felshohlräume, deren Sicherung nur konstruktiv oder zwar rechnerisch, aber letztlich doch ohne FE-Berechnung bemessen wurde, können diese Beurteilung schwerlich widerlegen.

Niemand, der solche Berechnungen aufstellt, sollte sich erhaben fühlen über jene Tunnelbauer, die zu sinnvollen Resultaten direkt aufgrund einfacher Abschätzungen oder Berechnungen kommen. Denn nicht das einfache Berechnungsverfahren als solches führt zum Erfolg, sondern seine richtige Verwendung aufgrund von Erfahrung. Ohne Erfahrung aber ist auch die beste FEM-Berechnung wertlos.

Nichts wäre gefährlicher für die weitere Entwicklung der Felsmechanik, als wenn das Gespräch zwischen Ingenieurgeologen, Felsmechanikern und Praktikern dadurch unterbunden würde, daß zwischen sie eine abstrakte, stets grob vereinfachende und trotzdem Anspruch auf Wahrheit erhebende komplizierte Berechnung tritt. Solange es kein Berechnungsverfahren gibt, das automatisch und mit Sicherheit zur richtigen Dimensionierung führt, selbst dann, wenn die Eingabewerte falsch sind, sind wir im Felsbau auf die Erfahrung aller beteiligten Fachleute in jedem Stadium der Planung und Bauausführung angewiesen. Viele wichtige Faktoren, etwa die Standzeit, die Auflockerung, die Gewölbebildung, das Aufweichen mancher Gebirgsarten, sind zahlenmäßig überhaupt nicht oder nur unzureichend greifbar und werden vom besten Rechenprogramm nicht angemessen erfaßt. Deshalb muß der Ingenieurgeologe ebenso wie der Praktiker dem Statiker zur Seite stehen, wenn dieser die Kennwerte auswählt, sein Rechenmodell festlegt und schließlich seine Folgerungen aus den Ergebnissen zieht. Der Ingenieurgeologe kann sicher mehr zur Abschätzung des primären Spannungszustandes beitragen als eine Ultraschallmessung. Der Praktiker weiß von vornherein, daß bei parallel zu einem Tunnel streichenden, steilen Klüften mit speziellen Schwierigkeiten zu rechnen ist, und kann den Statiker auf erfahrungsgemäß besonders kritische Bauzustände hinweisen.

Die vorstehenden Ausführungen mögen nicht zu dem Schluß verleiten, der Autor sei grundsätzlich gegen die FEM eingestellt oder wolle gar rechnerische Untersuchungen jeder Art im Felsbau verwerfen. Das Gegenteil ist richtig. Der Autor vertritt entschieden die Auffassung, daß gebirgsstatische Berechnungen stets im Mittelpunkt des Planungsablaufs eines Felsbauwerkes stehen sollten und daß auf sie höchstens in Ausnahmefällen verzichtet werden darf. Auf eines sollte aber ganz besonderer Wert gelegt werden: Die Statik sollte so anschaulich wie möglich sein und muß stets Gegenstand der Diskussion zwischen den verschiedenen Fachleuten sein können und auch sein. Die gemeinsame Sprache sollte dabei selbstverständlich statik-orientiert sein, allerdings immer unter den Aspekten des Fels- und Tunnelbaues. Der Ingenieurgeologe sollte seinen Bericht so abfassen, daß seine Aussagen ohne Interpretationsschwierigkeiten in die statische Berechnung einbezogen wer-

den können. Möglichst sollte er auch selbst konkrete Hinweise geben, auf
was bei der Statik aus seiner Sicht besonders zu achten ist. Entsprechendes
gilt auch für den praktischen Felsbauingenieur. Dieser hat, weil die vom
Statiker während der Bauarbeiten getroffenen Anweisungen für ihn häufig
einen Mehraufwand und eine Behinderung des Vortriebs bedeuten, gute Grün-
de, schon frühzeitig auf statische Entscheidungen Einfluß zu nehmen. Auch
hierbei kommt es darauf an, sich mit einer statikbezogenen Sprache artiku-
lieren zu können. Weder die mehr wissenschaftliche Sprache der Geologen,
noch die eher kaufmännisch orientierte Sprache der Baufirmen ist für eine
gemeinsame Diskussion so geeignet wie die des felsbaubezogenen Statikers
oder Felsmechanikers.

Zum Abschluß seien 8 Leitsätze aufgeführt, die eine mögliche Grundlage bilden könnten für neue Richtlinien für Entwurf und Ausführung von
Felsbauwerken. Manche der in diesen Leitsätzen dokumentierten Gedanken
sind auch in den bestehenden Richtlinien schon in dieser oder jener Weise
ausgesprochen, bisher allerdings ohne nachhaltige Wirkung. Der Grund-
gedanke sei anhand einer graphischen Darstellung (Abb. 12) im Prinzip
erläutert:

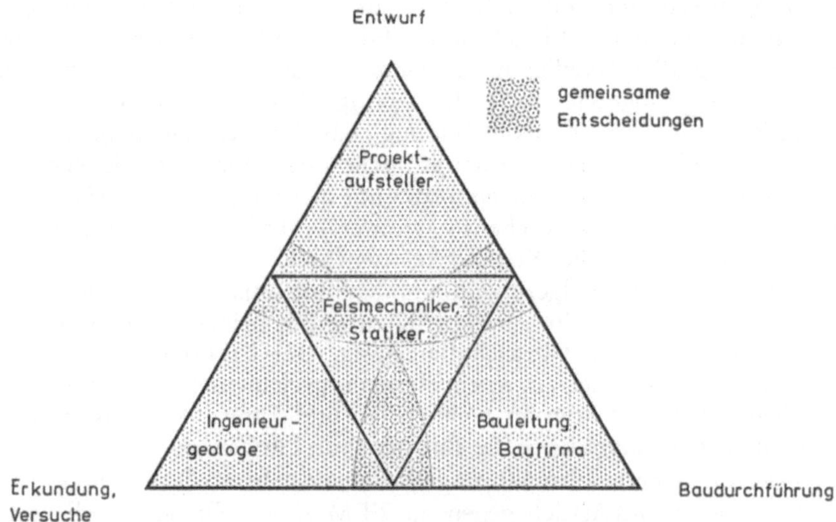

Abb. 12

Zweckmäßige Zusammenarbeit der Fachleute bei der Behandlung von Felsbauprojekten

Advisable cooperation of specialists at the design and construction of underground
openings in rock

Collaboration favorable entre spécialistes dans l'étude de constructions souterraines rocheuses

Vier hauptsächliche Fachrichtungen sind an einem Felsbauwerk beteiligt: Ingenieurgeologe, Felsmechaniker, Projektaufsteller und praktischer
Ingenieur. Diesen Fachrichtungen stehen drei hauptsächliche Teilaufgaben
gegenüber: Erkundung, Entwurf, Ausführung. Die drei Teilaufgaben über-

lappen sich, greifen ineinander, sind z. T. Voraussetzung der anderen. In den Überlappungsbereichen erfolgt die Übergabe von Informationen ebenso wie die gemeinsame Beschlußfassung.

Nun die Leitsätze:

1. Der Entwurf eines Felshohlraumes wird gemeinsam von Ingenieurgeologen, Felsmechanikern und Ingenieuren mit praktischer Erfahrung im Felshohlraumbau durchgeführt. Diese Fachleute sind an jeder wesentlichen Entscheidung von der Erkundung bis zur Fertigstellung des Bauwerkes zu beteiligen.

2. Erkundungsarbeiten, Labor- und Feldversuche sowie die statische Berechnung sollen hinsichtlich des Umfanges und Aufwandes in einem angemessenen Verhältnis zueinander und zum geplanten Bauwerk stehen.

3. Die Verwendung von Schätzwerten für wichtige Parameter ist in der Regel nur bei einfachen Berechnungsverfahren zulässig. Der primäre Spannungszustand des Gebirges ist möglichst durch Messungen zu bestimmen. Bei einer Bestimmung durch Schätzung ist der Einfluß der Geländemorphologie, der tektonischen Vorgeschichte und der Klüftung zu berücksichtigen.

4. Die Verwendung bestimmter Berechnungsverfahren ist nicht vorgeschrieben, sondern wird fallweise festgelegt. Einfache Verfahren sind nicht von vornherein als weniger geeignet anzusehen.

5. Bei FEM-Berechnungen ist der Einfluß vereinfachender Annahmen sowie nicht direkt berücksichtigter Gebirgseigenschaften im einzelnen anzusprechen und abzuschätzen.

6. In Ergänzung des hauptsächlich verwendeten Berechnungsverfahrens sind Vergleichsrechnungen mit anders gearteten, in der Regel einfacheren Verfahren durchzuführen.

7. Rechenergebnisse sind grundsätzlich nur eine Entscheidungshilfe und reichen zur Begründung der gewählten Sicherung allein nicht aus. Jedes Rechenergebnis ist auf seine Plausibilität zu prüfen. Die endgültig gewählte Sicherung muß in der Berechnung berücksichtigt sein.

8. Der Vortrieb einer Probestrecke als Teil des geplanten Bauwerkes ist grundsätzlich anzustreben. Die hierbei gewonnenen Erfahrungen und Meßergebnisse haben Priorität vor Berechnungsergebnissen und machen solche teilweise entbehrlich.

Von der tatsächlichen Befolgung dieser Leitsätze verspreche ich mir manche Verbesserung im gegenwärtig oft noch unbefriedigenden Werdegang eines Felsbauwerkes von der Erkundung bis hin zur Fertigstellung: mehr Klarheit des Entscheidungsprozesses, mehr Partnerschaft zwischen allen beteiligten Fachleuten und schließlich auch wieder etwas mehr wirklichen Fortschritt auf dem Gebiet der Felsmechanik.

Literatur

Wittke, W.: Neues Entwurfskonzept für untertägige Hohlräume in klüftigem Fels. Veröffentlichungen des Institutes für Grundbau, Bodenmechanik, Felsmechanik und Verkehrswasserbau der Rhein.-Westf. Technischen Hochschule Aachen (BRD), Heft 1, 1976.

Anschrift des Verfassers: Dr.-Ing. D. Kirschke, Beratender Ingenieur für Felsmechanik und Tunnelbau, Alexiusstraße 18, D-7505 Ettlingen, Bundesrepublik Deutschland.

Rock Mechanics, Suppl. 6, 133—137 (1978)

Rock Mechanics
Felsmechanik
Mécanique des Roches
© by Springer-Verlag 1978

Betrachtungen über Gebirgsdruck und dessen Auswirkung auf den Sprengvortrieb von Tunneln und größeren Hohlräumen in Fels

Von

Anders M. Heltzen

Mit 2 Abbildungen

Zusammenfassung — Summary

Betrachtungen über Gebirgsdruck und dessen Auswirkung auf den Sprengvortrieb von Tunneln und größeren Hohlräumen in Fels. Der komplexe geologische Aufbau des Oslo-Gebietes ist für Geologen äußerst lehrreich und daher weit bekannt. Was nicht so bekannt ist, ist das Vorkommen relativ hoher Restspannungen in den Permischen Graniten und Syeniten dieses Gebietes. Diese Eruptiva sind die jüngsten einer umfassenden Eruptionsserie, die mit basaltischen Laven beginnt und die mit mehreren Decken Rhombenporphyr abgeschlossen wird.

Man hat in vielen Fällen Bergschlag-Phänomene in Tunneln mit geringer Überlagerung beobachtet. Diese Erscheinungen treten sowohl in Tunneln mit kleinen (5—7 m²) als auch in solchen mit großen (65 m²) Querschnitten auf. Gelegentlich sind mit diesem Spannungszustand besondere Sicherheitsprobleme verbunden.

Wenn die Spannungen nicht allzu groß waren, gelang es, Bergschläge durch Aufbringen von 6—10 cm Spritzbeton zu verhindern. Wo größere Spannungen auftraten, mußte der ganze Tunnel mit Beton, in mehreren Fällen sogar mit armiertem Beton, ausgekleidet werden. Wo Felsanker zur Anwendung kamen, mußte man beobachten, daß plötzliche Spannungsgradienten nicht abgebaut werden konnten.

Die Messungen haben Spannungswerte bis zu 950 kp/cm² gezeigt. Ca. 200 m Gebirgsüberlagerung allein machen solche hohen Spannungen nicht möglich. Die Beobachtungen sprechen dafür, daß die größten Hauptspannungen zur Raumlage der vorherrschenden Kluftschar parallel sind.

Considerations About Rock Pressure and Its Effect on the Heading of Tunnels and Big Excavations in Rock by Blasting. The complicated geologic history of the Oslo area is an interesting study for geologists all over the world. Nevertheless residual stresses in granites and syenites of permian age and with a moderate rock cover are a newly discovered phenomenon. These eruptive rocks are the youngest ones in the volcanic series where basalt forms the basal layer, overlayered with several rhombporphyry flows.

In many cases popping effects are found in tunnels also where the amount of overlayered rock is neglectable. Such observations are made in small tunnel areas (5—7 m²) as well as in tunnels with a larger profile (65 m²).

Where the stresses are moderate, suitable safe conditions are obtained by means of 6—10 cm thick shotcrete on the roof and the walls. Where larger stresses exist, a fully lined tunnel, in special cases with reinforced concrete, is the only discussable method for permanent security. Where installations of rock bolts are necessary, the avoidance of steep stress gradients has to be taken into account.

Observations showed stress values up to 950 kp/cm². This is a much larger value than the weight of 200 m overlaying rock is able to induce on the tunnel walls. Observations also indicate that the direction of the main stress in the ellipsoide is parallel to the most dominant fracture system in the rock.

In den Teilen Norwegens, deren Landschaft ein ausgeprägtes Relief aufweist, findet man in Tunneln und Kavernen erfahrungsgemäß hohe Gebirgsspannungen, besonders dort, wo die Achse des Hohlraumes etwa parallel zu den Tälern verläuft.

Eine interessante Aufstellung über das Auftreten von Bergschlägen auf Baustellen an Talflanken haben Selmer-Olser und Russenes mitgeteilt (siehe Abb. 1). In einem Diagramm, in dem die Zugfestigkeit des Gesteins

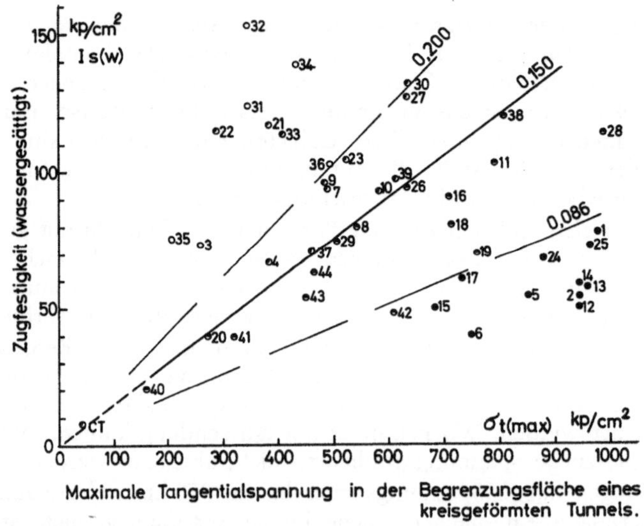

Abb. 1

in nassem Zustand gegen die maximalen, berechneten Tangentialspannungen in einem runden Tunnelprofil aufgetragen sind, treten in der rechten unteren Ecke wegen der geringen Zugfestigkeit und den zugleich hohen Spannungen typische Bergschlagsituationen auf. Im Bereich der linken oberen Ecke sind keine Bergschlagphänomene zu beobachten. Zwischen diesen beiden Extremen befinden sich Lokalitäten mit wechselnden Zuständen.

Die zahlreichen Beobachtungen erlaubten den beiden Forschern, eine Grenzlinie zwischen gefährdeten und nicht bergschlaggefährdeten Bereichen festzulegen. Der Winkelkoeffizient dieser Linie beträgt etwa 0,150. Die Daten stammen hauptsächlich von Beobachtungen in Gneis, Granit und kristallinem Schiefergestein. Diese Gesteine sind alle älter als Devon.

Wie den meisten Geologen wahrscheinlich bekannt sein wird, stammt eine Reihe der eruptiven Gesteine des Oslo-Feldes aus dem Perm. Auf der geologischen Karte wird die Vielfalt des Vorkommens deutlich. Die Basalte stammen aus den frühesten Lavaströmen, die von mehreren Rhombenporphyr-Schichten überdeckt sind. Außerdem tritt eine Reihe von Syenit- und Granit-Massiven auf. Besonders in den zuletzt erwähnten Gesteinsarten, wie z. B. in dem sogenannten Drammen-Granit (die jüngsten Eruptivgesteine des Oslo-Feldes), sind während des Sprengvortriebes eines Tunnels Bergschläge festgestellt worden. Der Drammen-Granit hat normalerweise eine mittel- bis grobkörnige Textur und sein Quarzgehalt ist relativ gering.

Einachsig gemessen liegt die Druckfestigkeit etwa bei 1500 bis 1600 kp/cm², während die Zugfestigkeit etwa 85 kp/cm² beträgt. Der E-Modul ist zu 560 000 kp/cm² und die Poissonzahl (Querdehnung) zu 0,15 bis 0,19 ermittelt worden.

Die tektonische Klüftung ist in diesem Gestein durch eine horizontal liegende und zwei steilstehende Hauptkluftscharen gekennzeichnet. Parallel zu dem steilstehenden deutlichsten Kluftsystem treten Diabasgänge mit Mächtigkeiten zwischen 0,5 und 3,0 m auf. Angrenzend an die Diabasgänge treten Bruchzonen und Zonen mit verwittertem Feldspat (Kaolinisierung) auf. In diesen Zonen findet man häufig Klüfte mit quellenden Tonbestegen (Montmorillonit).

In dem 11,7 km langen Lieråsen-Tunnel zwischen Oslo und Drammen, der hauptsächlich Drammen-Granit durchörtert, traten infolge von Bergschlägen und Gebirgsdruckerhöhung aufgrund von quellenden Tonen besondere Probleme auf.

Der Tunnelquerschnitt beträgt 65 m². Der Tunnel wurde in den Jahren 1965 bis 1973 gebaut.

In Abb. 2 sind Ergebnisse von Messungen aufgetragen, die (1) anschließend an und (2) in einem Diabasgang vorgenommen worden sind. Die Abbildung zeigt, daß die Hauptspannung *in* dem Diabasgang eine nordöstliche Orientierung hat, während die Messung *anschließend* an den Diabasgang eine nordsüdliche Orientierung der Hauptspannungsachse aufweist. Hinter dem Diabasgang und in gutem Abstand davon zeigt die Hauptspannungsachse eine nordwestliche Orientierung parallel zum Gangsystem. Die nordwestliche Orientierung der Achse ist die charakteristische Hauptspannungsrichtung für sämtliche durchgeführten Spannungsmessungen. Der Höchstwert der gemessenen Hauptspannungen lag bei 950 kp/2 m². Die Höchstwerte, die dort gemessen worden sind, können nicht allein aus dem überlagernden Gebirge erklärt werden, sondern müssen auch von remanenten Spannungen im Eruptivgestein herrühren.

Die Überdeckung des Tunnels überschreitet nirgends 250 m. Die Normalüberdeckung ist wesentlich niedriger.

Beobachtungen, die während der Bauzeit gemacht wurden, zeigten, daß die häufigsten Bergschläge zwischen einer halben und zwei Stunden nach dem Abschlag auftraten. Dort, wo die Spannungen einen relativ niedrigen

Wert aufwiesen, genügte eine Spritzbetonschicht von etwa 6 bis 10 cm, um das Ausbrechen der dünnen Felsscheiben zu verhindern. In den Strecken mit hohen Spannungen mußte eine vollkommene Ausbetonierung mit Schalung vorgenommen werden. Der Spritzbeton wurde nur dann voll wirksam, wenn die Schichtdicke erheblich verstärkt und eine Stahlbewehrung eingebracht wurde. Trotzdem wurde in einem Fall ein 40 cm dickes Betongewölbe zerquetscht.

Während des Vortriebes hat man in mehreren Tunneln mit Querschnittsflächen zwischen 7 und 20 m² im Drammen-Granit Bergschlagzonen angetroffen. Die größten Abblätterungen wurden auf den Strecken beobach-

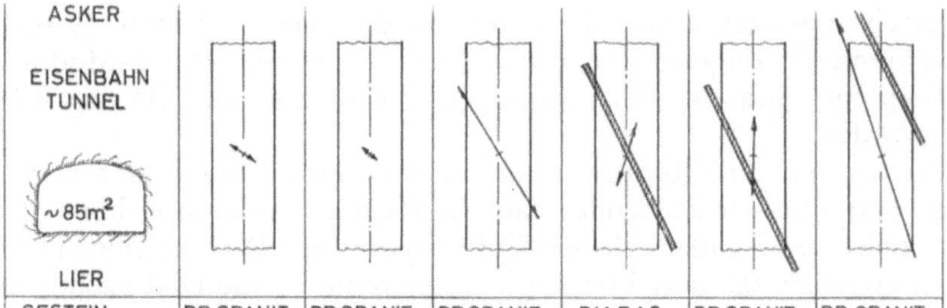

GESTEIN E-MODUL·10^6	DR.GRANIT 0.56	DR.GRANIT 0.56	DR.GRANIT 0.56	DIABAS 0.59	DR.GRANIT 0.45	DR.GRANIT 0.40
POISSON ZAHL	0.20	0.20	0.20	0.26	0.15	0.16
WINKEL MIT ACHSE	57	50	31	17	1	35
WINKEL VON WAGERECHT	59	57	51	12	29	18
Größte Hauptspannung kp/cm^2	101	56	494	201	256	950

MESSUNGEN VON HAUPTSPANNUNGEN IM LIERÅSEN TUNNEL

Abb. 2

tet, wo die Tunneltrasse einen stumpfen Winkel zum vorherrschenden Kluftsystem (Diabasgänge) bildet. Spannungsmessungen liegen aber an diesen Tunneln nicht vor.

In Tunneln kleineren Querschnittes (wie den erwähnten) werden als Sicherung Spreizhülsenanker oder andere vorspannbare Anker mit Netzen verwendet. Beobachtungen zeigen, daß der Nachfall von Steinen auf die Netze nach relativ kurzer Zeit erheblich abnimmt.

Der Einbau von starren Sicherungskörpern bringt immer eine deutliche Spannungserhöhung in der Übergangszone zwischen gesichertem und nicht gesichertem Gebirge mit sich. In Gebirgsmassiven, wo Bergschläge auftreten, scheinen sich diese Phänomene noch zu verstärken.

Eine systematische Verankerung mit vorgespannten Ankern muß demnach als ein starres Gebilde betrachtet werden. In dem zuvor erwähnten Lieråsen-Tunnel trat in der Übergangszone von spritzbetongesichertem Fels und spreizhülseverankertem Fels ein Bergschlag auf. In solchen Fällen wird es richtig sein, die Vorspannung der Anker vom Bereich höchster Spannungsspitzen zu den Seiten hin etwas abnehmen zu lassen.

In einem 2 km langen Tunnel mit einer Querschnittsfläche von 7 m² wurden für die permanente Sicherung im Durchschnitt 0,25 Anker pro laufendem Meter Tunnel eingebaut. Etwa 90% der gesamten Anzahl der Anker wurden wegen Bergschlaggefahr angebracht. Zum Vergleich wurde in einem 2,5 km langen Tunnel ebenfalls mit etwa 7 m² Querschnittsfläche, der durch Rhombenporphyr getrieben wurde (wo keine Bergschlagtendenzen zu registrieren waren), etwa 0,04 Anker pro laufendem Meter Tunnel eingebaut.

Die erforderliche Zeit für das Nachbrechen wird in Tunneln mit Bergschlaggefahr höher sein als normal.

In einem Tunnel mit einer Querschnittsfläche von 6 m², der durch grobkörnigen Syenit getrieben wurde, war auf den Strecken, wo Bergschläge vorkamen, ein Arbeitsaufwand bis zu 2,1 Mannstunden pro laufendem Meter Tunnel für das Nachbrechen aufzubringen, während der Normalaufwand etwa 0,7 Mannstunden ausmachte.

Die Möglichkeit der Ausnutzung der positiven Wirkungen des Gebirgsdruckes sind gering. Die Abschlaglänge wird ohne Zweifel erhöht werden können und die Zerstückung des gesprengten Gesteins wird verbessert werden, wenn die Vortriebsrichtung etwa senkrecht zur Hauptspannungsrichtung verläuft. Aber dieser Vorteil wird (wenn überhaupt) nur mit den Ausbruchmethoden ausnutzbar sein, die in den Gruben zur Anwendung kommen. Im Tunnelbau wird dieser Wirkung nur eine sehr geringe Bedeutung zugemessen werden können.

In den meisten Fällen muß die Orientierung eines Hohlraumes nach Stabilitätsbetrachtungen festgelegt werden.

Hohe Horizontalspannungen im Gebirge können in größeren Hohlräumen auf die Stabilität der Gewölbe eine positive Einwirkung haben, falls das Verhältnis von Breite zu Höhe passend ist.

Anschrift des Verfassers: Dipl.-Berging. A. M. Heltzen, Kontor for Fjellsprengningsteknikk, P. B. 341, Blindern, Oslo 3, Norwegen.

Rock Mechanics, Suppl. 6, 139—145 (1978)

Rock Mechanics
Felsmechanik
Mécanique des Roches
© by Springer-Verlag 1978

Bau- und Vortriebsweise im Gebirge mit tektonischen Restspannungen

Von

Peter Göbl

Mit 2 Abbildungen

Zusammenfassung — Summary

Bau- und Vortriebsweise im Gebirge mit tektonischen Restspannungen. Unter den auf der Welt heute bei der Erstellung von Felshohlraumbauten im Gebirge mit tektonischen Spannungen angewandten Methoden stellt die Neue Österreichische Tunnelbauweise bei Betrachtung der Gesamtbaukosten wohl die wirtschaftlichste dar. Die Ursache dafür ist, daß nur ein Teil der Gebirgsspannungen durch Stützmittel abgefangen werden muß, da der Großteil der Spannungen durch Verformung abgebaut wird. Erreicht wird dies durch den schrittweisen Einbau von verformungswilligen Stützmitteln, wobei deren Steifigkeit von Schritt zu Schritt zunimmt. Bei der Auffahrung von Gebirge mit hohen tektonischen Spannungen müssen daher alle Maßnahmen der Bau- und Vortriebsweise auf eine besondere Reduktion der Spannungen abzielen. Das heißt, die Verformungswilligkeit der Stützmittel wird zum wesentlichen Erfordernis.

Der schrittweise Einbau der Stützmittel macht es notwendig, für jeden Ausbauzeitpunkt solche mit dem richtigen Verformungsverhalten zu wählen. Die Stützmittel müssen eine weitere Auflockerung verhindern und durch ihr Verformungsverhalten den Spannungsabbau ermöglichen. Hiebei stehen uns heute Spritzbeton, Baustahlgitter, Ankerung, Baustahlbögen und Tunnelbögen zur Verfügung. Durch die Verwendung neuer Baustoffe mit veränderten Materialeigenschaften (Kunststoff etc.) sowie durch Veränderung der Einbauweise (Bewegungsschlitze etc.) kann eine weitere Verbesserung des Verformungsverhaltens erreicht werden.

Um den richtigen Zeitpunkt für den Einbau der Stützmittel auch erzielen zu können, ist die Vortriebsweise darauf exakt abzustimmen. Das heißt, die Größe und Form der Teilausbruchflächen sind den zu erwartenden geologischen Verhältnissen anzupassen. Eine Angabe über erforderliche Stützmittel und deren Einbauzeitpunkt kann jedoch nur dann gemacht werden, wenn durch laufende Messungen die Verhältnisse im Gebirge und im Ausbau bekannt sind. Diese Messungen müssen umso dichter sein, je größer der erwartete Gebirgsdruck ist.

Tunnel Construction in Rock With Tectonic Residual Stresses. Among all the methods for tunnel construction in rock with tectonic residual stresses used all over the world, the "New Austrian Tunnelling Method" is probably most economic considering the total building costs. This is because only a part of the stresses is to be supported, as the major part of the stresses is reduced by deformation. This will be achieved by means of deformable supports, the stiffness of which increases

gradually. Therefore when driving in rock with high tectonic stresses, all methods
for excavating and constructing the tunnel must be arranged to reduce these stresses,
i. e. the deformability of the supports is a major requirement.

On account of the gradual installation of the support it is necessary to select
them according to proper stiffness. The supports have to prevent further loosening
and to reduce the stresses by means of their deformation. For this purpose nowadays
are used: shotcrete, steelmesh, bolts, steel arches and tunnel arches. With the use of
new material with changed properties (plastic a. s. o.) or with methods of construction (slots for movements a. s. o.) it is possible to improve the deformation
characteristics.

The proper time for the installation of supports depends on the method for
tunnel driving; i. e. the magnitude and form of the partial excavation have to correspond with the expected geological conditions. The necessary supports and the
time for installation can only be given when the exact conditions in the rocks are
known by means of continuous measurements. These measurements have to increase in line with the expected pressure of rock.

Der notwendige Ausbau des Straßennetzes und die Verdichtung der
Autobahnen bedingten Tunnel mit großen Querschnitten in immer tieferen
Lagen in den zu durchörternden Gebirgen.

Beim Vortrieb des Tauerntunnels wurde Gebirge mit sehr hohen Spannungen aufgefahren, für deren Größe vorerst keine Erklärung gefunden
wurde. Pacher, Demmer und Rabcewicz hatten bei ihren Untersuchungen
die Erkenntnis gewonnen, daß es sich hier um Restspannungen aus der
Alpenbildung handelt.

Die Erreichung eines Gleichgewichtszustandes nach dem Tunnelausbruch ist im wesentlichen bedingt durch

1. die geologischen Verhältnisse,
2. die petrographischen Bedingungen,
3. die Spannungszustände,
4. das Formänderungsverhalten des Gebirges,
5. die Stützungsmaßnahmen und deren Charakteristiken und
6. die Bau- und Betriebsweise.

Die ersten vier Einflüsse sind gegebene Faktoren, deren Parameter nicht
oder nur unwesentlich verändert werden können. Der Tunnelplaner hält
sich bei Festlegung des Ausbaues im wesentlichen an diese ersten vier Faktoren. Da die Größen der Parameter sehr schwer bzw. fast nicht vor dem
Auffahren der Tunnel zu bestimmen sind und daher angenommen werden
müssen, treten hier große Abweichungen von den wirklich angetroffenen
Verhältnissen sehr oft auf. Daher war es eine wesentliche Forderung an die
Bau- und Betriebsweise, sich den immer wieder vorkommenden Veränderungen anzupassen. Dies ermöglichte in besonders wirtschaftlichem Ausmaß
die Neue Österreichische Tunnelbauweise. Eine bemerkenswerte weitere Entwicklung und Perfektion erfuhr sie bei der Durchörterung von Gebirge mit
tektonischen Restspannungen im Tauerntunnel.

Hier erfolgte die Auflösung des Querschnittes von ca. 104 m² Ausbruch-querschnitt in Teilflächen, die arbeitstechnisch für die Durchführung der Arbeiten gut geeignet waren. Dies bedeutete eine Kalotte von ca. 35 m², wobei der Kalottenscheitel etwa 4,7 m über der Sohle lag. Diese Höhe ermöglichte den Einbau von 6,0 m langen SN-Ankern und ergab so viel Raum, daß auch mit schwerem Tunnelgerät gearbeitet werden konnte. Trotzdem

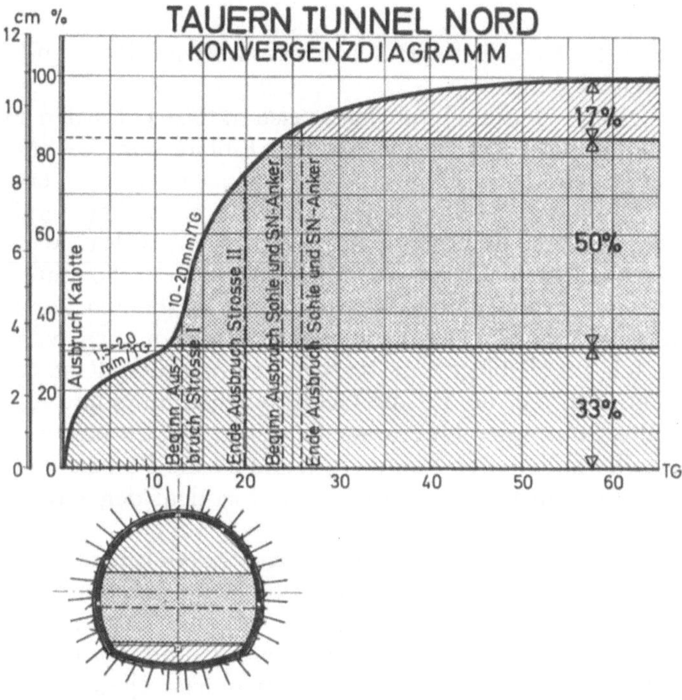

Abb. 1

war die Höhe noch nicht groß genug, um bei rasch erforderlichen Stützungs- und Sicherungsarbeiten die Firste schnell zu erreichen. Das ist jedoch gerade in stark drückendem Gebirge oft dringend erforderlich, damit bei Gefahr sofort wirksame Maßnahmen getroffen werden können. Für die laufenden Ausbauarbeiten wie das Setzen von Ankern, das Aufbringen von Spritzbeton, das Aufziehen von Gittern und das Stellen von Bögen bedeutet die gute Erreichbarkeit des ganzen Kalottenprofils schnellere und qualitativ bessere Arbeit. Leider wird diese wichtige Forderung manchmal vernachlässigt und mit Einsatz einer stärkeren Maschineninstallation in Richtung auf größere Querschnitte verändert. Dadurch treten dann bereits bei oft geringfügigen örtlichen Verschlechterungen des Gebirges erhebliche Schwierigkeiten auf. Oft werden damit ungünstiges Gebirgsverhalten und Auflockerungsdruck provoziert.

Die gleichen Überlegungen galten bei der Wahl der Strossenhöhen. Diese betrugen ca. 3 bis 3,5 m. Es entstand beim Strossenabbau eine kontinuierliche allmähliche Aufweitung des Profils von der Kalottengröße 35 m² auf die gesamte Querschnittfläche von über 100 m².

Die Aufweitung des Profils von der Kalotte bis zum Sohlgewölbe geschah vorerst so, daß der vertraglichen Forderung einer 30-tägigen Ringschlußzeit entsprochen wurde. Diese Forderung der Ringschlußzeit wurde jedoch, als Gebirge mit starken tektonischen Restspannungen angefahren wurde, als unwesentliches und nicht zielführendes Kriterium außer Kraft gesetzt.

Überlegungen führten zu folgenden neuen Erkenntnissen und brachten folgende neue Kriterien.

Die Neue Österreichische Tunnelbauweise aktiviert das den Hohlraum umgebende Gebirge durch den systematischen Einbau von Ankern und den Spritzbeton zum wesentlichen Tragelement. Gleichzeitig werden erste weiche und elastische Ausbauten zeitlich stufenweise durch steifere ergänzt. Die durch den weichen Ausbau ermöglichte Verformung führt, wie von der Fenner-Pacher-Kurve her bekannt, zu einem Abbau der Spannungen. Das heißt, es müssen von den nachfolgenden steiferen Ausbauten nur mehr Anteile der vorher vorhandenen Gesamtspannung aufgenommen werden.

Es zeigte sich im Gebirge mit starken tektonischen Restspannungen, daß es sehr wichtig ist, daß die für die Gebirgsentspannung notwendige Verformung möglichst kontinuierlich erfolgt. Es durfte hier zu keinen zu großen Deformationsgeschwindigkeiten kommen, da sonst die Festigkeit des Gebirges überbeansprucht wurde und es zu Brüchen in dem den Hohlraum umgebenden Gebirgstragring kam.

Umgesetzt in die Bauweise bedeuteten diese Erkenntnisse, daß die Baustadien Kalotte, Abbau der beiden Strossen und Ausbruch des Sohlgewölbes so einzurichten waren, daß das nächste Abbaustadium erst dann begonnen werden durfte, wenn eine gewisse Konsolidierung und Beruhigung in der Deformationsgeschwindigkeit der vorigen Ausbauphase eingetreten war.

Die neuen Kriterien waren also die Deformationsgeschwindigkeiten vor Beginn einer neuen Ausbruchphase. Diese betrugen — wie aus dem Beispiel des Konvergenzbildes von Station 2300 ersichtlich — nach Ausbruch der Kalotte und vor Ausbruch der Strossen maximal 1,5 bis 2 mm/Tag. Damit konnte sowohl eine schädliche Überschreitung der Deformationsgeschwindigkeit beim Abbau der Strossen über maximal 20 mm/Tag als auch ein rasches Abklingen der Deformationen nach der Sohlankerung erreicht werden. Konnten die Bewegungen in der Kalotte nicht zur Beruhigung gebracht werden, so mußte noch vor Strossenausbruch ein zweiter steiferer Gebirgstragring durch Nachankerung mit längeren Ankern und dichterer Verteilung aktiviert werden. Der Abbau der Strosse 1 erfolgte erst dann, wenn die Wirksamkeit dieses zweiten Gebirgstragringes aus der Verringerung der Konvergenzen und der Deformationsgeschwindigkeiten her ersichtlich war.

De facto ergab sich damit eine Kalottenlänge inklusive einer eventuell erforderlichen Nachankerungsstrecke von 150 m. Strossenausbruch und Sohlaushub folgten innerhalb der nächsten 80 m.

Es zeigte sich auch hier, daß die Deformationen und Deformationsgeschwindigkeiten umso größer wurden, je räumlich und zeitlich konzentrierter der Abbau der Strossen und des Sohlgewölbes erfolgte.

Bei Einhaltung dieser Kriterien reduzierten sich die Deformationsgeschwindigkeiten rasch. Der als zweite Schale vorgesehene Innenbeton der Zweischalbauweise der Projektanten Pacher und Rabcewicz wurde frühestens nach Abbau der Konvergenzgeschwindigkeit auf 2—5 mm pro Monat

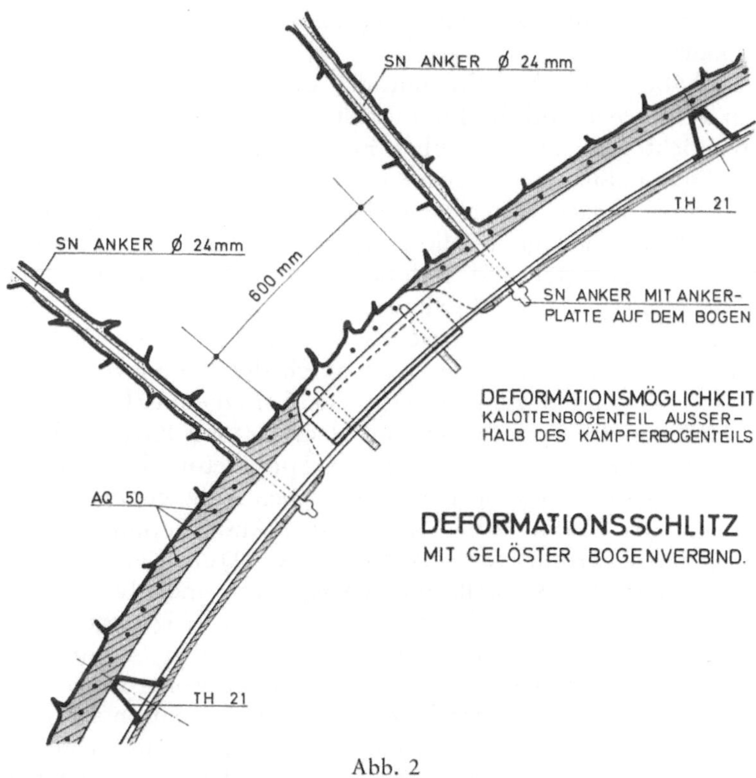

Abb. 2

eingebaut. Dies war in der Regel spätestens nach 6 Monaten der Fall. In manchen Strecken mit großen tektonischen Restspannungen konnte innerhalb von 6 bis 8 Monaten auch dieses Maß nicht erreicht werden. Hier wurde auf Anregung von Prof. Rabcewicz eine weitere Stufe zur Verstärkung des Gebirgstragringes eingebaut. Es kam entweder über das ganze Profil oder nur über Teile desselben, z. B. die Sohle, eine systematische Ankerung mit 9 m SN-Ankern mit einem Stahldurchmesser 36 mm zur Ausführung. Auch diese Anker wurden schlaff versetzt, da sie durch das Hereinwandern des Gebirges unter Spannung kamen. Da für diese Anker ein Bohrlochdurchmesser von über 50 mm erforderlich war, konnte nicht mehr mit der sonst üblichen Methode der Füllung des Bohrloches mit Mörtel vor Eintreiben des Ankerstahles gearbeitet werden. Es wurde zuerst der Anker-

stahl mit den erforderlichen Injektions- und Entlüftungsschläuchen in das
Bohrloch eingeführt, der Bohrlochmund abgedichtet und dann der Anker
und das umliegende Gebirge injiziert. Die zwar aufwendige Injektion hatte
jedoch gleichzeitig den Vorteil, daß jene Strecken, die durch zu große Deformationsgeschwindigkeiten eine Zerstörung des Gebirgsgefüges aufwiesen,
von der Injektion durchdrungen wurde und damit eine Verbesserung der
inneren Reibung des Gebirges erreicht wurde. Gleichzeitig zeigte sich aber
auch nachteilig, daß durch das Einbringen des flüssigen Injektionsgutes die
Kohäsion kurzfristig stark vermindert wurde und es dadurch zu einem
sprunghaften Anstieg der Deformationen bis zum Abbindebeginn des Injektionsgutes kam.

Habe ich bis jetzt über Erkenntnisse der Auflösung des Tunnelquer-
schnittes in Teilflächen und die Entwicklung in der Tunnellängsrichtung berichtet, so möchte ich nunmehr über Erfahrungen bei der Wahl und dem
Einbau der Stützmaßnahmen berichten.

Beim Vortrieb nach der Neuen Österreichischen Tunnelbauweise besteht — wie bereits gesagt — die Aufgabe der Stützmaßnahmen, Anker,
Spritzbeton, Baustahlgitter und Stahlbögen darin, das umliegende Gebirge
zu einem Gebirgstragring zu aktivieren und durch Deformation des Gebirges einen Spannungsabbau zu erreichen. Diesen Verformungen konnte der
Spritzbeton nicht nachkommen. Es kam durch die Umfangverringerung der
Tunnelleibung zu starken Zerstörungen der Spritzbetonschale. Da gleichzeitig die Haftung des Spritzbetons auf dem Graphit-Phyllit sehr schlecht
war, kam es zu großflächigem Loslösen der Spritzbetonschale vom Gebirge.
Der Spritzbeton wurde daher seiner wesentlichen Aufgabe, der Versiegelung
der Klüfte und der Verhinderung der lokalen Auflockerung zwischen den
Ankern nicht mehr gerecht. Einer Anregung von Demmer folgend, wurde
in Zusammenarbeit der Baustelle mit Rabcewicz und Hackl der Spritzbeton und die Stahlbögen mit Sollbruchfugen in Tunnellängsrichtung versehen.
Rabcewicz wollte hier sogar soweit gehen, von den Stahlbögen (Profil
TH 21) die eigentlich tragende Sohle des Glockenprofils bereits vor dem
Einbau zu entfernen, um vom Stahlbogen an den Deformationsstellen faktisch
nur zwei Flacheisen zu belassen. Dem Vorteil der damit idealen Verfor-
mungsmöglichkeit stand die Sorge gegenüber, daß der Bogen seiner Aufgabe
der ersten Stützung des Gebirges bis zum Einbau und Wirksamwerden des
Gebirgstragringes nicht mehr gerecht werden könne.

Die Lösung, die Spritzbetonsollbruchfugen an den Montagestößen der
Stahlbögen zu machen, brachte mit einem Schlag die gewünschten Verfor-
mungsmöglichkeiten des Außengewölbes. Die Stahlbögen wurden zuerst fix
verschraubt und erst nach Wirksamwerden des Gebirgstragringes wurden die
Verbindungen gelöst. Dadurch konnten bei Deformationen Umfangsverrin-
gerungen aufgenommen werden, ohne daß Zerstörungen des Spritzbetons
auftraten. Es ist hier noch zu bemerken, daß es wichtig ist, daß der stärker
beanspruchte Bogenteil — meistens wird es der Kalottenteil sein — hinter
dem anschließenden Kämpferbogenteil liegen soll. Dadurch kann trotz ge-
löster Bogenverbindungen der Kalottenteil nur in tangentialer Richtung verschoben werden, womit die Gewölbeform weitestgehend erhalten bleibt. Die

SN-Anker (6 m lang, Durchmesser 24, Rippenstahl 60) wurden meistens schlaff versetzt. Hierbei wurde der Baustahl mit einem aufgestauchten zwiebelförmigen Kopf versehen. In der Kalotte des Tunnels und der Kaverne wurden gleichzeitig mit den Baustahl-SN-Ankern auch SN-Anker mit hochwertigen Vorspannlitzenstählen ausgeführt. Dieser Stahl läßt bei gleicher Belastung wegen seiner wesentlich höheren Stahlgüte größere Verformungen zu. Es zeigte sich, daß es bei sehr häufigen Brüchen des Baustahles selten zu Brüchen des Vorspannstahles kam.

Das Baustahlgitter AQ 50, das zwischen den Bögen eingelegt wurde, lag bei den Deformationsschlitzen frei. Diese Deformationsschlitze wurden zum besten Indikator für Bewegungen im Außengewölbe. Da Baustahlgitter und Spritzbeton unmittelbar an der Stollenbrust nach dem Ausbruch eingebaut wurden, konnte bereits nach wenigen Stunden durch eine Aus- oder Einbeulung des Baustahlgitters der Beginn einer Bewegung frühzeitigst erkannt werden. Damit war es auch möglich, die dringend erforderlichen Meßquerschnitte an jenen Stellen einzubauen, wo schwierige Verhältnisse zu erwarten waren.

Unter den auf der Welt heute angewandten Methoden bei der Erstellung von Felshohlraumbauten in Gebirge mit tektonischen Restspannungen stellt die Neue Österreichische Tunnelbauweise bei Betrachtung der Gesamtbaukosten wohl die wirtschaftlichste dar. Die Bauweise bedarf jedoch der laufenden intensiven Überwachung durch den bauleitenden Ingenieur. Denn erst die Abstimmung der Maßnahmen zur Erzeugung eines Gebirgstragringes mit den Maßnahmen der Bau- und Betriebsweise bringen die gewünschte Wirtschaftlichkeit.

Anschrift des Verfassers: Prokurist Dipl.-Ing. Peter G ö b l, p. A. „Universale" Hoch- und Tiefbau AG, Renngasse 6, A-1010 Wien, Österreich.

Rock Mechanics, Suppl. 6, 147—160 (1978)

Rock Mechanics
Felsmechanik
Mécanique des Roches
© by Springer-Verlag 1978

6000 m Vollschnittauffahrung im linksrheinischen Steinkohlenbergbau

Von

Hermann Boldt

Mit 12 Abbildungen

Zusammenfassung — Summary

6000 m Vollschnittauffahrung im linksrheinischen Steinkohlenbergbau. Mit der Streckenvortriebsmaschine TVM 54-58/60 H der DEMAG wurden im Bereich des Verbundbergwerkes Rheinland in Moers in den Jahren 1974—1976 auf der 885 m Sohle ca. 6000 m Gesteinsstrecke mit 6 m Durchmesser aufgefahren. Dabei wurden alle typischen Gesteinsformationen der Bochumer Schichten des Ruhrkarbons und eine Reihe von großen tektonischen Störungen (Sprünge von 20,0 bis 190,0 m Verwurfmaß) mit zum Teil sehr schwierigen Nebengesteinsverhältnissen durchfahren. Die Auffahrungen erstrecken sich auf 3 Abschnitte von 2642, 2885 und 2400 m Länge.

Der 3. Abschnitt befindet sich z. Z. in der Auffahrung.

Neben einer kurzen Beschreibung des Vortriebssystems wurden vor allem die Erfahrung beim Durchörtern von sehr festen und sehr milden Gesteinsschichten dargestellt.

Außerdem wurden die bergtechnischen Erfahrungen beim Durchörtern schwieriger Störungszonen behandelt.

Als Besonderheit wurde dabei die Auffahrung in druckhaften Gebirgspartien beschrieben. Schließlich wurden die Erfahrungen beim Umsetzen der Maschine behandelt, ein Vorzug, dem beim Einsatz im Steinkohlenbergbau besondere Aufmerksamkeit zu schenken ist.

Die Auffahrung wurde durch Kostenangaben hinsichtlich der Bohrwerkzeuge, der Streckenauffahrung und des Umsetzens insgesamt ergänzt.

6000 m of Full-Face Tunnel Drivage in the Coal Mining District on the Left Side of the Rhine. Between 1974 and 1976 6000 m roadway of 6 m diameter have been driven on the 885 m level of the Rheinland Colliery with a DEMAG TVM 54-58/60 H fullface tunnelling machine. All typical rock formations of the carboniferous Bochumer Strata as part of the Ruhr district have been encountered and several major tectonic faults (height of throw between 20 and 190 m) with partially very difficult ground conditions have been passed. The drivage consisted of 3 sections with 2642, 2885 and 2400 m in length. The third section is just being driven.

The paper describes the following items:

1. The mechanical experience in general and especially from driving through very hard as well as very mild rock strata with special emphasis on cutter costs and dust suppression.

2. Mining experience from driving through faulted zones.

3. Short description of the experience during retraction and reinstallation of the tunnelling machine, the preparations involved as well as critical discussion of the different methods.

Mit der Streckenvortriebsmaschine TVM 54-58/60 H der DEMAG wurden im Bereich des Verbundbergwerks Rheinland in Moers in den Jahren 1974 bis 1976 auf der 885 m Sohle ca. 6000 m Gesteinsstrecke mit 6 m Durchmesser aufgefahren. Dabei wurden alle typischen Gesteinsformationen der Bochumer Schichten des Ruhrkarbons und eine Reihe von großen tektonischen Störungen (Sprünge von 20 bis 190 m Verwurfmaß) mit zum Teil sehr schwierigen Nebengesteinsverhältnissen durchfahren. Die Auffahrungen erstrecken sich auf 3 Abschnitte von 2642, 2880 und 1960 m Länge. Der 3. Abschnitt befindet sich z. Z. in der Auffahrung.

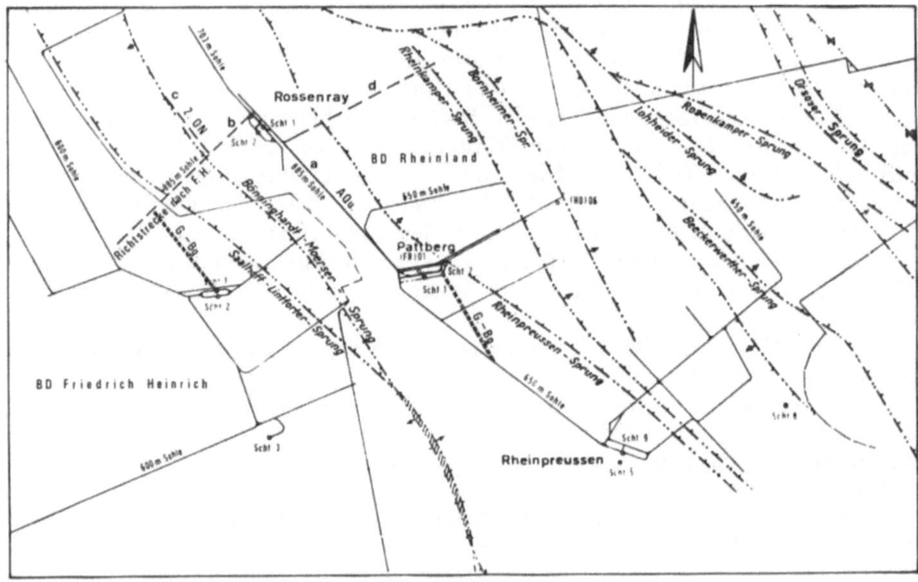

Abb. 1. Lage der vollmechanisch aufgefahrenen Streckenabschnitte a, b und c sowie des folgenden Ausrichtungsvorhabens d

Position of the mechanically driven road sections a, b, and c, and of the following development section d

Abb. 1 zeigt die Lage der vollmechanisch aufgefahrenen Streckenabschnitte a, b und c und des folgenden Ausrichtungsvorhabens d. Abschnitt a (2642 m) ist ein Verbindungsquerschlag, der zur Vorbereitung eines Förderverbundes dient; die Abschnitte b, c und d dienen zum Aufschluß der Lagerstätte.

Beschreibung des Vortriebssystems

Das Vortriebssystem besteht aus der eigentlichen Streckenvortriebsmaschine, dem Nachläufer, dem Überbrückungsband und dem Beladeband mit Ladestelle (Abb. 2). Der Bohrkopf ist mit einem Zentrumsbohrer (War

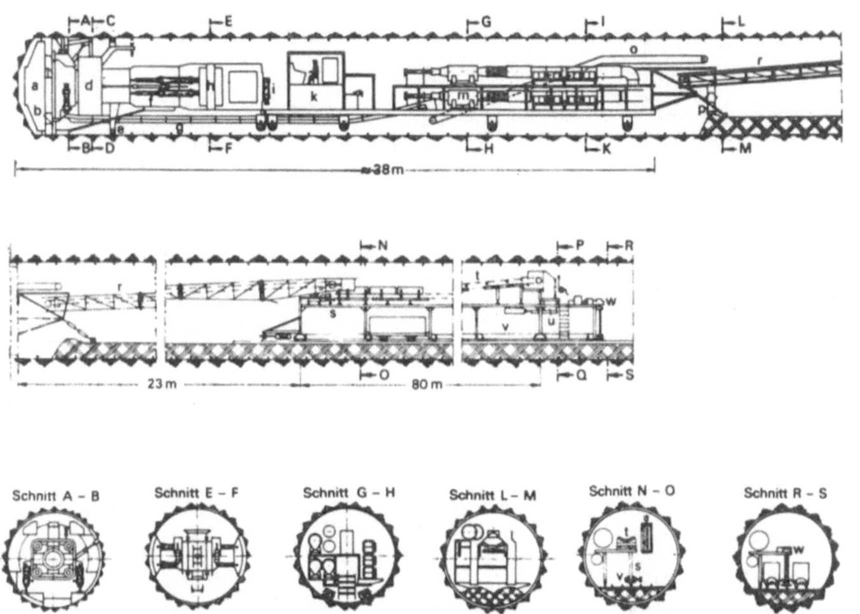

Abb. 2. Längsschnitt durch die Streckenvortriebsmaschine Rheinland
Longitudinal section of the tunnelling machine in colliery Rheinland

zenrollen) und mit 41 Rollenbohrwerkzeugen (Scheibendiskenrollen) bestückt. Das Bohrklein wird durch Schaufeln aufgenommen und über eine Rutsche einem unten liegenden Kratzförderer zugeführt.

Die wichtigsten Daten sind aus Tabelle 1 zu ersehen.

Voraussetzungen für den Einsatz einer solchen Maschine im Steinkohlenbergbau sind: Sichere Entstaubung nach den Richtlinien des Landesoberbergamtes Dortmund, Schlagwettersicherheit aller elektrischen Betriebsmittel, eine bei der Teufe von 885 m ausreichende Klimatisierung und die Verwendung von nicht brennbarer Hydraulikflüssigkeit. Diese Voraussetzungen wurden erfüllt.

Nach Vergabe des 10 km-Projekts an die Arbeitsgemeinschaft Rheinland (mit den Firmen Frölich & Klüpfel, Gewerkschaft Walter, Gewerkschaft Wisoka und damals noch Krupp Universalbau) folgte eine 15monatige Planungsphase, in der alle Einzelheiten des Maschinenvortriebs sorgfältig geplant wurden, und zwar in enger Kooperation zwischen Auftraggeber, Auftragnehmer, Maschinenhersteller, Steinkohlenbergbauverein, Silikoseforschungsinstitut und Bergbehörde. Von besonderer Bedeutung war dabei neben den maschinentechnischen Gegebenheiten die Vorbereitung der Infrastruktur hinsichtlich Maschinentransport, -montage, Haufwerksförderung in Strecke und Schacht sowie Materialtransport.

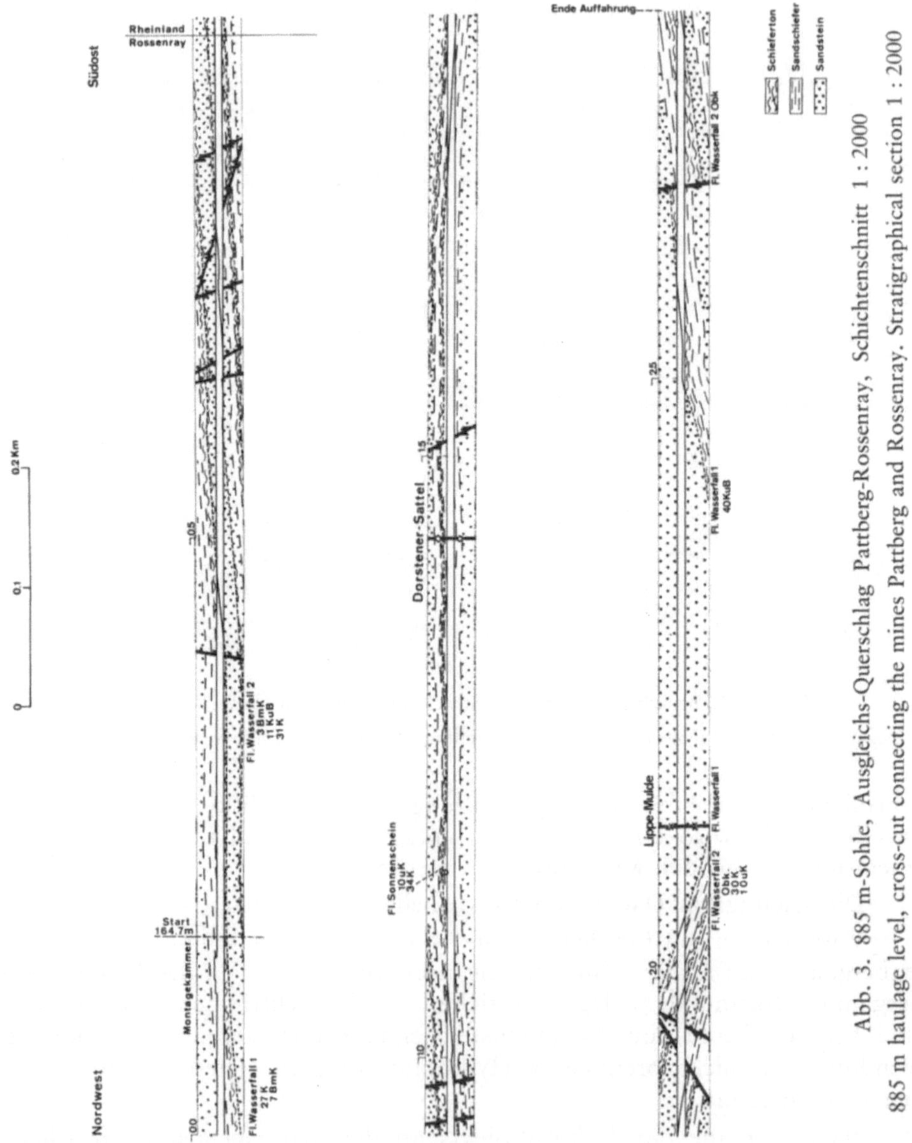

Abb. 3. 885 m-Sohle, Ausgleichs-Querschlag Pattberg-Rossenray, Schichtenschnitt 1 : 2000
885 m haulage level, cross-cut connecting the mines Pattberg and Rossenray. Stratigraphical section 1 : 2000

Entsprechend der geltenden Berggesetzgebung erforderte der Einsatz der Vortriebsmaschine im Steinkohlenbergbau die Zulassung eines Rahmenbetriebsplanes mit sechs Einzelbetriebsplänen, drei Sonderbetriebsplänen und die Erteilung von sieben Ausnahmebewilligungen. Die technischen Einzelheiten können und sollen hier nicht im Detail dargestellt werden. Vielmehr wird über die Erfahrungen beim Durchfahren sehr fester und sehr milder Gesteinsschichten sowie beim Durchörtern schwieriger Störungszonen und

Tabelle 1. Technische Daten der Vollschnitt-Vortriebsmaschine TVM 54-58/60 H
Technical Data of the Tunnelling Machine TVM 54-58/60 H

Streckendurchmesser	Diameter of road	mm 6000
Längster Bohrhub	Maximum length of boreholes	m 1,5
Mögliche Bauabstände	Possible spacing between supports	m 0,75; 1,0; 1,2; 1,3; 1,5
Drehmoment des Bohrkopfes	Torque of the drilling head	Mpm rd. 100
Drehzahl des Bohrkopfes	Thrust	min^{-1} 6,1
Vorschubkraft	Clamping force	Mp 640
Verspannkraft vorne	Clamping force in front of the machine	Mp 2 × 640
Verspannkraft hinten	Clamping force at the back of the machine	Mp 2 × 500
Länge der Maschine	Length of the machine	m 22
Gesamtgewicht der Maschine	Total weight of the machine	t 340
Insgesamt installierte Leistung	Total installed capacity	kW 1098
Antrieb des Bohrkopfes	Drive of the drilling head	kW 4 × 160
Staubabsaugung	Dust extraction	kW 3 Anlagen je 4 × 10
Kühlmaschinen	Cooling machines	kW 2 × 63
Betriebsspannung	Operating voltage	V 500

druckhafter Streckenabschnitte berichtet. Außerdem sollen einige Randprobleme des Einsatzes solcher Maschinen im Untertagebetrieb eines Steinkohlenbergwerks angeschnitten werden.

Abschnitt a

Im ersten Abschnitt wurden 21,6% in Schiefer und Kohle, 32,6% in Sandschiefer und 45,8% in Sandstein aufgefahren (Abb. 3). Der Sandstein wies z. T. recht ungünstige gesteinsmechanische Werte auf, besonders im Streckenabschnitt 1938 bis 2164 m (Tabelle 2). Die Tabelle enthält auch die Verschleißkennziffer ^{F}R. Nach den Versuchen von Dr. Schimazek und Dr. Knatz ist der Verschleiß (= Gewichtsverlust) der Rollenbohrwerkzeuge linear von der Verschleißkennziffer ^{F}R abhängig. Sie ist das Produkt aus Quarzgehalt (Vol.-%) und Quarzdurchmesser (mm).

Die Druckfestigkeit spielt für die Beurteilung der Bearbeitbarkeit von Gesteinen durch Rollenbohrwerkzeuge offenbar nicht die entscheidende Rolle, während die Zugfestigkeit für die Eindringtiefe und damit den Bohrfortschritt maßgeblich zu sein scheint.

Die erwähnte Zone wurde von der Maschine mit Auffahrleistungen von max. 20 m/Tag gut überwunden, jedoch stieg der Verschleiß der Bohrwerkzeuge stark an. Ernsthafte Schwierigkeiten in der Vortriebsarbeit traten in Abschnitt a in zwei Fällen auf:

1. Beim Durchörtern einer klüftigen Sandsteinpartie auf dem Nordflügel der Lippe-Mulde mit Wasserzuflüssen von über 200 l/min. In Verbindung mit dem Sandstein kam es zu erheblichen Verschleißerscheinungen an vielen maschinentechnischen Einrichtungen, die zu Störungen und entsprechenden Reparaturen führten.
2. Bei der Verspannung der Vortriebsmaschine beim Durchfahren einer extrem weichen Gebirgsformation.

Dort drangen die Spannschilde in das Gebirge ein, ohne ein Widerlager zu finden. Diese Zone erstreckte sich über rd. 100 m. Sie konnte nur durch planmäßiges Ausfüllen mit Jutesäcken überwunden werden, die mit einer

Tabelle 2. Untersuchungsergebnisse von Gesteinsproben
885 m-Sohle, Verbindungsquerschlag Pattberg-Rossenray
Results of the Analysis of the Rock Samples. 885 m Haulage Level, Cross-cut
Connecting the Mines Pattberg and Rossenray

Entnahme-ort	Druck-festigkeit	Zug-festigkeit	Anteil der schleiß-scharfen Minerale	Quarzkorn-durch-messer	Verschleiß-Kennziffer
Point of sampling	Compressive strength	Tensile strength	Percentage of abrasive minerals	Diameter of quartz particles	Characteristic figure of wear
	kp/cm²	kp/cm²	Vol.-%	mm	F_R
1938,5			54	0,145	7,83
1949			64	0,200	12,80
1960	731	89	68	0,230	15,64
1973,5	577	90	55	0,170	9,35
1973,5	625	84	62	0,180	11,16
1975			58	0,160	9,28
2046			65	0,240	15,60
2074	1426	103	74	0,280	20,72
2074,5			69	0,240	16,56
2078	707	105	75	0,230	17,25
2081	1131	82	74	0,235	17,39
2084	1211	90	70	0,215	15,05
2086			68	0,205	13,94
2087	1179	98	70	0,220	15,40
2110,5	479	64	62	0,180	11,16
2164,5	469	87	61	0,185	11,29

Trockenbetonmischung der Festigkeit 525 kp/cm² einschließlich Sakret-Abbindebeschleuniger gefüllt waren. Nachträgliches Anfeuchten dieser Säcke ließ den Baustoff fest werden, wodurch künstliche gute Widerlager für die Spannschilde entstanden.

Dieses Verfahren bewährt sich auch bei Ausbrüchen der Stöße, um die Verspannung der Maschine sicherzustellen.

Schwierigkeiten durch tektonische Störungen traten im Abschnitt a nicht auf. Es wurde eine mittlere Vortriebsgeschwindigkeit von 12,4 m/d erreicht; die Arbeits- und Sachkosten betrugen 4500 DM/m. Die endgültigen Kosten der Rollenbohrwerkzeuge einschließlich aller Reparaturarbeiten und der Schlußüberholung betrugen 22,40 DM/fm³. Dieser Wert ist insofern bedeutsam, als er ganz wesentlich von der vorhin genannten Sandsteinzone von 1938 bis 2164 m mitbestimmt wurde.

Die Erfahrungen des ersten Bohrabschnittes führten zu einer Reihe von maschinentechnischen Verbesserungen. So war der Wechsel der Rollenbohrwerkzeuge wegen des zu großen Arbeitsaufwandes verbesserungsbedürftig.

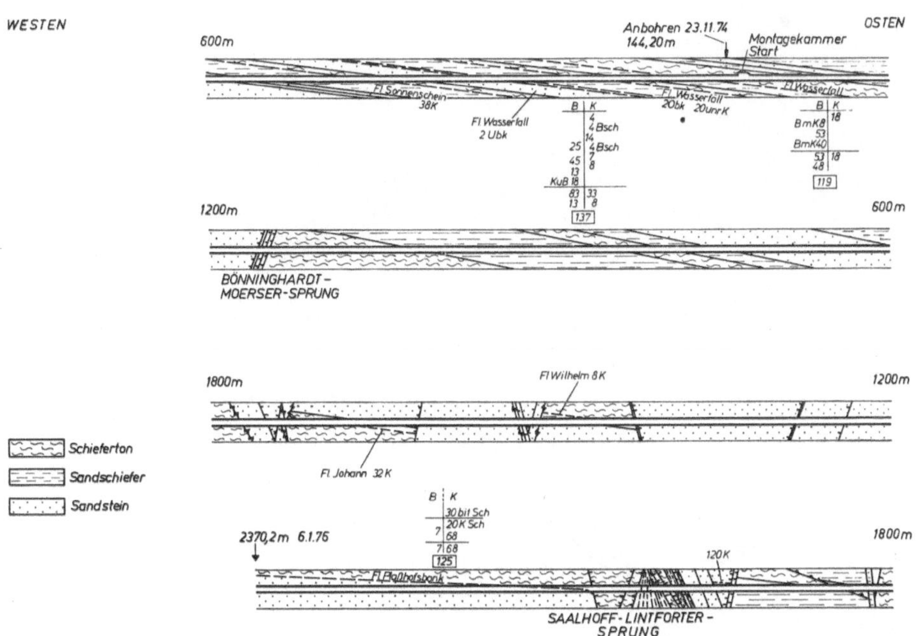

Abb. 4. Verbindungsrichtstrecke nach Friedrich-Heinrich (Geologisches Profil)
Connecting lateral to colliery Friedrich-Heinrich (geological section)

Daher wurde von der DEMAG gemeinsam mit Söding & Halbach ein neuer Rollenbock entwickelt, der das Wechseln der Kaliberrollen ermöglicht, ohne die Rollenböcke vom Bohrkopf zu lösen. Außerdem wurden die Schneidrollen selbst verändert. Zur Aufnahme der hohen Lagerbelastung, die im Betrieb auf der 6 m-Maschine besonders im Kaliberbereich auftreten, wurde die Tragzahl im Radiallager und im Axiallager um über 20% erhöht. Auch wurden die Dichtungen der Schneidrollen hitzebeständiger gemacht, wodurch sich gleichzeitig die Nachschmier-Intervalle vergrößerten.

Abschnitt b

Dieser 2880 m lange Auffahrabschnitt, der rechtwinklig zum Abschnitt a angesetzt wurde, dient gemeinsam mit Abschnitt c dem Aufschluß einer rd. 27 Mio. t enthaltenden Kokskohlenlagerstätte. Auch in diesem Abschnitt traten feste Sandsteinpartien auf. Darüber hinaus waren druckhafte Partien und schwierige tektonische Störungen zu durchörtern (Abb. 4 — Darstellung bis 2370,2 m). Etwa 120 m oberhalb der Strecke war in den Jahren 1963 bis 1970 das Flöz „Präsident" abgebaut worden, wobei zum Schutz der Schächte Sicherheitspfeiler belassen wurden (Abb. 5).

Besonders in den Stanzzonen im Grenzbereich Pfeiler – Alter Mann, waren unmittelbar in der Strecke First- und Stoßausbrüche festzustellen, so daß zusätzliche Sicherungsarbeiten erforderlich wurden. Bereits durchfahrene

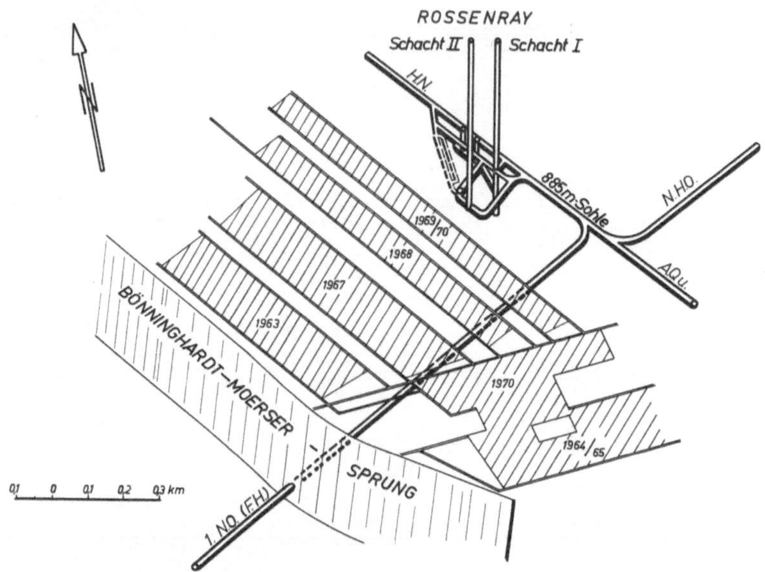

Abb. 5. Unterfahrung des schachtnahen Abbaubereiches Flöz „Präsident". (Militärperspektive)
Road below the shaft-near working district in seam „Präsident". Plan view (isometric view)

Streckenabschnitte wurden betoniert; im weiter aufzufahrenden gefährdeten Bereich wurde der Bauabstand von 1 m auf 75 cm verringert, was bereits voll ausreichte, um die Zusatzdrücke aufzufangen.

Abb. 6 zeigt die Lage der Richtstrecke und der darüber liegenden Bauabschnitte in Flöz „Präsident". Hier ist auch die Anordnung der Meßanker dargestellt, die eingebracht wurden, um die weiteren gebirgsmechanischen Vorgänge zu verfolgen. Ergebnis bis heute: Keine nennenswerten Verformungen des Ausbaus und keine nennenswerten Gebirgsbewegungen.

Mit der Durchörterung des Bönninghardt-Moerser Sprunges war erstmals mit der Maschineneinrichtung eine größere tektonische Störung zu durchfahren (Abb. 7). Bereits 20 m vor Erreichen des Saalbandes kam es zu erheblichen Ausbrüchen; danach traten Wasserzuflüsse ein, die mit 120— 400 l/min. während der gesamten Störungsdurchörterung anhielten. Die Kluft war 10 m breit, gefüllt mit feinsten lettigen rolligen Materialien ohne Standfestigkeit. Es folgte Sandstein mit Kleintektonik ohne eindeutige Begrenzung.

Mit Erreichen der Störung wurde die Maschine bis zur vorderen Verspannung verschüttet. Nach anschließendem Freiladen, wurde der Ausbruch

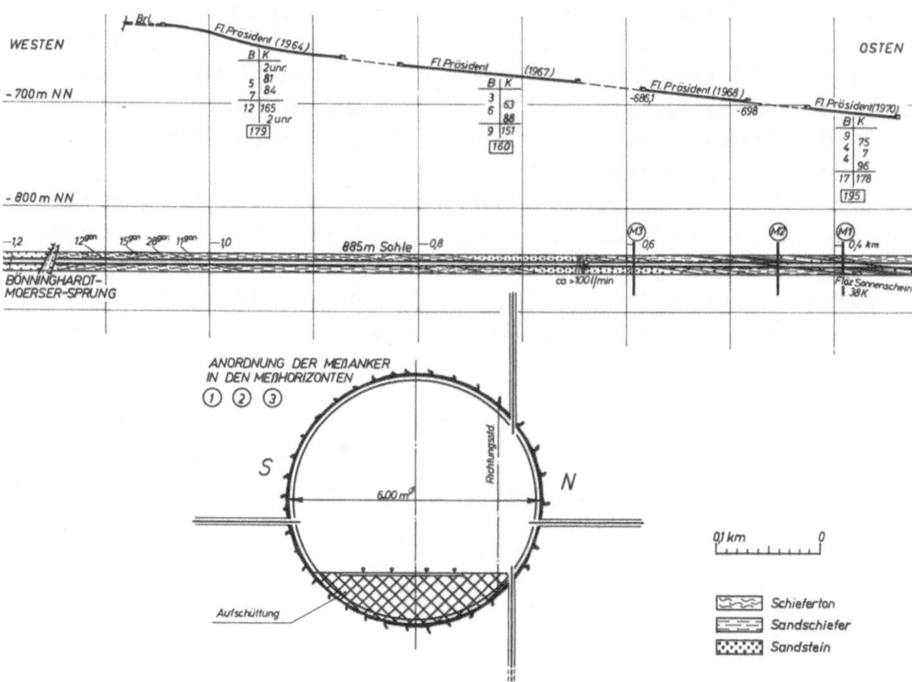

Abb. 6. Unterfahrung des schachtnahen Abbaubereiches Flöz „Präsident". Längsschnitt
Road below the shaft-near working district in seam „Präsident". Longitudinal section

Abb. 7. Bönninghardt-Moerser-Sprung
Bönninghardt-Moers fault

von 80 m³ mit Spritzmörtel versiegelt; danach wurde versucht, den Bohrbetrieb fortzusetzen, was bereits nach 70 cm zu erneutem schwerem Ausbruch von 150 m³ führte. Versuche, diesen Ausbruch mit Granulat zu verblasen, mit Zement zu verfüllen und mit Zementleim zu injizieren, schlugen
fehl, so daß schließlich eine ausgesprochen bergmännische Methode der
Störungsüberwindung gewählt wurde.

Gemäß Abb. 8 wurden Stöße und Firste strossenartig 80 cm breit aufgemacht, nachdem vorher Sickenbleche in das Geröll getrieben worden waren.
Der freigelegte Raum wurde sofort durch Spritzmörtel gesichert, der Sonderbau angespritzt und der Hohlraum über dem Sonderbau mit Beton verfüllt. Die Maschine konnte nunmehr dem Sonderbau folgen, wobei plan

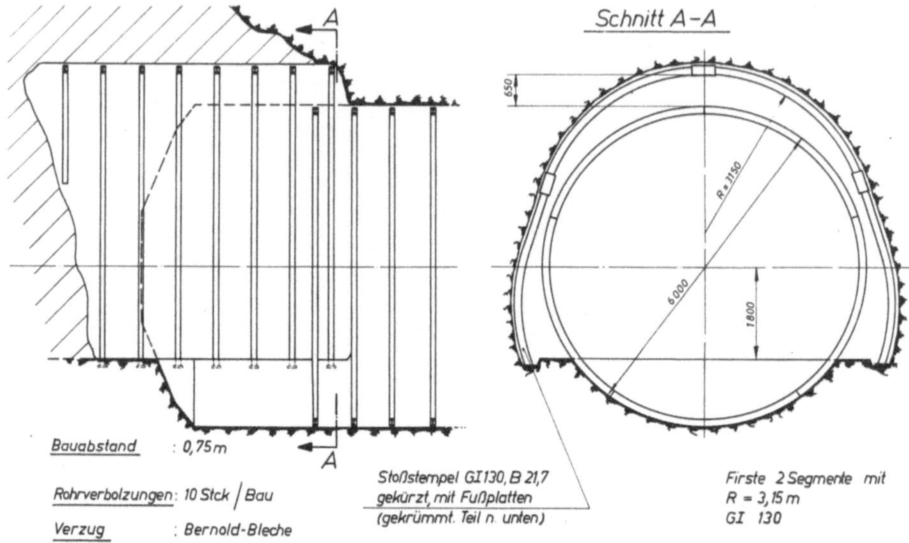

Abb. 8. Störungsdurchfahrung 1 NO. Sonderausbau im Bereich geologischer Störungen
1st lateral to NE working through the fault. Special supports in the zone of geological
disturbances

mäßig der Ringausbau eingebracht wurde. Der Raum zwischen Ringausbau
und Sonderbau wurde mit Beton verfüllt, wodurch nach entsprechender Wartezeit die Maschine verspannt und damit vorgefahren werden konnte. Im
eigentlichen Störungsbereich über 47 m wurde ein Tagesvortrieb von 1,57 m
erreicht.

Zur genauen Aufklärung des Störungsbeginns wurde ca. 100 m vor Erreichen des Saalhoff-Lintforter Sprunges eine kombinierte Meißel-Kernbohrung angesetzt. So konnte die erste Kluftausfüllung von rd. 4 m Stärke
rechtzeitig erkannt werden. Mit Erreichen des gestörten Gebirges wurden
6 m lange Moniereisen in entsprechend angesetzte Bohrlöcher gesteckt und
mittels Polyurethanpatronen verklebt. Dabei war das planmäßige Bohren
im Störungsgestein z. T. recht schwierig. Nach Aufschneiden von 3 m wurde
jeweils ein weiterer Fächer gebohrt und mit Moniereisen versehen. Mit dieser

Methode konnten 18 m Störung gut überwunden werden. Dann jedoch brach dieses so gesicherte Streckenstück ein und es mußte ein Abschnitt von 28 m

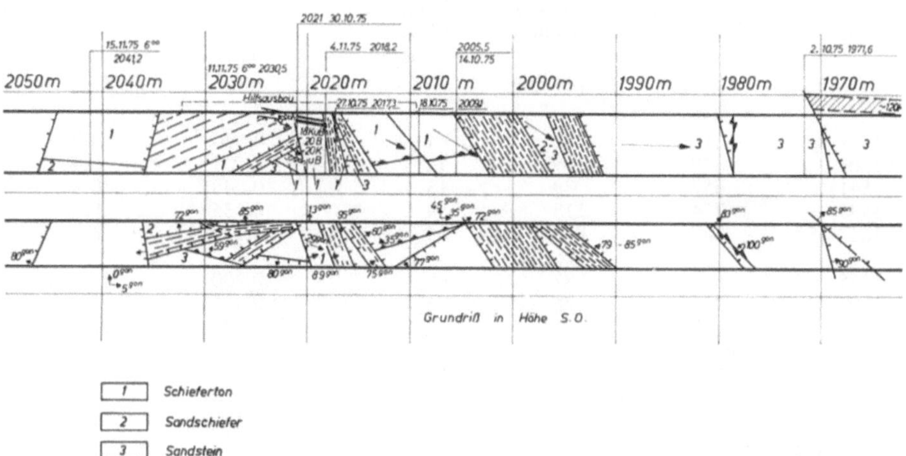

Abb. 9. Saalhoff-Lintforter Sprung
Saalhoff-Lintfort fault

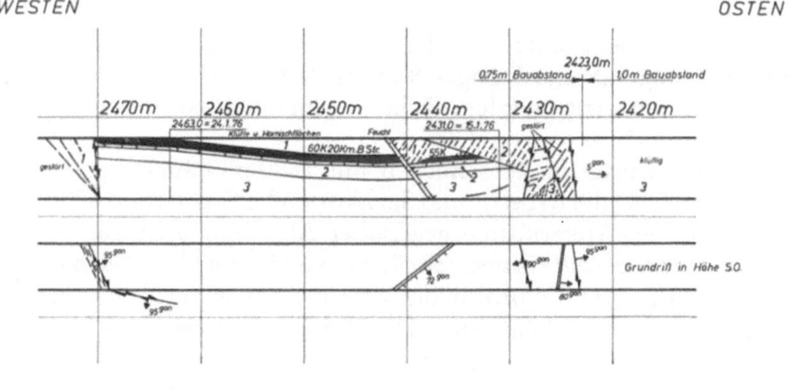

Abb. 10. Donger Störung, 1. NO, 885 m-Sohle
Dong fault, 1st lateral to NE, 885 m haulage level

nach der beim Bönninghardt-Moerser Sprung bewährten Methode mit Sonderbauen durchörtert werden. Die Störungszone war 91 m lang und konnte

Tabelle 3. Untersuchungsergebnisse von Gesteinsproben
885 m-Sohle, Richtstrecke nach Friedrich Heinrich
Results of the Analysis of the Rock Samples. 885 m Haulage Level, Lateral
to Colliery Friedrich Heinrich

Entnahme-ort	Druck-festigkeit	Zug-festigkeit	Anteil der schleiß-schar-fen Minerale	Quarzkorn-durchmesser	Verschleiß-Kennziffer
Point of sampling	Compressive strength	Tensile strength	Percentage of abrasive minerals	Diameter of quartz particles	Characteristic figure of wear
Station, m	kp/cm²	kp/cm²	Vol.-%	mm	F_R
1472	251	62	4	0,020	0,08
1501	448	89	11	0,051	0,5
1541	657	89	16	0,048	0,8
1598	754	118	54	0,135	8,3
1617	887	Probe zer-brochen*	54	0,120	6,5
1665	670	97	66	0,200	13,2
1701	337	76	6	0,036	0,22
1751	Probe zer-brochen*	75	73	0,170	12,4
1906	625	142	33	0,056	1,85
2400	1120	139	57	0,095	5,42
2607	884	158	47	0,135	6,35
1. NW, Lie-gendes Flöz Plaßhofsbank**	749	94	73	0,240	17,52

  * Sample crushed
 ** 1st lateral to North West Floor of Seam Plaßhofsbank

mit 2,46 m/Tag überwunden werden (Abb. 9). Die gegen Ende des Auffahr-
abschnittes b angefahrene Donger Störung (Abb. 10) konnte problemlos mit
3,38 m/Tag durchörtert werden. Sicherungsmaßnahmen besonderer Art waren nicht erforderlich.

Insgesamt wurde im Abschnitt b mit 2880 m Länge ein Tagesvortrieb
von 8,92 m erreicht; die Arbetis- und Sachkosten betrugen rund 6500,— DM/m.
Die Erhöhung der Meterkosten gegenüber Abschnitt a ist vor allem auf die
verringerte tägliche Auffahrung (ca. 25%) sowie auf den zusätzlichen Mate-
rialverbrauch beim Durchörtern der Störungszonen und bei nachträglichen
Sicherungsarbeiten zurückzuführen. Die Meißelkosten betrugen 26,19 DM/fm³.
Die Erhöhung gegenüber Abschnitt a ergibt sich einmal aus Preissteigerun-
gen und Entwicklungskosten neuartiger Einrichtungen, zum andern auch
aus der über 800 m langen Sandsteinzone am Ende der Auffahrung, mit z. T.
ungünstigen gesteinsmechanischen Werten (Tabelle 3).

Umsetzen der Vortriebsmaschine

Der Einsatz von Vollschnittmaschinen im Steinkohlenbergbau untertage
unterscheidet sich in einigen Punkten wesentlich von den meisten Einsätzen
im Stollen- und Tunnelbau. Hier ist zunächst der unmittelbar hinter dem
Bohrkopf einzubringende verspannte Ringausbau zu nennen. Mit einer neuen

teilmechanisierten Ausbauhilfe kann dieser heute bereits in 175 cm Abstand von der Ortsbrust eingebracht werden.

Ein weiterer für den Untertageeinsatz typischer Vorgang ist das Umsetzen der Maschine zum nächsten Vortriebsabschnitt. Dieser Vorgang hat einen technischen und einen wirtschaftlichen Aspekt.

Technisch ist bei den beiden bisherigen Umsetzvorgängen auf der Zeche Rheinland folgende Lösung gefunden worden:

1. Teildemontage der Maschine am Zielpunkt ohne Demontagekammer. Dabei entstehen zusammenhängende Transporteinheiten mit Einzellängen von 6—9,3 m und maximalem Einzelgewicht von über 200 t.

2. Spezialwagen bringen diese Teile in der richtigen Reihenfolge zum nächsten Startpunkt, was gegebenenfalls ein Umrangieren an einem Streckenabzweig erfordert.

3. Zusammenbau der großen Einheiten in einer dank der Teilmontage recht kleinen Montagekammer und Einfahren der Maschine in eine vorbereitete Startröhre.

Abb. 11 Zeigt den Transport des Maschinenkörpers beim Umzug von a nach b. Der Streckenabschnitt c wurde rechtwinklig an den Streckenab-

Abb. 11. Transport des Maschinenkörpers (ca. 200 Mp) mit Hilfe von Spezialwagen
Transport of the body of the tunnelling machine (about 200 Mp) by means of special cars

schnitt b angesetzt (siehe Abb. 1). In diesem Falle wurden die Transporteinheiten wegen der richtigen Reihenfolge am vorbereiteten Abzweig vorbeigefahren und danach mit einer auf Eisenschienen gleitenden und mit Hydraulikzylindern bewegten Drehscheibe in die gewünschte Richtung gebracht, wobei der Abzweig zugleich als Montagekammer diente (Abb. 12).

Abb. 12. Umsetzvorgang des Maschinenkörpers (ca. 200 Mp) auf einer Drehscheibe mittels Hydraulikzylindern
Reversing the body of the tunnelling machine (about 200 Mp) on a turn table by means of hydraulic cylinders

Zum wirtschaftlichen Aspekt dieses Umsetzvorganges ist festzuhalten, daß sich die Gesamtkosten eines solchen Vorganges auf etwa 1,2 bis 1,4 Mio. DM bei einem Zeitaufwand von etwa 4 Monaten belaufen. Dieses allerdings unter der Voraussetzung der Teildemontage. Bei voller Demontage und entsprechender Montage liegen die Kosten über 2 Mio. DM für einen Umsetzvorgang, und es wird ein erheblich längerer Zeitraum benötigt.

Es versteht sich somit, daß diesen Vorgängen besondere Aufmerksamkeit geschenkt wird und daß sie überaus sorgfältig — im Regelfall über Netzplan — vorbereitet werden. Eine Konsequenz hieraus ist die Forderung nach möglichst langen Streckenabschnitten, um den Anteil der Umzugskosten gering zu halten.

Trotz dieser einschränkenden Voraussetzungen werden in Kürze nach der bereits beendeten 7 km-Vollschnittauffahrung auf der Zeche „Minister Stein" und neben der laufenden Rheinland-Auffahrung, über die hier berichtet wurde, zwei weitere Großvorhaben mit Vollschnittmaschinen im Steinkohlenbergbau an der Ruhr gestartet, ein Zeichen dafür, daß diese Technik sich bei dafür geeigneten Großprojekten durchzusetzen beginnt.

Anschrift des Verfassers: Dr.-Ing. Hermann B o l d t, Bergwerksdirektor in Ruhrkohle AG, Postfach 260, D-4100 Duisburg, Bundesrepublik Deutschland.

Rock Mechanics, Suppl. 6, 161—191 (1978)

Rock Mechanics
Felsmechanik
Mécanique des Roches
© by Springer-Verlag 1978

Tunnelbau unter historischen Gebäuden in Nürnberg

Von

Paul Bauernfeind, Friedemann Müller und **Leopold Müller**-Salzburg

Mit 26 Abbildungen

Zusammenfassung — Summary

Tunnelbau unter historischen Gebäuden in Nürnberg. Im Anschluß an die Auffahrung der beiden ersten nach der „Neuen Österreichischen Bauweise" vorgetriebenen Baulose am Hasenbuck in den Jahren 1972 und 1973 und Aufseßplatz in den Jahren 1974 und 1975 wurde 1975 und 1976 im Bereich der Nürnberger Innenstadt ein unterirdischer Bahnhof bergmännisch aufgefahren. Dabei war das aus dem 12. bis 13. Jahrhundert stammende „Nassauer Haus" zu unterfahren, und zwar mit einem Abstand zwischen Fundamentunterkante und Tunnelscheitel von nur 2,50 m. Des weiteren mußten die Bahnhofsröhren nur 0,80 m neben dem Fundament des 75 m hohen Südturmes der Lorenzkirche — Gotische Kirche aus dem 13. Jahrhundert — vorgetrieben werden. Der U-Bahnhof liegt in mürbem Keupersandstein. Besonders kompliziert wurde die Auffahrung dieser beiden Bahnhofsröhren durch die Tatsache, daß zwischen ihnen ein Gebirgskern von nur 2,80 m Breite stehenbleiben konnte und daß in diesem Gebirgskern zwei Verteilerhallen sowie drei Querschläge hergestellt werden mußten. Die gewählte Bauweise, der Vortriebsablauf sowie die Meßergebnisse während der Baudurchführung werden beschrieben. Die aufgetretenen Setzungen betrugen dabei am Nassauer Haus nur 9 mm und am Südturm der Lorenzkirche gar nur 2 mm. Die Meßergebnisse zeigten unter anderem, daß sich bei so eng aneinander liegenden Röhren auch bei geringer Überlagerung und niedriger Gebirgsfestigkeit ein gemeinsames Stützgewölbe im Gebirge aufbaut und so wesentlich zur Entlastung der Sicherungsauskleidung beiträgt.

Aufgrund der umfangreichen Voruntersuchungen war es möglich, alle notwendigen Arbeiten in der Ausschreibung zu erfassen und ohne Überschreitung des Kostenvoranschlages die Bauarbeiten in der vorgesehenen Bauzeit abzuwickeln. Die aufgetretenen sehr geringen Setzungen blieben ohne schädliche Auswirkungen auf die historisch wertvolle Bebauung.

Tunnelling Under Historical Buildings for the Subway of Nuremberg. In continuation of the first two lots of the Nuremberg subway, having been excavated according to the "New Austrian Tunnelling Method" ("Hasenbuck" 1972—1973, "Aufsessplatz" 1974—1975), a subway station was tunelled in 1975 to 1976. The two parallel tubes of this station had to underpass several buildings very closely. There was only a vertical distance of 2,50 m between the foundation of the "Nassauer Haus" (12th to 13th century) and the roof of the tunnel. Furthermore the station had to be excavated just 0,80 m beside the foundation of the 75 m high southern tower of the "Lorenz" cathedral, a Gotic cathedral from the 13th century. The station lays in mellow "Keuper"-sandstone. A special problem for the excavation of the two station tubes was the fact that there remained only 2,80 m of rock between them. This thin wall of rock had to be penetrated for two concourses and three cross passages. The chosen way of construction, the sequence of excavation as well as the results of measurements executed during construction are described. There were measured subsidences of only 9 mm at the "Nassauer Haus" and of only 2 mm at the southern tower of the "Lorenz"-cathedral. The measurements showed that above the two parallel tunnels of very small distance a single supporting arch develops in the rock also if the cover is small and the strength is low. This means an essential discharging of the tunnel lining.

Due to the extensive preliminary investigations it was possible to comprehend all necessary works in the specifications and to finish the construction works in the time planned. The small settlements did not cause any damage at the historical buildings.

1. Der U-Bahnhof Lorenzkirche

Drei spezifische Vorzüge der Neuen Österreichischen Tunnelbauweise waren es, die diese Methode für den Bau von Stationsröhren der Nürnberger U-Bahn unter ebenso empfindlichen wie kostbaren historischen Bauwerken der Nürnberger Altstadt ganz besonders geeignet erscheinen ließen:

a) eine nahezu unbeschränkte Freiheit der Formgebung unterirdischer Hohlräume;

b) die Möglichkeit, Setzungen und Deformationen des umgebenden Bodens auf ein Minimum zu begrenzen;

c) die Sicherheit, mit der diese Begrenzung kontrolliert, vorausgesagt und beeinflußt werden kann.

Obwohl die Bauweise selbst seit längerem bekannt ist, erscheint es uns doch angebracht, gerade an der Stelle, an der sie aus der Taufe gehoben wurde, über einen besonders delikaten Anwendungsfall zu berichten.

Im Kern der Nürnberger Altstadt bildet der Platz vor der Lorenzkirche mit der gotischen Kirche aus dem 13. und dem Nassauer Haus aus dem 12./13. Jahrhundert (Abb. 1) einen Verkehrsschwerpunkt. Der dortige Bahnhof erschließt die bedeutendsten Büro- und Geschäftsviertel mit dem Hauptmarkt. Die Hauptrichtung der Fußgängerströme nach Norden und Süden bedingte die Ausgänge und die Lage des Bahnhofes unter dem Platz vor der Lorenzkirche (Abb. 2). Die beengten Verhältnisse und die Bebauung machten es erforderlich, den gesamten Bahnhof in geschlossener Bauweise herzustellen, was unter den vorhandenen geologischen Verhältnissen mit Hilfe der Neuen Österreichischen Tunnelbauweise möglich war. Dabei mußte in diesem Abschnitt wegen Unterfahrung der historisch wertvollen Gebäude in geringer Tiefe von zum Teil nur 2,50 m von den Fundamenten und dem geringen seitlichen Abstand (80 cm) der Bahnsteigröhren zu dem Fundament des 75 m hohen Südturmes der Lorenzkirche mit besonderer Vorsicht und Aufmerksamkeit gearbeitet werden.

2. Geologische und geomechanische Verhältnisse

Obwohl die geologischen Verhältnisse und die geomechanischen Eigenschaften des zu durchörternden Gebirges von anderen Bauabschnitten her bereits weitgehend bekannt waren, geboten die heiklen Besonderheiten der gestellten Bauaufgabe die Durchführung umfangreicher Vorerkundungen,

Abb. 1. Lorenzkirche
St. Laurence Church

die allein eine zielsichere Projektierung ermöglichten. Diese Erkundungen wurden vom Grundbauinstitut der Landesgewerbeanstalt Nürnberg durchgeführt. Aufschlußbohrungen unterrichteten über die Art des Keupersandsteins, zum Teil auch über die in ihm eingelagerten Tonzwischenlagen und über die zwischen 2,80 und 4,80 m schwankenden Überlagerungen sandiger, kohäsionsloser Alluvionen und künstlicher Auffüllungen (Abb. 3).

Ganz besonders interessierte die Gründung des Nassauer Hauses und des Lorenzkirchturmes (Abb. 4). Man begnügte sich dort nicht mit Bohrungen, sondern teufte zwei Schächte ab, welche unmittelbare Anschauung gewährten. Sie zeigten, daß beide Bauwerke ca. 5 m tief im mürben Sandstein gegründet sind. Dieser Sandstein ist nicht eigentlich als Fels angesprochen, sondern eher als ein Mittelding zwischen Boden und Fels. Im später aufzufahrenden Tunnelbereich mußte vorwiegend mit mürben, horizontal gelagerten, aber voneinander nur wenig durch Bankungsfugen getrennten und beinahe ungeklüfteten Sandsteinlagen gerechnet werden, deren einachsige Zylinderdruckfestigkeit zwischen 4 und 15 kp/cm^2, gelegentlich auch darüber, nicht selten aber auch darunter lag.

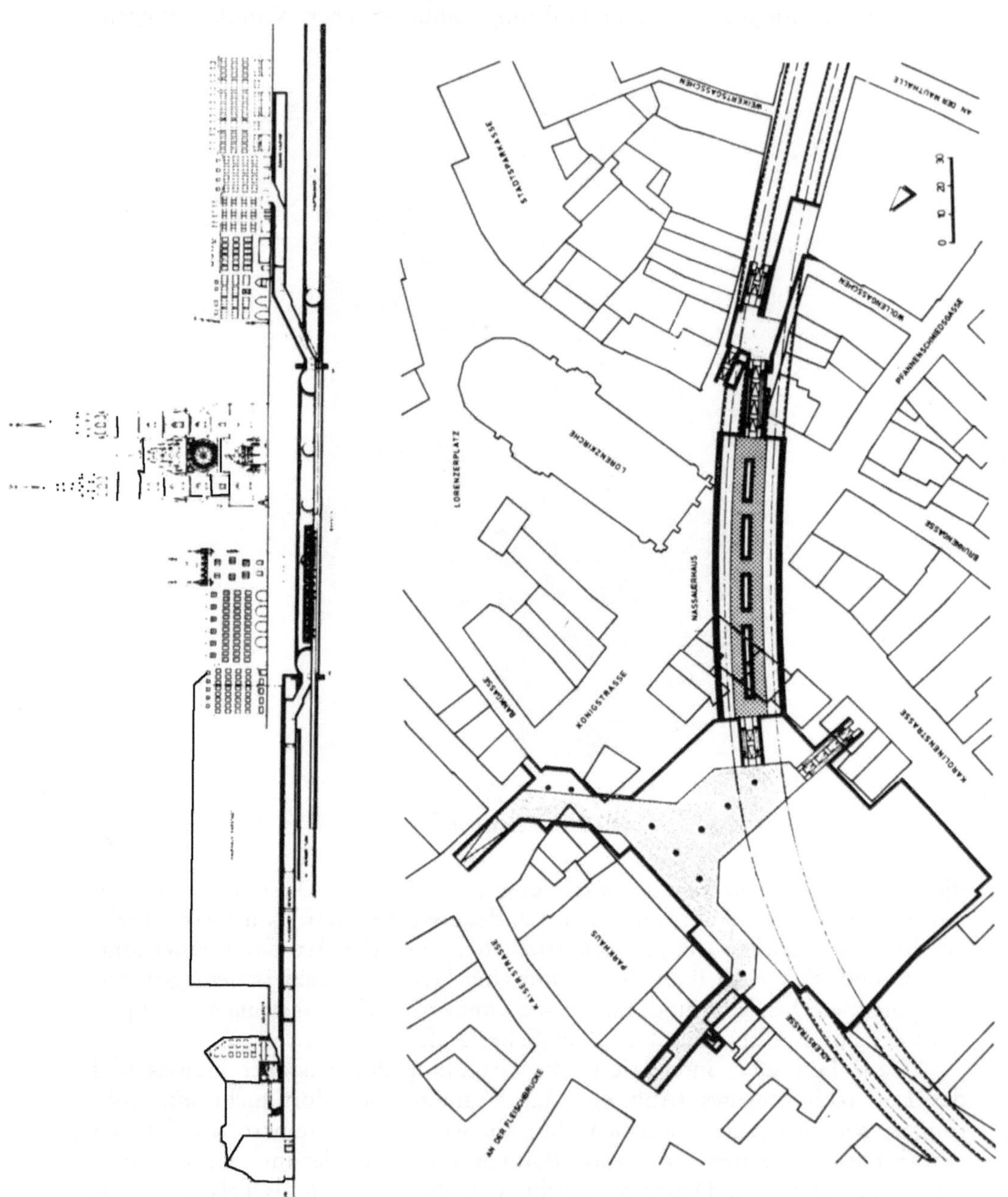

Abb. 2. Lageplan und Längsschnitt des U-Bahnhofes — Plan of the area of the station and longitudinal section

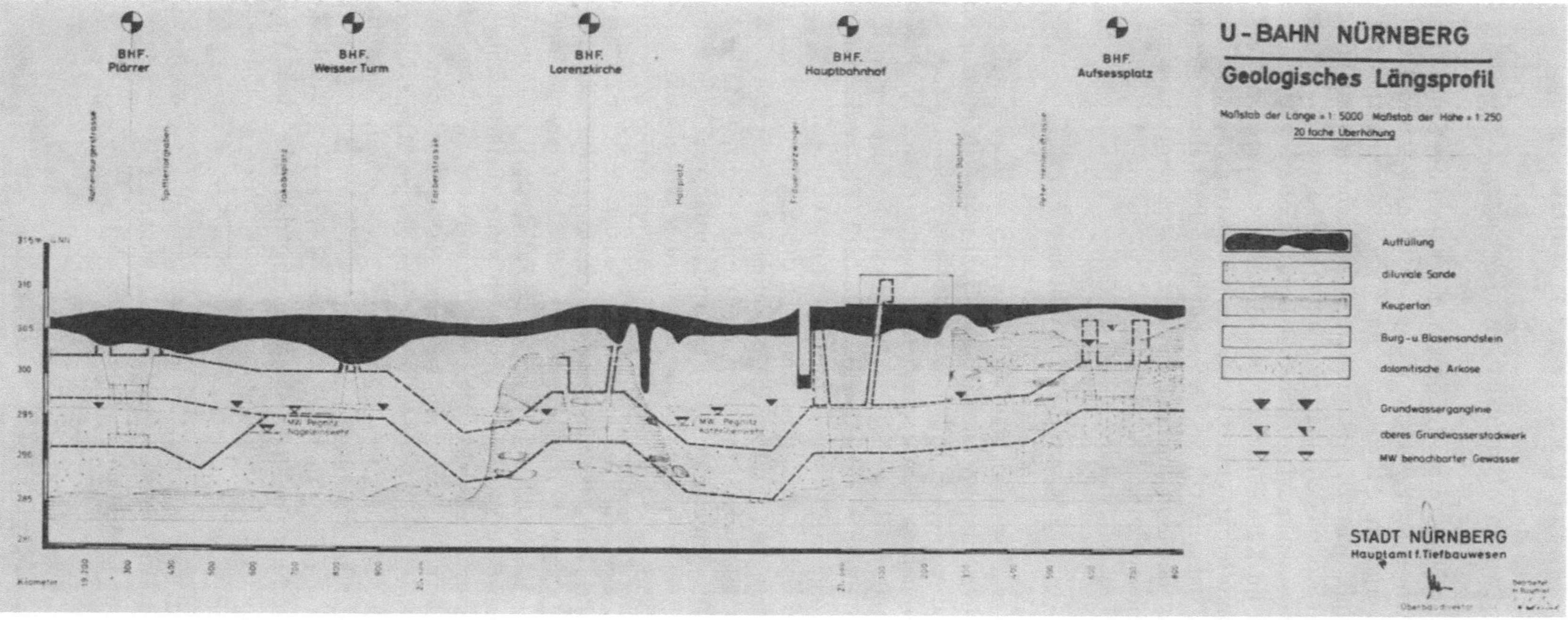

Abb. 3. Geologisches Längsprofil

Geological profile

Die Tonlagen wiesen Mächtigkeiten von wenigen Zentimetern bis zu einem Meter auf.

Über die elastischen und plastischen Eigenschaften des Sandsteins unterrichteten Lastplattenversuche, welche Werte zwischen 2800 und 4200 kp/cm² für den E-Modul ergaben. Mittelwerte, die für das Deformationsverhalten charakteristisch sind, wurden mit größerer Treffsicherheit aus Rückrechnungen gemessener Röhrendeformationen anderer Baulose erhalten.

Der Grundwasserspiegel lag nach den Bohrungen etwa 11 m unter Gelände, somit etwa im Kämpferbereich der Bahnhofsröhren. Da das Grundwasser in den unmittelbar angrenzenden Schildvortriebstrecken abgesenkt wurde, erübrigten sich zusätzliche Maßnahmen in der Bahnhofstrecke. Mit einer Aufweichung der Tonschichten an ihrer Oberkante und einer damit verbundenen Schmierwirkung war zu rechnen.

3. Querschnittsausbildung

Vom Betrieb wie von der Linienführung her war es erwünscht, die beiden Stationsröhren, die einschließlich des Bahnsteigs einen waagerechten lichten Durchmesser von 8,4 m haben sollten, so eng nebeneinander zu legen, daß sich ein Achsenabstand von etwa 12 m ergibt (Abb. 5a). Bei Wandstärken von etwa 60 cm (einschließlich Außenschale) und einer Ausführung in zwei getrennten, durch mehrere Querschläge (Abb. 5b) verbundenen Röhren verblieb dabei eine Mittelwand von nur 2,8 m Dicke.

Angesichts der Spannungskonzentration in dieser Wand und der äußerst geringen Gesteinsfestigkeit erschien diese Wandstärke recht schwach. Deshalb wurden vom Ingenieurbüro für Tunnel- und Felsbau, Müller-Hereth, dem die Projektierung anvertraut war, drei Ausführungsvarianten untersucht (Abb. 6). Diese liefen darauf hinaus, die schmächtige Mittelwand durch eine Reihe bzw. durch Doppelreihen von Betonstützen mit einem tragenden Unterzug zu ersetzen. Der Arbeitsablauf wäre so gedacht gewesen, daß vorweg ein Mittelwandstollen von 8 bis 9 m Durchmesser vorgetrieben worden wäre, in den die später tragende Stahlbetonkonstruktion mit einem Kopfbalken einzubringen war, welcher allerdings außerordentlich stark ausfallen mußte, wenn der Stützenabstand nicht zu eng werden sollte. Beim anschließenden Vortrieb der Stationsröhren hätte sich die Tunnelschale auf diese bereits vorhandene unnachgiebige Kalottenauflauflager abstützen können.

In der Variante 3 wurde versucht, die gewaltigen Abmessungen des Kopfbalkens durch Aufteilung in zwei Balken zu reduzieren; dies hätte aber die Ausführung reichlich kompliziert. Im Laufe der Entwicklung, welche ein solches Projekt notwendiger- und zweckmäßigerweise nimmt, ergab sich aus verschiedenen Berechnungen und Überlegungen, daß alle drei Varianten gegenüber einer einfachen Ausführung zweier Einzelröhren mit Querschlägen

---

Abb. 4. Lorenzkirche mit Tunnelröhren

St. Laurence Church with tubes

mit dem Nachteil behaftet sind, anstelle zweier Vortriebe deren drei zu erfordern. Dies hätte nicht nur höhere Kosten, sondern wegen der Spannungsumlagerungen im System auch größere Setzungen bedeutet.

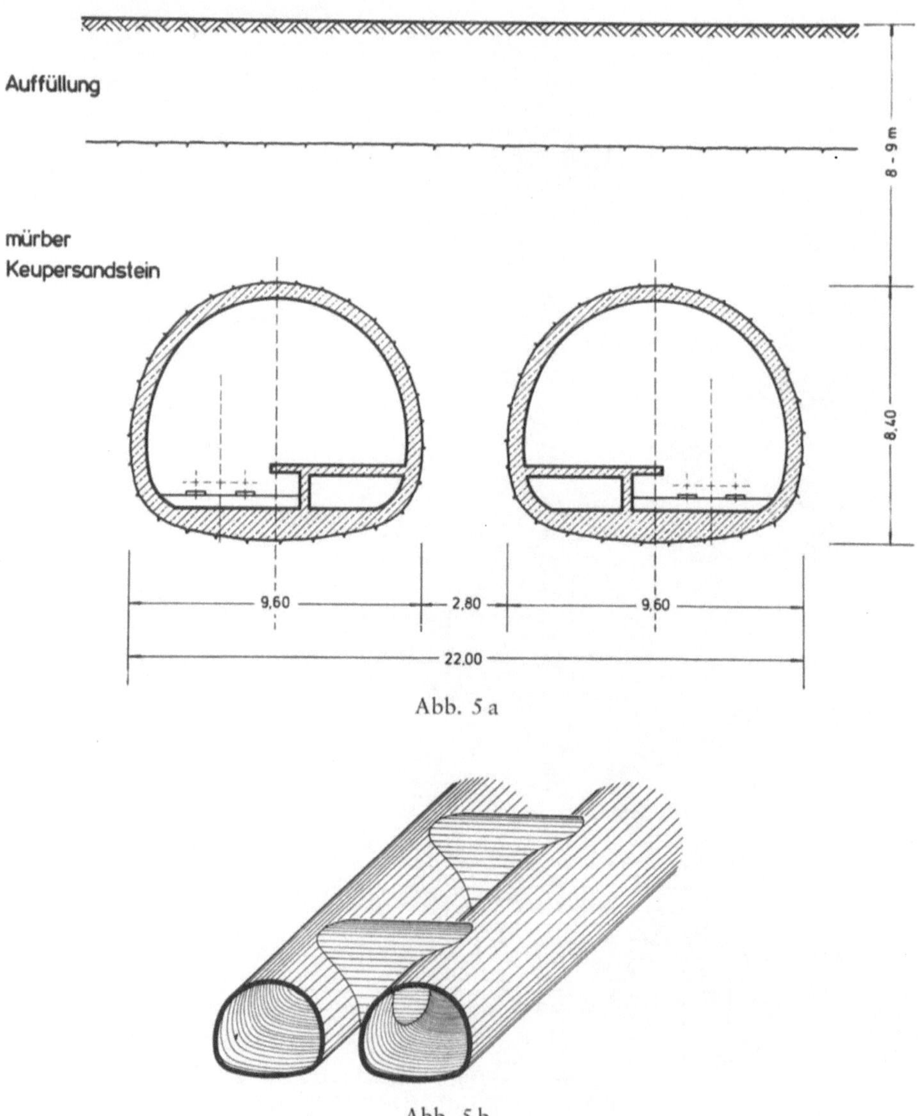

Abb. 5 a

Abb. 5 b

Abb. 5. a) Querschnitt der Stationsröhren; b) Bahnhofsröhren mit Querschlägen
a) cross-section of the tubes; b) station tubes with cross-passages

Es ist ein wesentlicher Grundsatz der „Neuen Bauweise", die Zahl der Spannungs- und Massenumlagerungen möglichst zu beschränken, da eine jede Umlagerung das Gebirge zusätzlich entfestigt. Diesem Grundsatz wollte man treu bleiben. Denn jedes technische Konzept bringt nur dann wirklichen Erfolg, wenn es konsequent eingehalten wird.

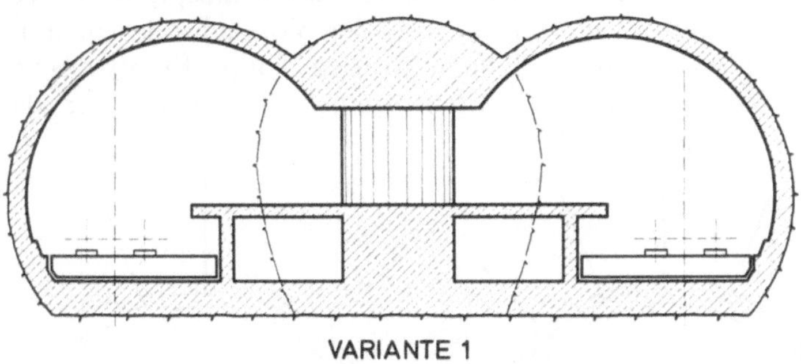

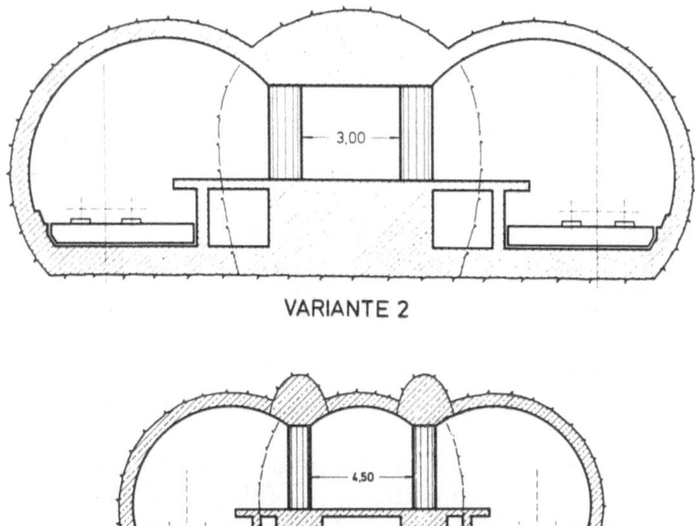

Abb. 6. Querschnitt der Varianten mit Mittelpfeilern
Cross-sections of the variants with middle pillars

So entschloß man sich, zwischen den beiden Stationsröhren eine Felsmittelwand stehen zu lassen (Abb. 7), deren Dicke theoretisch 2,8 m, unter Anrechnung unvermeidlichen Mehrausbruches und einer vielleicht eintretenden Schalenablockerung mit etwa 2,4 m angenommen werden mußte.

Um ungünstige unsymmetrische und wechselnde Belastungen dieser hochbeanspruchten Mittelwand zu vermeiden, wurde ein Synchronvortrieb der beiden Röhren vorgeschrieben, wobei eine Röhre der anderen nur um einen Bogenabstand vorauseilen durfte. Getreu dem Konzept, nach welchem die Zahl der Spannungsumlagerungen, also der Vortriebsphasen, aufs äußerste zu beschränken war, wurde für beide Röhren Vollprofilvortrieb vorgeschrieben und ein Voreilen eines Karlottenstummels von nicht mehr als 2 Bogen-

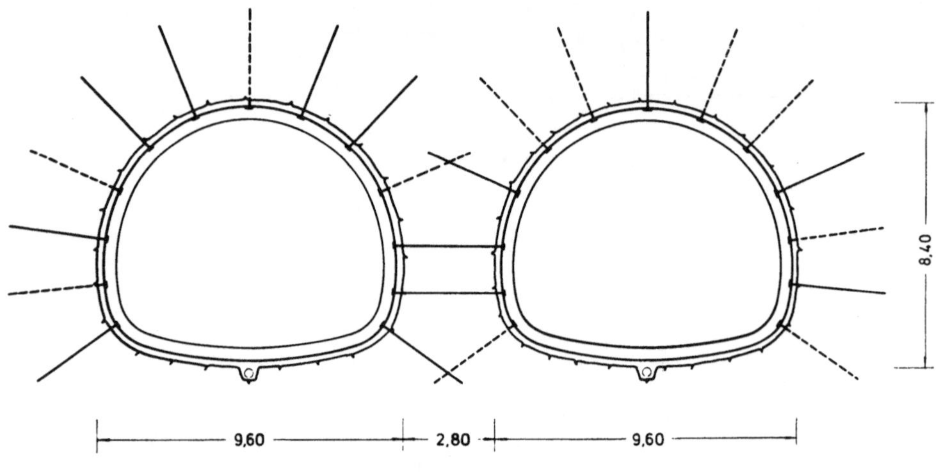

Abb. 7. Vortriebssicherung und Innenauskleidung
Cross-section with temporary support and final lining

abständen erlaubt (Abb. 8). Sohlaushub und Betonierung des Sohlgewölbes hatten dem Strossenabbau unmittelbar zu folgen, so daß ein kurzzeitiger Ringschluß in maximal 3 Bogenabständen erreicht wurde.

Sprengungen, auch Lockerungssprengungen, wurden nicht zugelassen, maschinelle Gebirgslösung verlangt.

Der Ausbruch durfte nicht fortgesetzt werden, ehe das bereits freigelegte Gebirge mit Spritzbeton gesichert war. Trotz dieser einschneidenden und streng überwachten Maßnahme erwies sich die Bauweise als wirtschaftlich, weil die Ausschreibung hinsichtlich aller Ausführungsbedingungen lückenlose Klarheit schuf. Die Baukosten betrugen einschließlich der sonstigen Kosten für die zusätzlichen Sicherungsarbeiten der Lorenzkirche je Meter Stationsdoppelröhre ca. 55000 DM.

Für die Querschläge wurden schon beim Vortrieb der Hauptröhren Bogenauflager mit eingespritzt, welche einen raschen Anschluß der Querschlagbögen ohne besondere zusätzliche Setzungen ermöglichten.

4. Vortriebssicherung und Sondermaßnahmen

Nicht immer werden bei der Neuen Österreichischen Tunnelbauweise die drei Grundelemente ihrer Sicherungsmethode, Stahlbögen, Spritzbeton und Anker, als gleich notwendig empfunden. Im vorliegenden Fall kam be-

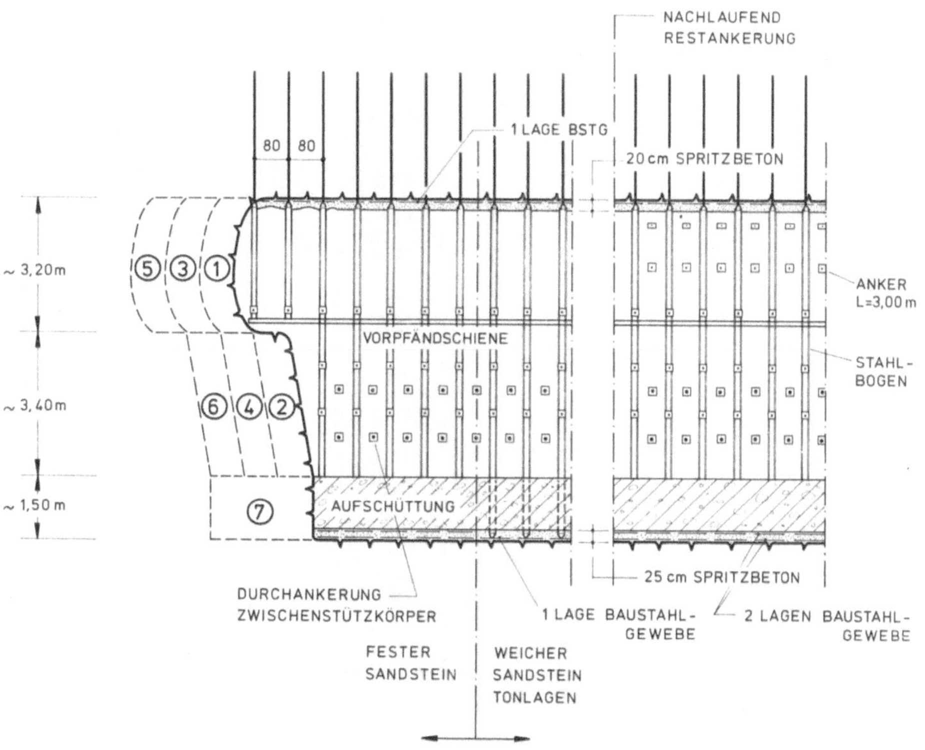

Abb. 8. Schema von Ausbruch und Ausbau
Scheme of excavation and support

sondere Bedeutung den Bögen zu. Sie übernehmen eine wesentliche Last schon in der allerersten Zeit, in der der Spritzbeton noch keine hohe Festigkeit besitzt. Außerdem bilden sie gleichzeitig eine Lehre für den Ausbruch und helfen dadurch, den Mehrausbruch zu beschränken und die Ringschlußzeit zu verkürzen. Angesichts der dünnen Mittelwand war dies ein wesentlicher Faktor. Besondere Sorgfalt erforderte deren Sicherung. Wegen der hohen Beanspruchungen des Gebirges mußten diese Bereiche unmittelbar nach dem Freilegen der Ulmen sofort gesichert und geankert werden. Eine wesentliche Standsicherheitsfunktion für den stehengebliebenen Gebirgskörper hatten hierbei die Anker zu übernehmen, auf deren genaue Vorspannung besonderer Wert gelegt wurde.

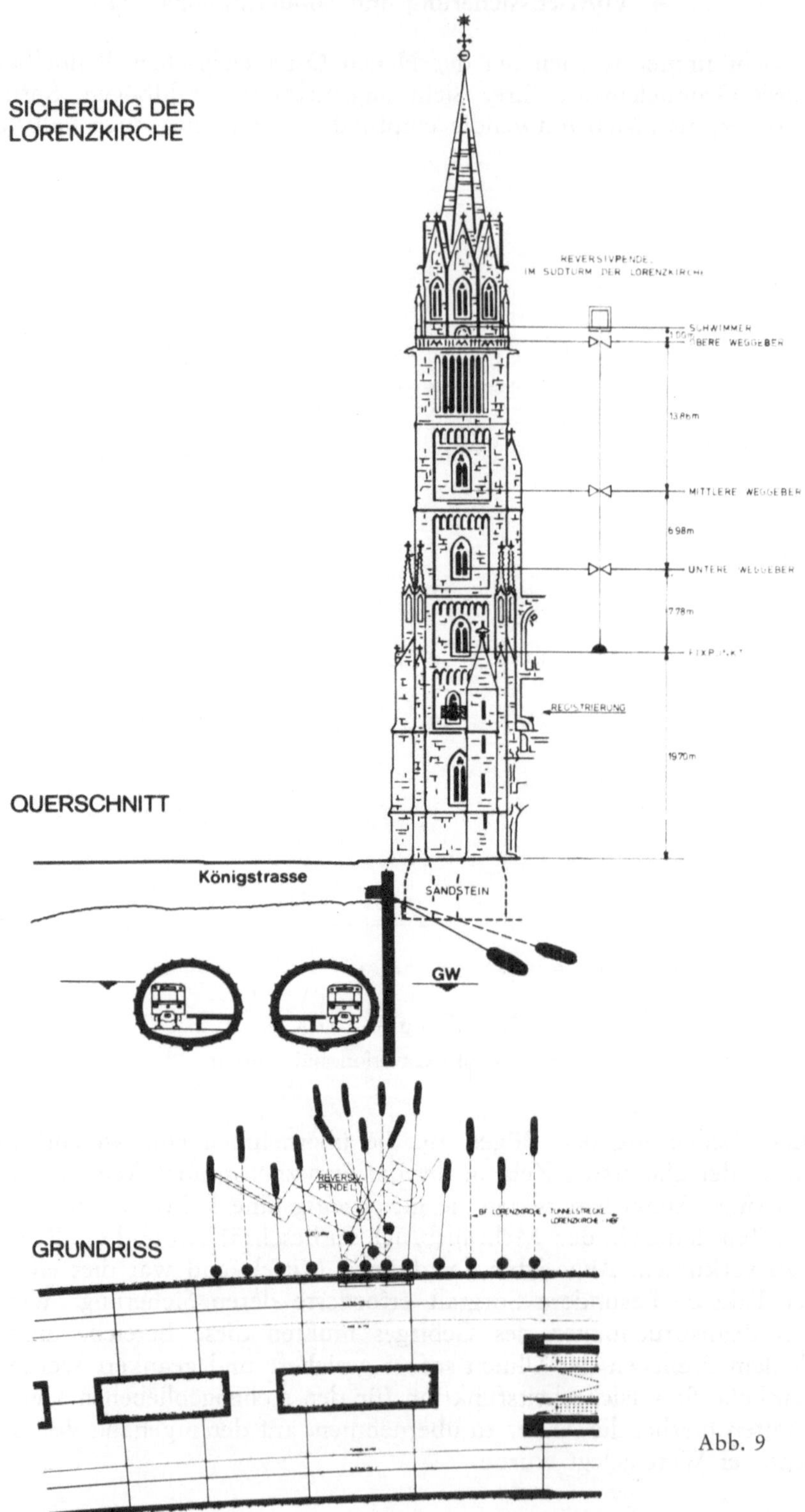

SICHERUNG DER
LORENZKIRCHE
REVERSIVPENDEL
IM SÜDTURM DER LORENZKIRCHE
SCHWIMMER
OBERE WEGGEBER
13.86m
MITTLERE WEGGEBER
6.98m
UNTERE WEGGEBER
7.78m
FIXPUNKT
REGISTRIERUNG
19.70m
QUERSCHNITT
Königstrasse
SANDSTEIN
GW
GRUNDRISS
REVERSIV-
PENDEL
BF LORENZKIRCHE   TUNNELSTRECKE
LORENZKIRCHE HBF

Abb. 9

5. Finite-Elemente-Berechnungen

Besondere Untersuchungen waren für den Südturm der Lorenzkirche erforderlich (Abb. 9). Wegen der zu erwartenden gegenseitigen Beeinflussung zwischen der nördlichen Tunnelröhre und dem Südturm der Lorenzkirche,

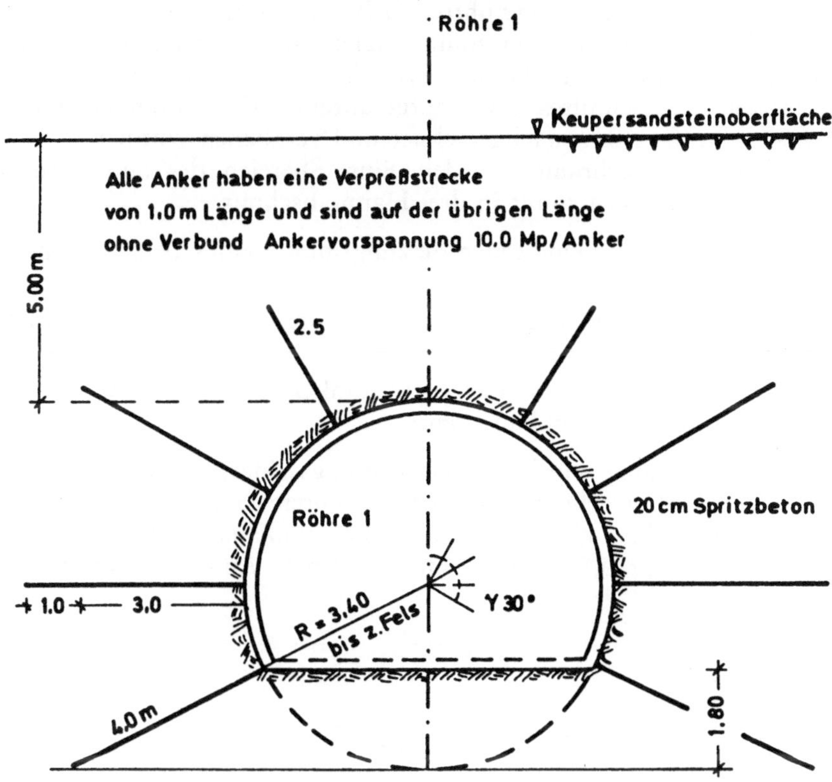

Abb. 10. Statisches System der rückgerechneten Röhre
Statical system of the re-calculated tube

deren Größenordnung und Ablauf nicht abgeschätzt werden konnte, wurde eine kontinuumsmechanische Berechnung mit Hilfe der Finiten Elemente durchgeführt, welche das Verformungsproblem des Bodens im Bereich des Kirchturmfundamentes besser zu erfassen versprach[1].

Abb. 9. Fundamentsicherung der Lorenzkirche
Special measures for stabilizing the tower of the St. Laurence Church

Da jede F.-E.-Berechnung so aussagekräftig ist, wie ihre Eingabewerte zutreffend sind, wurde besonderer Wert auf die Überprüfung der geometrischen und geologischen Gegebenheiten gelegt.

Das Spannungs-Verformungs-Verhalten des Keupensandsteins war aus einer Forschungsarbeit des Grundbauinstitutes der Landesgewerbeanstalt Bayern sehr genau bekannt; überdies lagen umfangreiche Erfahrungen und Meßergebnisse von vorher ausgeführten U-Bahn-Tunneln vor.

In die Berechnung konnten somit analytisch und empirisch ermittelte Werte eingehen. Dies wurde dadurch erreicht, daß die Verformungen eines repräsentativen Querschnittes eines aufgefahrenen U-Bahntunnels mit den vorgegebenen Stoffgesetzen nachgerechnet und verglichen wurden.

Die gesamte Berechnung für den Einflußbereich des Südturmes der Lorenzkirche gliedert sich somit in drei Hauptabschnitte:

1. Nachrechnung der gemessenen Setzungsmulde eines bereits hergestellten Tunnels;

2. Berechnung der Verformungen an der Lorenzkirche ohne zusätzliche Sicherungsmaßnahmen;

3. Ermittlung des Einflusses einer rückverankerten aufgelösten Bohrpfahlwand vor den Turmfundamenten.

Bei der Berechnung wurde der Verformungswiderstand des Ausbaus — ein System von Stahlstreckenbögen, vorgespannten Ankern und Spritzbeton (Abb. 10) — durch einen gleichmäßig über die Tunnelmantelfläche von innen wirkenden Druck mit 0,5 kp/cm² simuliert. Unter Annahme verschiedener

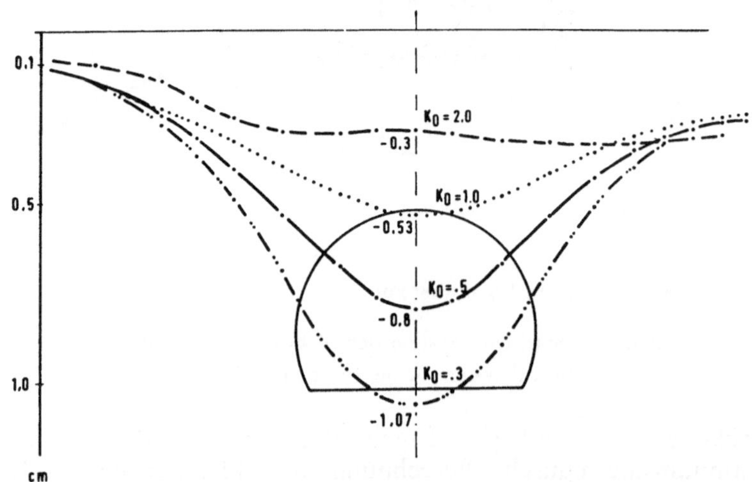

Abb. 11. Setzungsmulden an der Keuperoberfläche für verschiedene Ruhedruckannahmen
Surface settlements under the assumption of different side pressures at rest

Ruhedruckbeiwerte wurden die Setzungen über den Röhren ermittelt. Abb. 11 zeigt die bedeutende Abhängigkeit der Setzungen von der Annahme der Erdruhedruckbeiwerte.

Ein Vergleich der numerisch ermittelten Setzungsmuldenprofile (Abb. 12 a) mit den in der Natur gemessenen (Abb. 12 b) ergab eine befriedigende

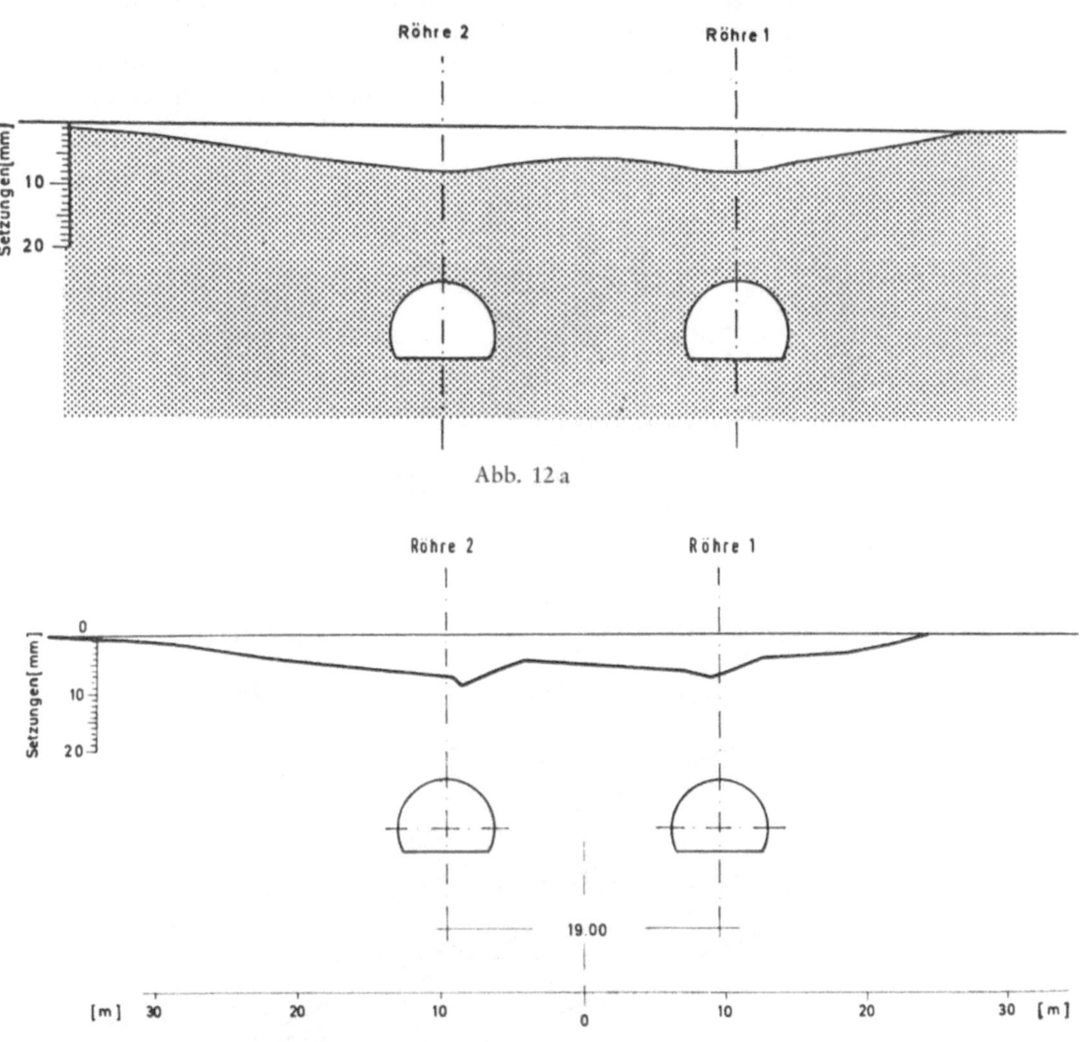

Abb. 12 b

Abb. 12. a) Setzungsmulde an der Geländeoberfläche; b) gemessene Setzungen an der Geländeoberfläche

a) Calculated settlements; b) measured settlements

Übereinstimmung bei einem Seitendruckwert von $K_0 = 0{,}3$. Aufgrund der vergleichenden Untersuchungen erschien es somit berechtigt, allen weiteren

Berechnungsphasen für den Südturm der Lorenzkirche diesen mit einer analytisch-numerisch-empirischen Methode ermittelten Wert zugrundezulegen.

Die etwa 6500 t betragende Gesamtlast der Lorenzkirche wurde schematisiert als Flächenlast angenommen (Abb. 13), um dem der Berechnung zugrundegelegten ebenen System gerecht zu werden.

Als nächster Schritt wurden die Verformungen im Bereich der Lorenzkirche ohne zusätzliche Sicherungsmaßnahmen simuliert. Nach Aufstellung

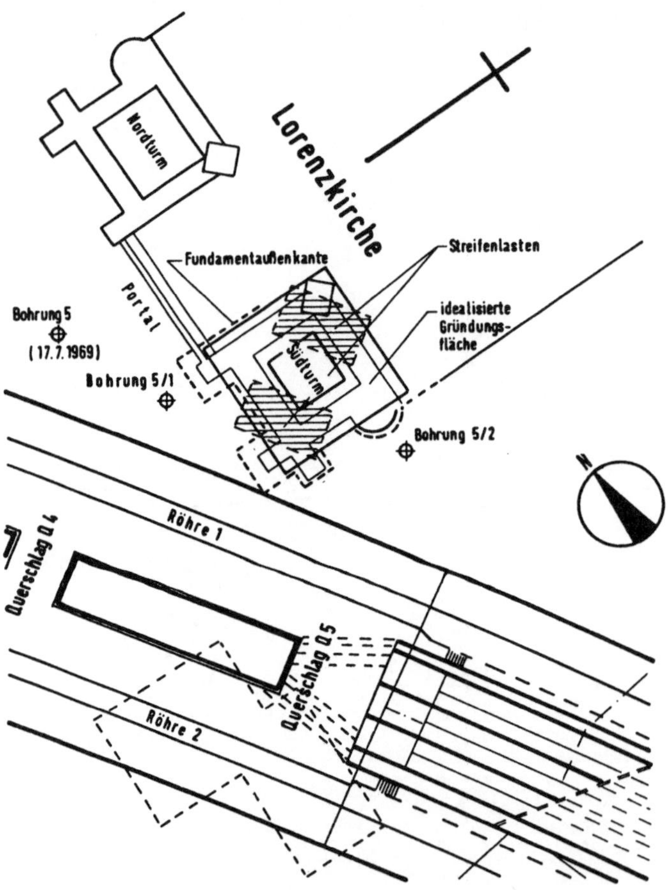

Abb. 13. Idealisierte Belastung der Röhren durch den Turm
Idealized loading of the tubes by the tower

des Primärspannungsnetzes (Abb. 14a) wurde unter Variierung des Ausbauwiderstandes und des Vortriebes der Ausbruch der Röhren simuliert. Da der Einfluß des Ausbauwiderstandes sowie der Ausbruchabfolge — Vollausbruch, Kalottenausbruch, dann Ulmen- und Strossenabbau, Röhre 1 und 2 gleichzeitig, Röhre 1 allein — praktisch keinen Einfluß auf die Verformungen der Turmfundamente zeigte, wurde für die weiteren Rechengänge von

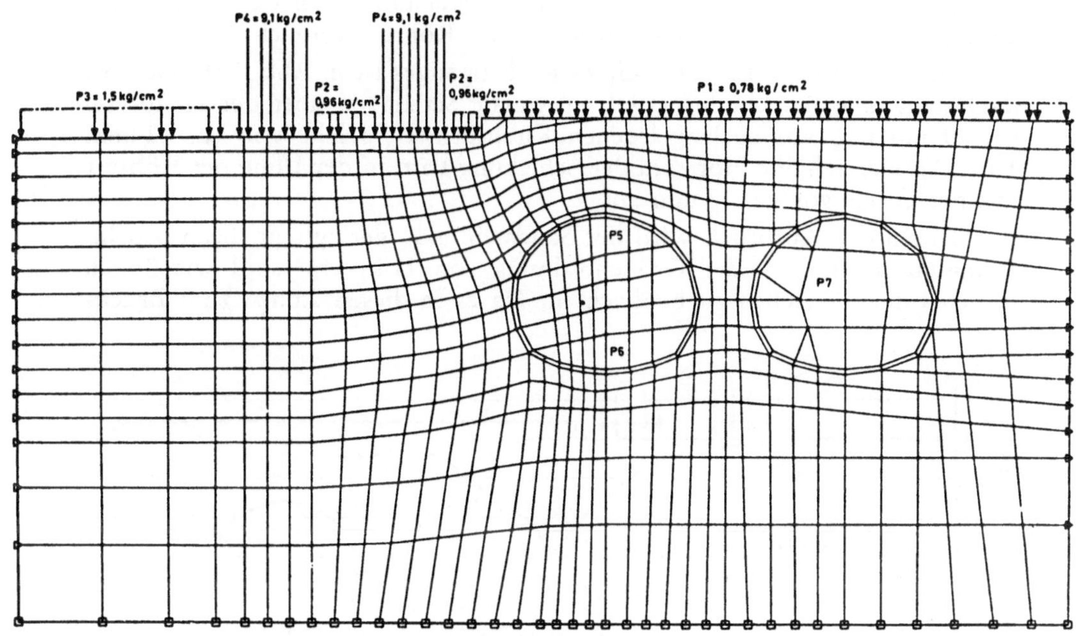

Abb. 14 a

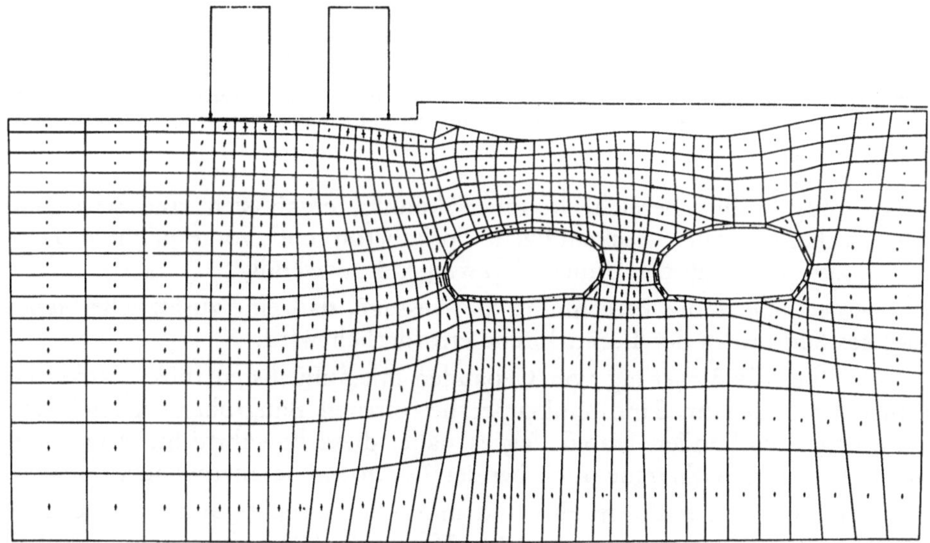

Abb. 14 b

Abb. 14. a) Unverformtes Elementnetz (vor Ausbruch der Tunnel); b) verformtes Element-netz mit Darstellung der Hauptspannungen

a) Net of elements for the calculation of the primary stress field; b) deformed net of elements

einem konstanten Innendruck (als Ausbauwiderstand) von 0,3 kp/cm² ausgegangen und der Einfluß des Ausbruchs der Röhre 2 vernachlässigt.

Das wesentliche Ergebnis dieses Rechenganges ist in Abb. 14b und 15a
dargestellt. Die Berechnung ergab maximale Setzungen über der Firste von
ca. 20 mm und am nächstgelegenen Kirchturmeck solche von ca. 12 mm.
Die größte errechnete Horizontalverschiebung tritt an der Ulme der Röhre 1
in einer Größe von ca. 12 mm auf.

Durch den Ausbruch wird der Sandstein nur geringfügig beansprucht.
Spannungsmaxima in der Größenordnung von 11 kp/cm² sind wie üblich
in den Ulmenbereichen zu beobachten. Da es in diesen Zonen zum Bruch-

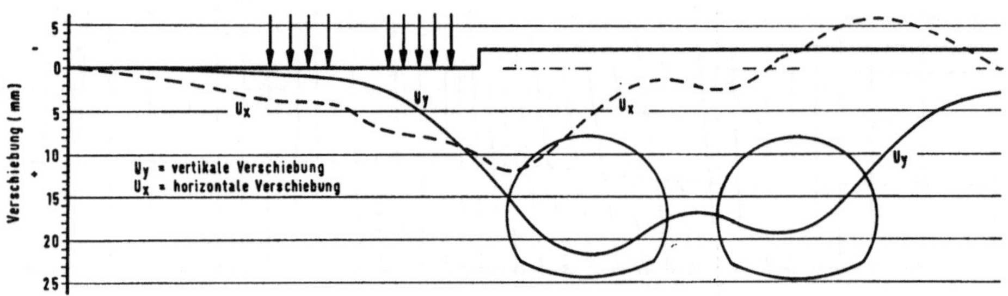

Abb. 15 a

Abb. 15. a) Horizontale und vertikale Oberflächenverschiebungen; b) und c) vertikale und
horizontale Verschiebungen unter dem Einfluß der Pfahlwand

a) Horizontal and vertical displacements of the surface; b) and c) vertical and horizontal
displacements under the influence of the pile wall

fließen (post failure-Bereich) kommen könnte, ergab sich eine wirksame
Tunnelsicherung mit Streckenbögen, Spritzbeton und vorgespannten Fels-
ankern zur Sicherung der Ulmen als zwingend notwendig.

Ferner lieferte die Berechnung die Aussage, daß eine zusätzliche Sicherung des Südturmes der Lorenzkirche erforderlich wird.

Da über die Sicherung von Gebäuden mit aufgelösten rückverankerten
Bohrpfahlwänden im Sandsteinkeuper bei offenen Baugruben ausreichende
Erfahrungen vorhanden waren, lag es nahe, diese bewährte Sicherungsme-
thode als Zusatzmaßnahme auch bei der Lorenzkirche anzuwenden.

Den Einfluß der Bohrpfahlwand unter Berücksichtigung verschiedener
Scherfestigkeiten veranschaulicht Abb. 15b und c. Die durchgeführten Rechengänge sind in Abb. 16 dargestellt.

Des weiteren wurden die Pfahlbewegungen unter verschiedenen eingeleiteten Vorspannkräften vor und nach dem Tunnelausbruch untersucht.
Abb. 17a und b gibt die Bewegung des Pfahles bei einer Ankervorspannung
von 40 t wieder. Dabei tritt zunächst während des Zustandes der Vorspan-

nung eine Horizontalbewegung des Pfahlkopfes in der Größenordnung von 8 mm in Richtung auf die Turmfundamente der Lorenzkirche ein. Nach dem

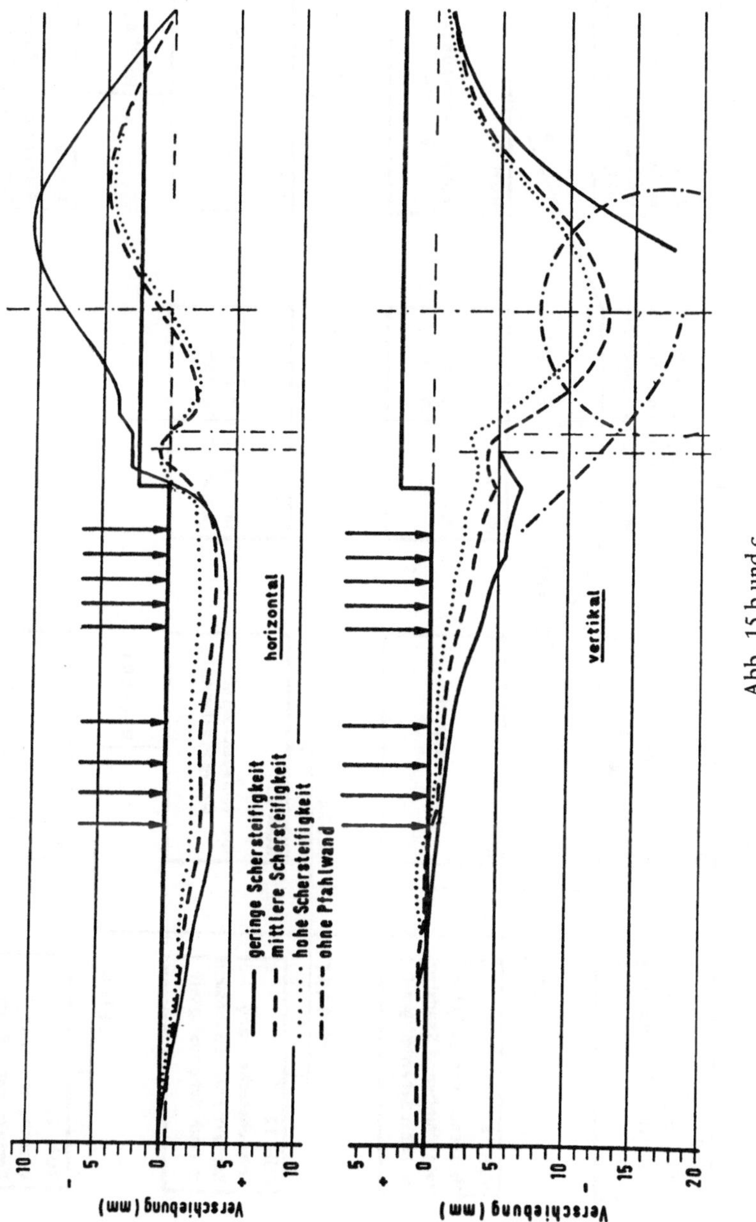

Tunnelausbruch gehen diese Verformungen um 5 mm zurück, so daß eine bleibende Verformung von 3 mm bleibt.

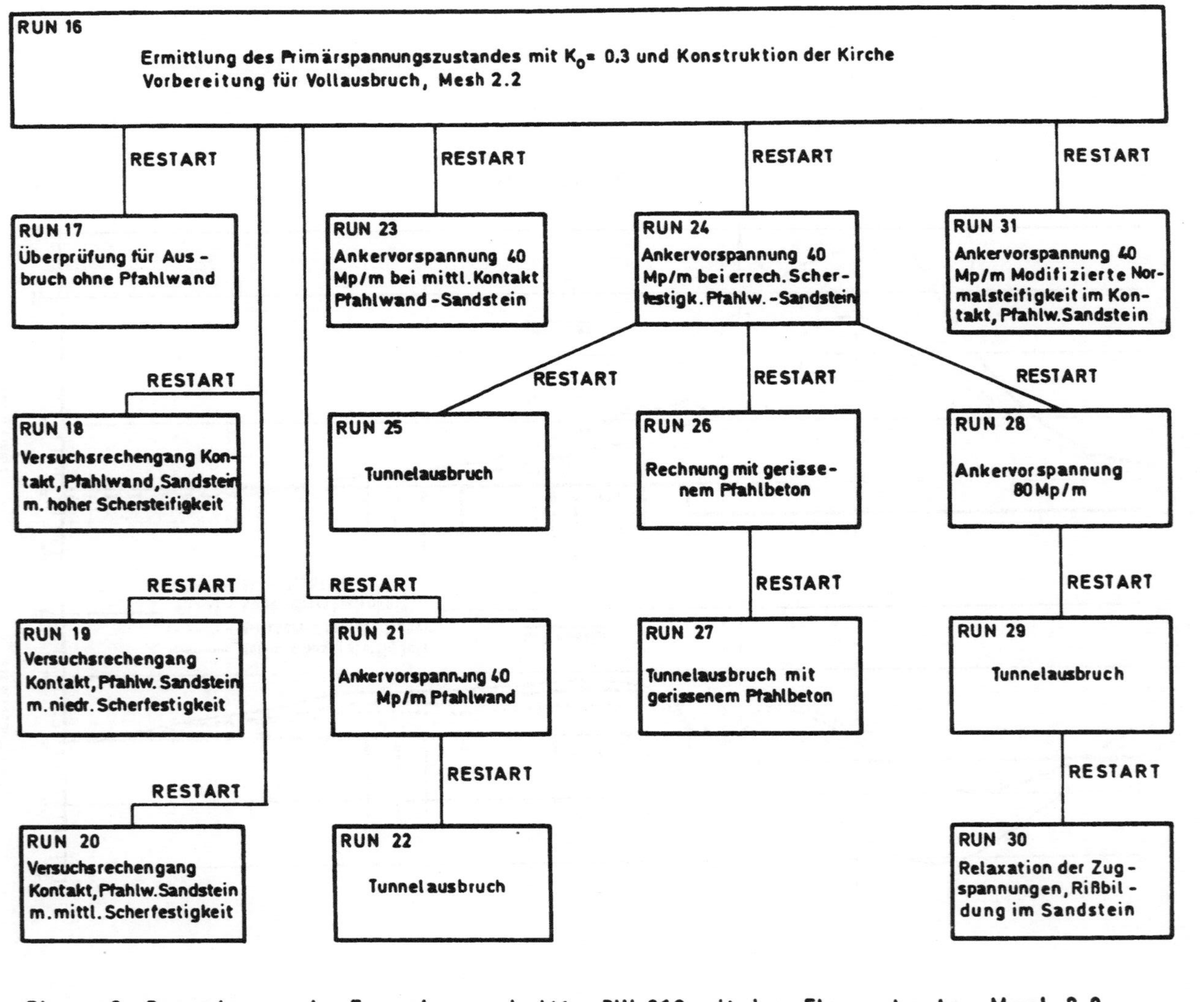

Abb. 16. Rechenvorgänge für den Tunnel
Steps for the tunnel computation

Abb. 17c und d stellt die Bewegungen des Bohrpfahls bei einer Vorspannung von 80 t dar. Die Horizontalverformung des Bohrpfahls erreicht hier einen Wert von fast 20 mm und eine bleibende Verformung von beinahe 15 mm. Aufgrund dieser Betrachtungen wurde letztlich wegen der geringeren Verformungen eine Pfahlvorspannung von 40 t/m gewählt.

Es stellt sich die Frage, wie aussagekräftig sind solche theoretischen Überlegungen bei immerhin einigermaßen genauer Kenntnis der komplexen Materie des Bodens? Lohnen sich solch aufwendige Rechenverfahren? Wir meinen, daß solche theoretischen Überlegungen sehr wohl von großem Wert sind, auch wenn die Wirklichkeit nur in der Größenordnung mit der Voraussicht übereinstimmt. Inzwischen sind die Bahnhofsröhren aufgefahren, die kritischen großen Querschläge der Verteilerhallen sind ausgebrochen, die wasserdichten und zusätzlich tragenden Innenbetonschalen sind eingebracht und die realen Setzungswerte bekannt. Wie aus den Abb. 18a und b ersichtlich, stimmen Theorie und Praxis relativ gut, die Deformationen im Bereich des Turmfundamentes fast zu gut überein. Die Werte über der Firste, also im nicht gesicherten Bereich, liegen theoretisch höher als die gemessenen, was beweist, daß die Eingabewerte der Berechnung auf der sicheren Seite gelegen haben.

Abb. 17 a—c. Siehe Seiten 182 und 183

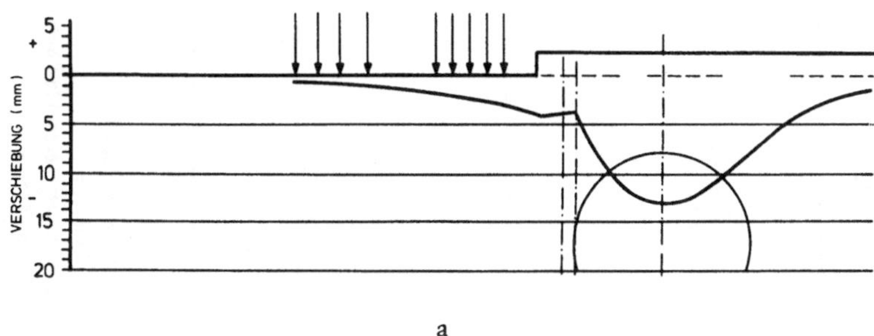

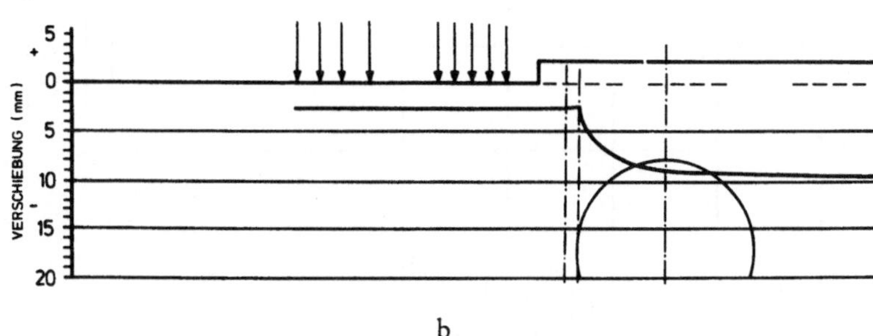

Abb. 18. a) Mit Hilfe der Finite-Element-Berechnung ermittelte Setzungsmulde; b) gemessene Setzungen an der Lorenzkirche

a) Calculated settlements; b) measured settlements

Zugspannungen (kp/cm²)
Druckspannungen (kp/cm²)
Horizontalverformungen (mm)
Lorenzkirche
Tunnel
Tiefe (m)
Ausbruch ohne Pfahlwand (Run 13)
Tunnelausbruch (Run 25)
Tunnelausbruch bei gerissenem Pfahlbeton (Run 27)
Ankervorspannung (Run 24)
Ankervorspannung bei gerissenem Pfahlbeton (Run 26)

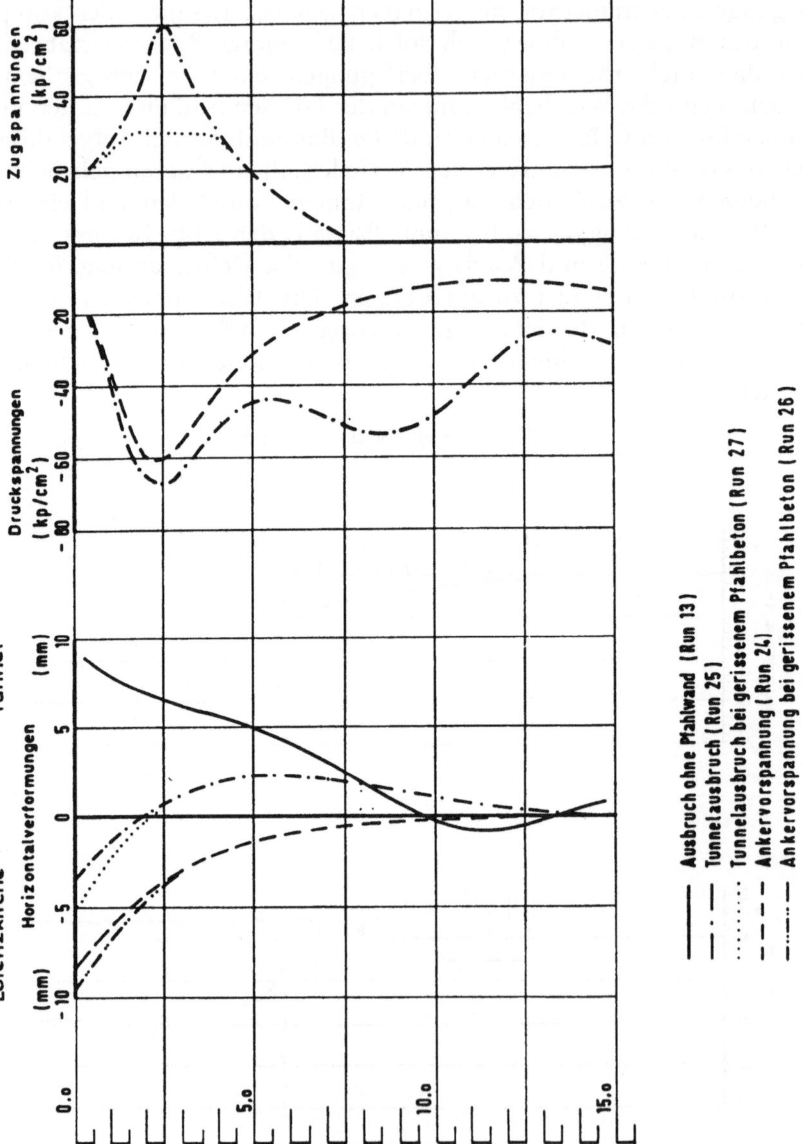

Abb. 17 a und b

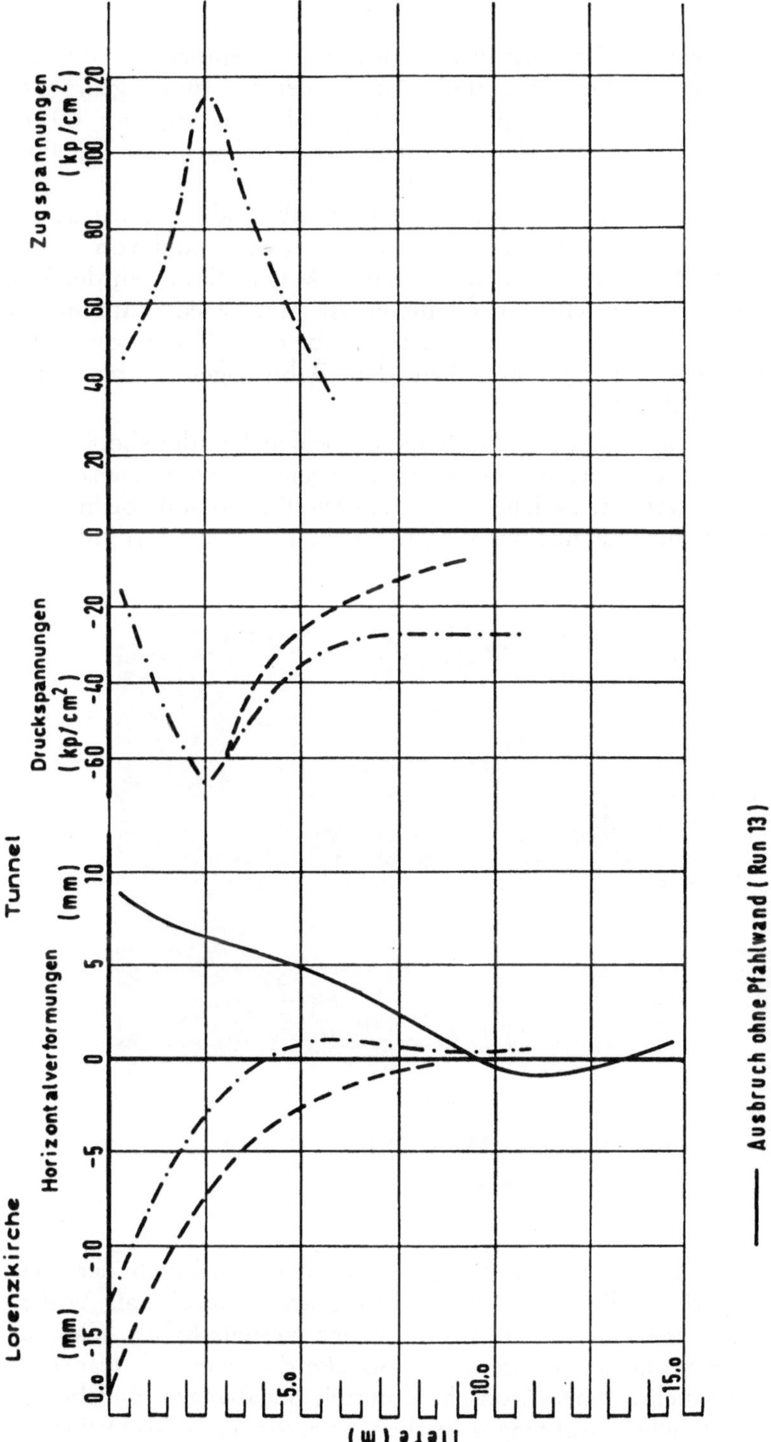

Abb. 17 c und d

Abb. 17. a) und b) Verformung der mit je 40 t verankerten Pfeiler; c) und d) Verformung der mit je 80 t verankerten Pfeiler

a) and b) Deformation of the piles anchored with 40 tons each; c) and d) deformation of the piles anchored with 80 tons each

6. Bauausführung

Mit dem Vortrieb der Stationsröhren wurde im November 1975 begonnen. Da gleich beim Anfahren unmittelbar unter der Bebauung gearbeitet werden mußte, wurde zunächst mit einem Bogenabstand von nur 60 cm begonnen. Erst eine Auswertung der Messungen und ihr günstiges Ergebnis nach den ersten fertiggestellten und gesicherten Röhrenmetern erlaubte eine Erhöhung der Angriffstiefen und somit der Bogenabstände. So wurde im weiteren Verlauf unter der Bebauung mit einem Bogenabstand von 80 cm gearbeitet, der unter dem Lorenzer Platz auf einen Meter erhöht wurde. Vor dem Südturm der Lorenzkirche wurde dieser Abstand wieder auf 80 cm reduziert. Die Vortriebs- und Sicherungsarbeiten beider Röhren sowie der kleinen Verbindungsquerschläge zwischen den Bahnsteigen waren nach 4 1/2 Monaten abgeschlossen.

Vor Herstellung der großen Querschläge an beiden Bahnhofsköpfen für die Verteilerhalle vor den beiden Treppenaufgängen mußte zunächst eine Brillenwand erstellt werden, welche den gesamten Bogenschub beim Ausbruch der Verteilerhalle aufzunehmen hatte (Abb. 19). Am Nordkopf, an

Abb. 19. Verteilerhalle an den Treppenaufgängen

Concours hall

dem sich der Auffahrschacht befand, mußte vor dem Ausbruch der Verteilerhalle das eigentliche Treppenbauwerk in offener Baugrube als Widerlager erstellt sein. Bereits vor dem Ausbruch der Verteilerhallen war zur Stabilisierung der Röhren auf der gesamten Strecke die eigentlich tragende, 40 cm dicke, wasserdichte Innenbetonschale mittels Schalwagen eingebracht worden. Eine zusätzliche Isolierung zwischen Spritzbeton- und Ortbetonschale wurde nicht vorgesehen.

7. Messungen und Meßergebnisse

Den Meßkontrollen kam in diesem Falle wegen der historischen Bauwerke ganz besondere Bedeutung zu, standen diese doch im unmittelbaren Deformationsbereich der Tunnelröhren. Der Minimalabstand der Firste der Röhren zum Turmfundament betrug 3,5 m, zum Nassauer Haus wenig über 3 m. Wegen der großen Tragweite der Meßergebnisse wurde nicht nur die Installation der Instrumente, sondern auch deren laufende Beobachtung und Auswertung einer Spezialunternehmung, der Interfels GmbH, Bentheim, übertragen und von Dr. Wohnlich[2] durchgeführt.

Das Meßprogramm ist aus Abb. 20 ersichtlich. Die zahlreichen Meßpunkte lagen zum Teil an zwei Deflektometer-Meßketten, von denen eine

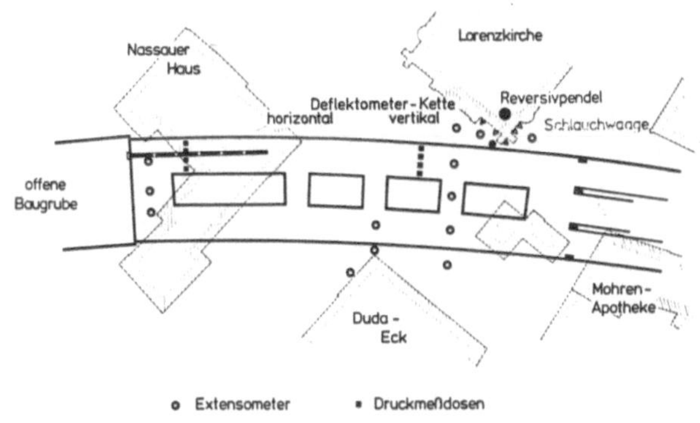

Abb. 20. Meßprogramm
Program of the measurements

unmittelbar oberhalb der Firste einer Stationsröhre (Abb. 21), die andere in dem dem Kirchturm nächstgelegenen Bohrpfahl (Abb. 23) angeordnet war.

Acht Mehrfachextensometer in vertikalen Bohrlöchern wurden zu zwei Meßquerschnitten (Abb. 22), unmittelbar vor dem Nassauer Haus und vor dem Kirchturm, vereinigt; drei weitere hatten das Gebäude der sogenannten Duda-Ecke zu kontrollieren.

Die Bewegungen des Turmes wurden mittels eines Reversiv-Pendels mit Zwischenablesungen (Abb. 23) und einer genauen Schlauchwaage beobachtet. Außerdem wurden natürlich die Senkungen der Straßenoberflächen im gesamten Bereich mit einem dichten Netz von Nivellementpunkten gemessen.

Überdies war jeder Meßquerschnitt mit acht radial und acht tragential gestellten Glötzldosen bestückt, welche den Kontaktdruck zwischen Beton und Gebirge sowie die mittlere Ringspannung im Beton der Außenschale ablesen ließen.

Der Meßquerschnitt beim Nassauer Haus lieferte gleich zu Beginn des von dort gestarteten Vortriebes die beruhigende Gewißheit, daß alle Deformationen unter den vorausberechneten lagen. Die dortige Deflektometerkette (Abb. 21) gestattete eine gute Voraussage der Firstsenkungen über den ersten

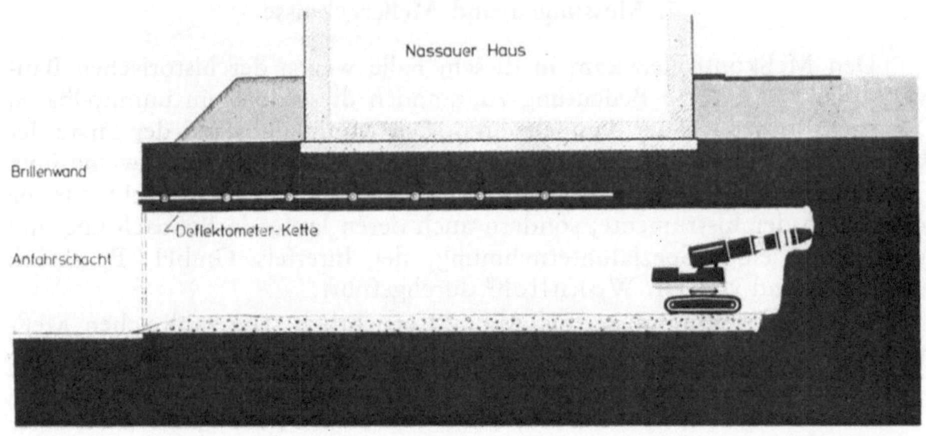

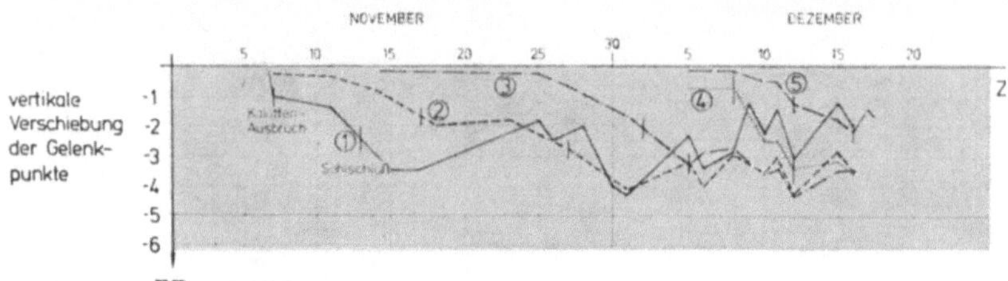

Abb. 21. Über der Firste eingebaute Meßkette
Horizontal deflectometer above the roof

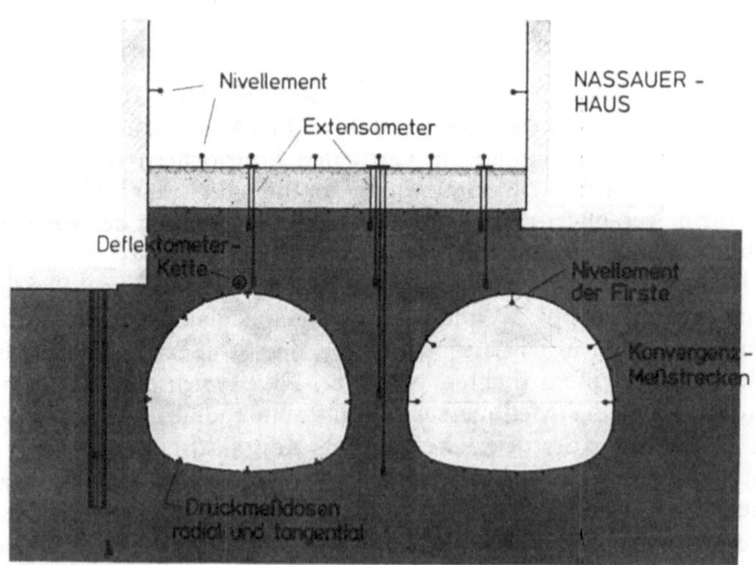

Abb. 22. Meßquerschnitt mit Extensometern
Cross-section with extensometers

13 Metern. Nach diesen Kontrollmessungen wurde der jeweilige Abstand der Tunnelbögen im anschließenden Auffahrungsbereich festgelegt.

Die größten Setzungen unter dem Nassauer Haus betrugen 9 mm, jene unter dem Kirchturm 2,6 mm. Die Setzungsmulden, welche in Vortriebsrichtung der Ortsbrust um durchschnittlich 5 m vorauseilten, zeigten — ganz in Übereinstimmung mit früheren Erfahrungen am Frankfurter Römer —,

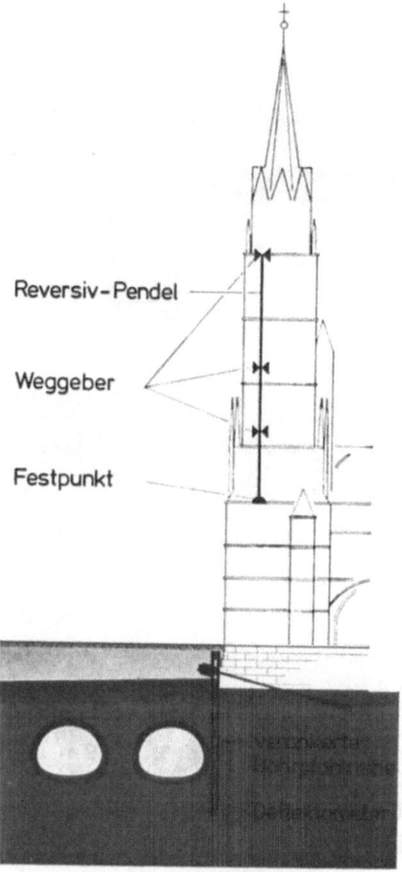

Abb. 23. Reversivpendel
Inverted wire pendulum

daß schon normale Hausfundamente steif genug sind, um die Setzungen auszugleichen bzw. ihren Verlauf zu strecken. Dies wurde auch am „Duda-Eck" deutlich (Abb. 24).

Über die Sicherheit des Röhrenbauwerkes gaben die Ablesungen der Druckmeßdosen sehr beruhigende Auskünfte. Die Kontaktdrücke zwischen Fels und Beton, welche die eigentliche Belastung der Bauwerksschale kennzeichnen, zeigten zwar ebenso wenig eine deutliche Gesetzmäßigkeit, wie sie dies an anderen Bauwerken gezeigt haben — die größten Drücke wurden im Meßquerschnitt I (Abb. 25 a) in der Firste, im Meßquerschnitt II (Abb. 25 b) am mittelwandseitigen Ulmfluß gemessen —, aber ihre Größe hielt sich genau in den auch sonst unter ähnlichen Überlagerungsverhältnissen

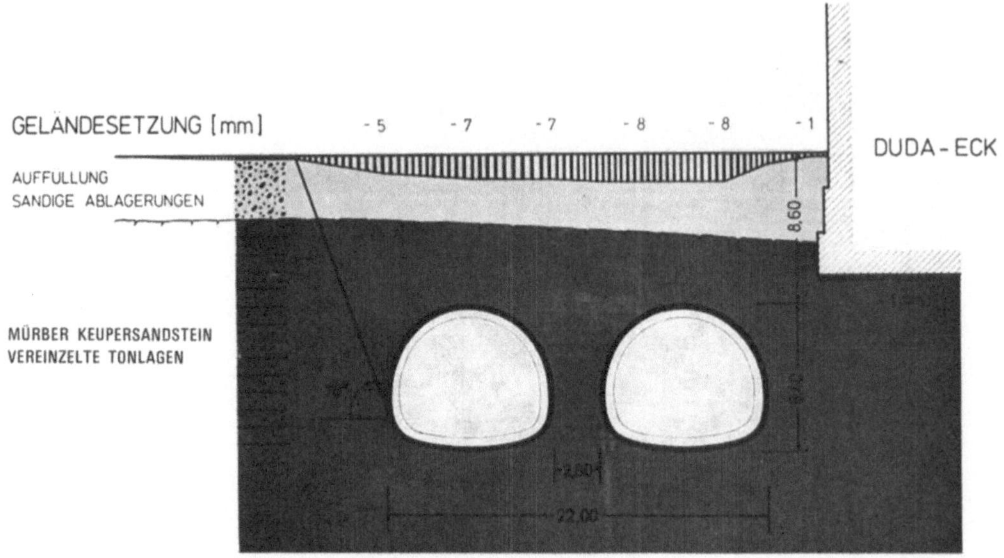

Abb. 24. Setzungen beim Duda-Eck
Settlements at the Duda corner

registrierten Werten: die Größtwerte betrugen nach drei Monaten der Systemberuhigung 2,8 bzw. 3,4 kp/cm², die Mittelwerte 1,25 im einen, 2,15 im anderen Meßquerschnitt. Dieser geringen Belastung entsprechen die durchschnittlichen Ringspannungen im Beton, welche am Nassauer Haus maximal 20,5, am Kirchturm 38,0 kp/cm² betrugen. Auch die Verteilung der Ringspannungen über den Umfang der Röhre läßt, wie üblich, eine allgemein gültige Regel nicht erkennen, doch dürfte es kein Zufall sein, daß die größten Ringspannungen an der Mittelwand gemessen wurden. (Entgegen manchen dort und da ausgesprochenen Zweifeln sind wir auf Grund wirklich zahlreicher Erfahrungen mit diesen Druckmeßdosen der Meinung, daß den abgelesenen Werten, sofern die Dosen fachmännisch eingebaut wurden und man den Ablesungen eine gewisse Genauigkeitstoleranz zubilligt, durchaus zu trauen ist und daß die oft sehr schwierig zu deutende Verteilung der Spannungen nicht in unrichtigen Messungen, sondern in der Komplexität des statischen Wechselspiels zwischen Auskleidung und Gebirge begründet ist.) Nach überschlägiger Rechnung darf man annehmen, daß auch in der Wand selbst die Gebirgsfestigkeit nirgends überschritten worden ist, so wie auch die Konvergenzmessungen in der Röhre selbst nirgends eine unzulässige Querdehnung der Zwischenwand anzeigten.

MESSQUERSCHNITT I
GEMESSENE SPANNUNGEN NACH 3 MONATEN
9.9
3.1
5.7
20.5
12.5
1.6
7.6
4.7
TANGENTIALDRUCKSPANNUNGEN [kp/cm2]
0.3
0.8
0.8
2.8
0.3
1.2
2.4
1.4
RADIALDRUCKSPANNUNGEN [kp/cm2]

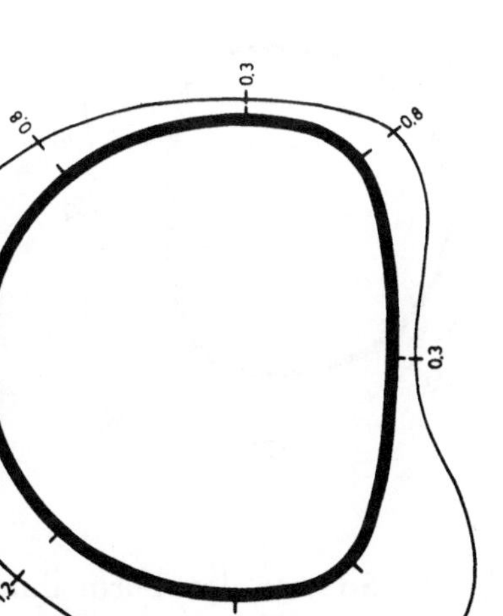

Abb. 25 a

Die Durchörterung der Querschläge wirkte sich in den Meßgrößen kaum aus, worin die Überlegungen des Variantenstudiums bestens gerechtfertigt wurden.

Von ganz besonderem Reiz war die Beobachtung und Deutung der Turmbewegungen, die schon lange vor den eigentlichen Ausbrucharbeiten

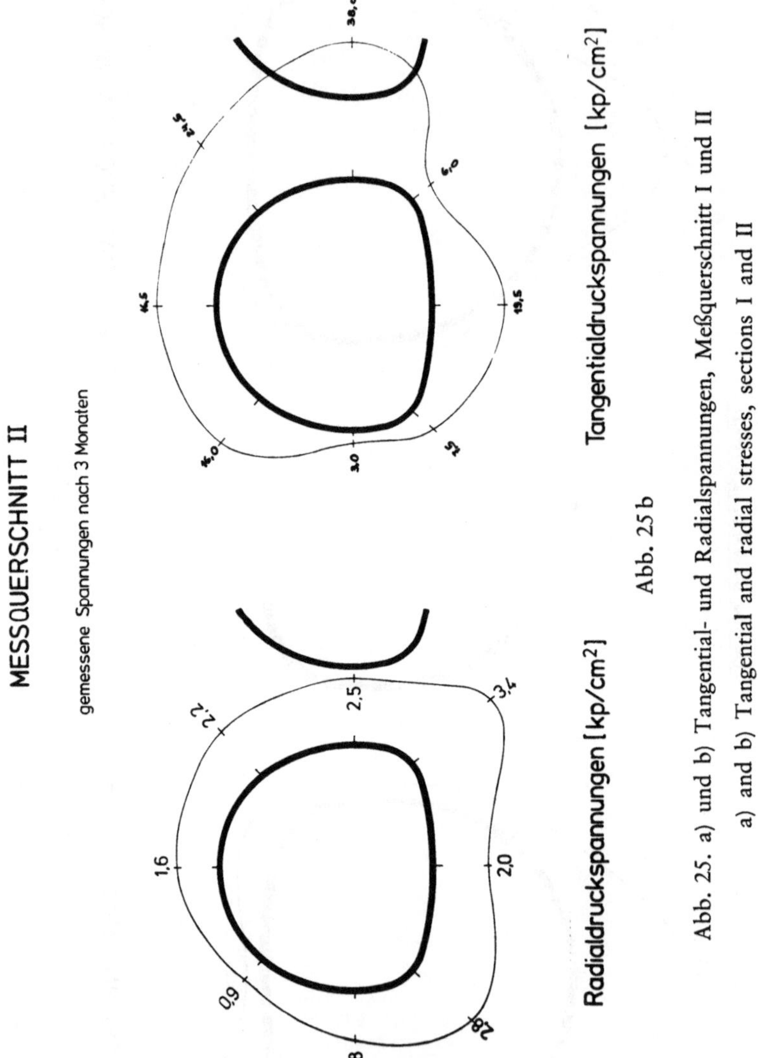

Abb. 25. a) und b) Tangential- und Radialspannungen, Meßquerschnitt I und II
a) and b) Tangential and radial stresses, sections I and II

begonnen wurden (Abb. 26). So war der Turm durch Temperatureinflüsse ständig in Bewegung. Der oberste Weggeber wanderte gegenüber dem Festpunkt des Pendels morgens z. B. um 3/4 mm nach SW, mittags um etwa 2 mm nach NW und wendete sich am späten Nachmittag etwa $2^1/_2$ mm

TURMBEWEGUNGEN

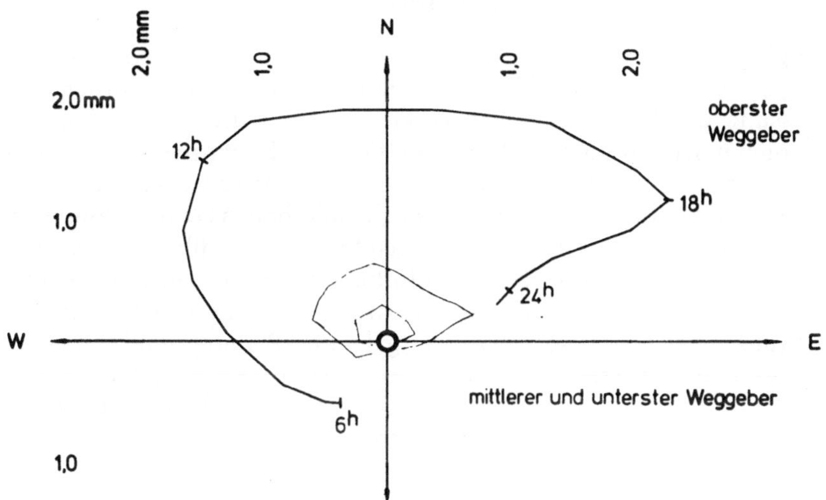

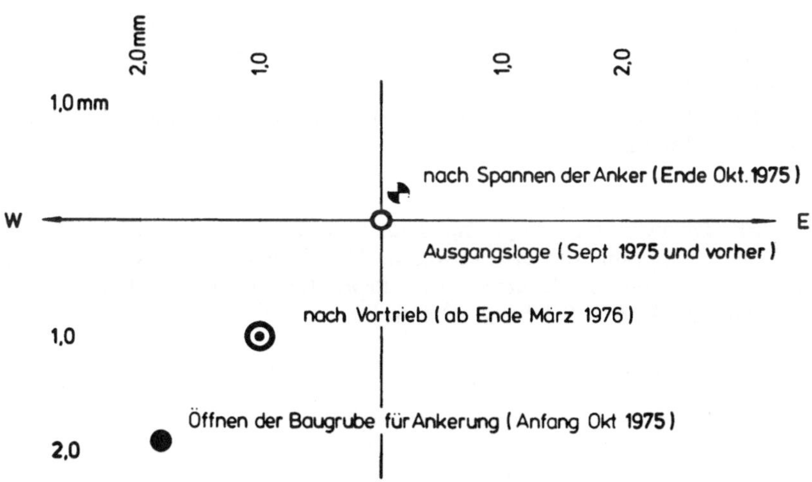

Abb. 26. Turmbewegungen
Tilting movements of the church tower

nach NO, also immer von der Sonne ab. Die entsprechenden Differenzen zwischen Turmspitze und -fuß dürften etwa doppelt so groß gewesen sein[2].

Während der Zeit, da die Ausbruchsarbeiten liefen, konnten keine besonderen Abweichungen der Turmbewegungen und größere Ausschläge be-

obachtet werden. Die Relativbewegungen des Turmes liefen im gleichen
Rhythmus ab wie vor dem Ausbruch der Röhren. Demzufolge wurden nach
Abschluß der Vortriebsarbeiten keinerlei Schäden im Turm und Kirchen-
schiff festgestellt.

8. Schlußbetrachtung

Vergleicht man die Erwartungen, welche auf Grund von Berechnung
und Projektierung in den Ablauf des Baues, insbesondere hinsichtlich der
Beeinflussung der betroffenen Bauwerke, gesetzt wurden, mit den tatsächlichen Ergebnissen, so darf von einer zielsicheren Bauvorbereitung und einer
der Projektierung gerecht gewordenen Ausführung gesprochen werden. Diese
lag in den Händen der Firma Beton- und Monierbau AG. Berechnungen und
Messungen stimmten innerhalb befriedigender Grenzen überein; das Tunnel-
bauwerk selbst sowie die in seinem Einflußbereich liegenden Gebäude ver-
hielten sich erwartungsgemäß. Man würde, wenn eine gleiche Sorgfalt der
Vorbereitung, gleiche wissenschaftlich gelenkte Planung und sachgerechte
Ausführung gewährleistet sind, ähnlich verantwortungsvolle Untertunnelun-
gen heikler und empfindlicher Objekte unter vergleichbaren Bedingungen
jederzeit wieder mit den hier angewandten Methoden vornehmen können,
ohne ein überhöhtes Risiko einzugehen.

Literatur

[1] Gartung, E., J. Dubois und P. Bauernfeind: Spannungs- und Verfor-
mungsberechnungen für den U-Bahnhof Lorenzkirche in Nürnberg. Grundbauinstitut der LGA Bayern. NHeft 28.
[2] Wohnlich, M.: Messungen in der St. Lorenzkirche Nürnberg. Werkszeit-
schrift der C. Deilmann AG, Bentheim, Nr. 2 (1976).

Anschrift der Verfassser: Dipl.-Ing. Paul Bauernfeind, Dipl.-Ing. Friedemann
Müller, beide: Hauptamt für Tiefbauwesen, U-Bahnbau, Stadt Nürnberg, D-8500
Nürnberg, Bundesrepublik Deutschland; Prof. Dr. Leopold Müller-Salzburg,
Paracelsusstraße 2, A-5020 Salzburg, Österreich.

Rock Mechanics, Suppl. 6, 193 (1978)

Die bergmännische Auffahrung von U-Bahnhöfen unter geringer Überdeckung

Von

G. Laue, L. Müller-Salzburg, und M. Will

Zusammenfassung — Summary

Die bergmännische Auffahrung von U-Bahnhöfen mit geringer Überdeckung.
Ein 600 m langes Baulos der Stadtbahn Bochum wurde in den Jahren 1975 und
1976 bergmännisch aufgefahren. Dabei waren ein unterirdischer Bahnhof sowie
eingleisige und zweigleisige Streckenröhren herzustellen. Die Höhe der Überdeckung
betrug 8 bis 3 m, wobei der gesamte Tunnelbereich entweder unter Straßen oder unter
Gebäuden liegt. Der Untergrund besteht aus Mergeln stark unterschiedlicher Festigkeit und aus kohäsionsarmen, feinsandigen Schluffen und Kiesen. Teilweise wurden
bei den Tunnelarbeiten auch alte Fundamente und Bombenschutt angetroffen. Die
Tunnelarbeiten erfolgten entsprechend den Grundsätzen der Neuen Österreichischen
Tunnelbauweise und wurden durch ein umfangreiches Meßprogramm kontrolliert.
An keiner Stelle sind Beschädigungen an Gebäuden aufgetreten. Die Setzungen lagen
im allgemeinen in Größenordnungen um 20 mm.

Besondere Beachtung verdient die erstmals zur Anwendung gekommene Bauweise für die Erstellung unterirdischer Bahnhöfe. Dabei werden zwei zueinander
parallel verlaufende Röhren nacheinander aufgefahren, die sich im Kämpferbereich
schneiden, wobei die Kämpferlasten durch eine gemeinsame Mittelwand aufgenommen werden. Der hierfür notwendige Bauablauf und die erforderlichen Baumaßnahmen sowie die durchgeführten Messungen über- und untertage werden beschrieben und diskutiert.

Construction of Subway Stations With Low Cover. A 600 m long lot of the
"Stadtbahn Bochum" has been constructed by tunnelling in 1975 to 1976. A subway
station as well as a one-rail- and a two-rail-tube had to be built. The heigth of the
cover was between 8 and 3 m; the tunnel is laying either under roads or under
buildings. The underground consists of marls with very different strength and of
sandy silts and gravels with little cohesion. In some areas old building foundations
and bomb ruins had to be passed. Tunnelling was executed according to the principles of the "New Austrian Tunnelling Method" and was controlled by an extensive
measuring programme. Nowhere damages of the buildings occurred. The surface
subsidences generally were measured in a magnitude of about 20 mm.

Special attention should be drawn to the method applied for the first time to
construct an underground station. The excavation of the whole cross-section is
executed by tunnelling of two parallel tubes overlapping one the other in the middle.
A central concrete wall is constructed in the first tube before driving the second tube.
The sequence of operation and the necessary construction measures as well as the
measurements on the surface and in the underground are described and discussed.

Rock Mechanics, Suppl. 6, 194 (1978)

Geologische und betriebliche Einflüsse auf die Nachbrüche in einer vollmechanisch aufgefahrenen Strecke

Von

Ulf Zischinsky

Zusammenfassung — Summary

Geologische und betriebliche Einflüsse auf die Nachbrüche in einer vollmechanisch aufgefahrenen Strecke. Auf einer Zeche des Ruhrgebietes wurde untersucht, ob die Mehrausbrüche im Maschinenbereich vorhergesagt werden können. Zu diesem Zwecke wurden die anstehenden Gebirgsarten zu Gebirgstypen zusammengefaßt, die sich durch ihren petrographischen Aufbau — damit auch durch ihre Festigkeit — und durch ihre Zerlegung durch Klüfte und Schichtflächen unterscheiden. Die notwendigen betrieblichen Daten wie vor allem Ausbauverspätung, Stützweite und Ausbauleistung wurden aus den Schicht-Rapporten und der Vorort-Geometrie rückgerechnet.

Diese geologischen und betrieblichen Daten wurden mit den Nachbrüchen mit Hilfe von Varianz- und Regressionsanalysen korreliert. Die ermittelten Regressionsgleichungen ergaben befriedigend hohe Bestimmtheitsmaße.

Geological and Technical Parameters of Caving in a Machined Roadway. The paper deals with the possibilities to predict rockfall and caving which occur in the heading zone of a tunnelling machine. In order to study this problem a mechanically driven roadway on a mine in the Ruhr-district was investigated in detail:

First, the different rocks were mapped and then comprehended to certain types of rock masses. These types are defined by their petrology, their strength and their partition by joints and bedding planes.

Secondly, the technical data such as supporting performance, delay of support and distance of support to the face were re-computed from the daily reports of the contractor and the geometry of roadhead and machine.

These geological and technical data were correlated with the mapped cavities by analysis of variance and by regression analysis.

The computed equations of regression showed sufficiently high squares of the multiple correlation coefficients.

Die Arbeit ist erschienen in: / The paper was published in: Glückauf *113* (1977)/17, S. 847—853, Essen 1977.

Druck: Buchdruckerei Herbert Hießberger, A-2563 Pottenstein, NÖ

Tunnelbaugeologie und Bauvertrag — Gefügekunde und Geomechanik Engineering Geology in Tunneling and in Tunnel Contracts — Science of Fabrics Regarding Geomechanics

Vorträge des 23. Geomechanik-Kolloquiums der Österreichischen Gesellschaft für Geomechanik. Contributions to the 23rd Geomechanical Colloquium of the Austrian Society for Geomechanics.
Salzburg, 17. und 18. Oktober 1974

Herausgeber: Österreichische Gesellschaft für Geomechanik, Salzburg
(Rock Mechanics — Felsmechanik — Mécanique des Roches / Supplementum 4)

1 Porträt. 62 Abbildungen. IV, 136 Seiten. 1975.

Geheftet S 440,—; DM 64,—

Vorzugspreis für Abonnenten der Zeitschrift „Rock Mechanics — Felsmechanik — Mécanique des Roches"
Geheftet S 374,—; DM 54,40

ISBN 3-211-81332-2

Inhaltsübersicht: L. Müller-Salzburg, Die Bedeutung der Gefügekunde für Ingenieurgeologie und Geomechanik. — R. Hoeppener, Probleme der mechanischen Deutung tektonischer Gefüge. — H. K. Helfrich, Gebirgstechnische Kennziffern mit petrographisch-strukturellem Begriffsinhalt. — K. Angerer, Was soll der Bauausführende aus den geologischen und felsmechanischen Unterlagen entnehmen können? — P. Egger, Erfahrungen beim Bau eines seichtliegenden Tunnels in tertiären Mergeln. — H. Schultz, Beziehungen zwischen geologischen Daten aus Aufschlüssen und ihre Anwendung in statischen Berechnungen. — G. Trauzettel, Die Beurteilung der Bebauungsmöglichkeit im Bergbausenkungsgebiet in Heilbronn-Böckingen. — H. Köhler, Die Vortriebsarbeiten mit Teilschnittmaschinen im Mönchsbergkonglomerat für die Kavernen der Mönchsberg-Parkgaragen in Salzburg. — G. Sauer, Geotechnische Gesichtspunkte in den Entwürfen der deutschen und schweizerischen Tunnelbaurichtlinien. — L. Seltenhammer, Gebirgsklassen und Bauvertrag. — H. Pöckhacker, Gebirgsklassifikation und Bauvertrag bei Großstraßentunneln: Kritik und Anregungen. — W. Fessler, Die Riskenverteilung in internationalen Bauverträgen.

Springer-Verlag   Wien   New York